高等职业教育工程机械类专业教材

Gongcheng Jixie Shiyong yu Weihu

工程机械使用与维护

高贵宝　代绍军　主　编

谭吉升　徐晓丹　副主编

郭小宏[重庆交通大学]　主　审

U0293969

人民交通出版社股份有限公司

China Communications Press Co.,Ltd.

内 容 提 要

　　本书以培养工程机械类专业学生正确使用、规范操作工程机械能力为目的,以装载机、推土机、挖掘机、平地机、压路机、沥青混合料摊铺机、汽车起重机七种通用工程机械为载体,以每种典型工程机械的操作、作业、维护具体工作任务为引领,将理论知识、技术规范融入生产性学习任务中,理实一体、学训结合。

　　本书是高职高专院校工程机械类专业用书,体现了职业技能人才培养的规范性、职业性、实践性要求。同时,本书也可作为工程建设领域工程机械操作、维修、设备管理等工作人员的参考用书。

图书在版编目(CIP)数据

工程机械使用与维护 /高贵宝,代绍军主编. — 北京：人民交通出版社股份有限公司, 2014.8
高等职业教育工程机械类专业教材
ISBN 978-7-114-11481-6

Ⅰ. ①工… Ⅱ. ①高… ②代… Ⅲ. ①工程机械—高等职业教育—教材 Ⅳ. ①TU6

中国版本图书馆 CIP 数据核字(2014)第 129284 号

高等职业教育工程机械类专业教材

书　　名：	工程机械使用与维护
著 作 者：	高贵宝　代绍军
责任编辑：	丁润铎　周　凯
出版发行：	人民交通出版社股份有限公司
地　　址：	(100011)北京市朝阳区安定门外外馆斜街 3 号
网　　址：	http://www.ccpress.com.cn
销售电话：	(010)59757973
总 经 销：	人民交通出版社股份有限公司发行部
经　　销：	各地新华书店
印　　刷：	北京虎彩文化传播有限公司
开　　本：	787×1092　1/16
印　　张：	17
字　　数：	430 千
版　　次：	2014 年 8 月　第 1 版
印　　次：	2022 年 12 月　第 6 次印刷
书　　号：	ISBN 978-7-114-11481-6
定　　价：	45.00 元

(有印刷、装订质量问题的图书由本公司负责调换)

高等职业教育工程机械类专业
教材编审委员会

总　序

中国高等职业教育在教育部的积极推动下,经过10年的"示范"建设,现已进入"标准化"建设阶段。

2012年,教育部正式颁布了《高等职业学校专业教学标准》,解决了我国高等职业教育教什么、怎么教、教到什么程度的问题,为培养目标和规格、组织实施教学、规范教学管理、加强专业建设、开发教材和学习资源提供了依据。

目前,国内开设工程机械类专业的高等职业学校,大部分是原交通运输行业的院校,现交通职业学院,而且这些院校大都是教育部"示范"建设学校。人民交通出版社审时度势,利用行业优势,集合院校10年示范建设的成果,组织国内近20所开设工程机械类专业高等职业教育院校专业负责人和骨干教师,于2012年4月在北京举行"示范院校工程机械专业教学教材改革研讨会"。本次会议的主要议题是交流示范院校工程机械专业人才培养工学结合成果、研讨工程机械专业课改教材开发。会议宣布成立教材编审委员会,张铁教授为首届主任委员。会议确定了8种专业平台课程、5种专业核心课程及6种专业拓展课程的主编、副主编。

2012年7月,高等职业教育工程机械类专业教材大纲审定会在山东交通学院顺利召开。各位主编分别就教材编写思路、编写模式、大纲内容、样章内容和课时安排进行了说明。会议确定了14门课程大纲,并就20门课程的编写进度与出版时间进行商定。此外,会议代表商议,教材定稿审稿会将按照专业平台课程、专业核心课程、专业拓展课程择时召开。

本教材的编写,以教育部《高等职业学校专业教学标准》为依据,以培养职业能力为主线,任务驱动、项目引领、问题启智,教、学、做一体化,既突出岗位实际,又不失工程机械技术前沿,同时将国内外一流工程机械的代表产品及工法、绿色节能技术等融入其中,使本套教材更加贴近市场,更加适应"用得上,下得去,干得好"的高素质技能人才的培养。

本套教材适用于教育部《高等职业学校专业教育标准》中规定的"工程机械控制技术(520109)"、"工程机械运用与维护(520110)"、"公路机械化施工技术(520112)"、"高等级公路维护与管理(520102)"、"道路桥梁工程技术(520108)"等专业。

本套教材可作为工程机械制造企业、工程施工企业、公路桥梁施工及养护企业等职工培训教材。

本套教材是广大工程机械技术人员难得的技术读本。

本套教材是工程机械类专业广大高等职业示范院校教师、专家智慧和辛勤劳动的结晶。在此向所有参编者表示敬意和感谢。

高等职业教育工程机械类专业规划教材编审委员会

2013 年 1 月

2

前 言

我国的工程机械行业发展迅速，各类型工程机械的市场保有量也因此大幅提高，与此同时，对工程机械正确使用和规范维护的要求越来越高。近年来，随着对工程机械类专业学生的职业能力培养要求的逐步提高，培养工程机械应用类职业院校学生规范使用、正确维护工程机械的能力是该类专业的主要培养目标之一。

本教材的编写满足高等职业教育专业学生培养模式要求，以提高学生学习兴趣为目的，转变以教师为中心的教学模式，打破了概念和知识点罗列的传统教材的写法。采用"项目导入、任务驱动"的编写模式，全书选取七个项目，二十一个学习任务。以装载机、推土机、挖掘机、平地机、压路机、摊铺机和汽车起重机七种常用工程机械为载体，以工程机械的驾驶操作、生产作业和日常维护工作任务为导向，通过每个项目中的三个工作任务将七种不同设备的基础知识、操作应用、维护等基本技能及行业职业规范融入其中，培养学生工程机械设备的使用与维护管理能力。

本教材由山东职业学院高贵宝、谭吉升、徐晓丹、刘营营，云南交通职业技术学院代绍军，新疆交通职业技术学院王德进、甘肃交通职业技术学院李宏伟和内蒙古大学交通学院李美荣合作编写。其中，项目一由代绍军、李美荣编写，项目二由徐晓丹、谭吉升编写，项目三由谭吉升、高贵宝、代绍军编写，项目四由王德进编写，项目五由刘营营编写，项目六由李宏伟编写，项目七由高贵宝、李美荣编写。全书由高贵宝、谭吉升、徐晓丹统稿，高贵宝、代绍军担任主编，谭吉升、徐晓丹担任副主编并由重庆交通大学郭小宏担任主审。

本教材在编写过程中多次深入生产企业收集资料，进行技术验证，并得到了多家企业的积极支持，在此向提供资料和给予帮助的各位同仁表示衷心感谢！

由于条件限制，加之编写水平有限，教材中存在的不足之处，敬请读者批评指正。

编　者
2014 年 4 月

目 录

1

项目一

装载机的使用与维护

装载机主要用来铲、装、卸、运土与砂石类散状物料,也可对岩石、硬土进行轻度铲掘作业。更换不同工作装置,可扩大其使用范围,完成推土、起重、装卸物料作业。

装载机具有作业速度快、效率高、操作轻便等优点,因而在国内外得到了迅速发展,成为土石方施工机械的主要机种之一。正确掌握装载机的操作、使用和维护技能是实现科学、高效地使用装载机的基础。

通过本项目的学习,掌握装载机的性能、使用与维护技能,做到科学使用装载机,以充分发挥装载机的效能。

任务一 装载机的操作

任务引入

装载机操作人员熟练操作装载机是使用装载机完成施工作业的基本前提,通过本任务的学习,熟悉装载机的用途、基本结构和控制原理,明确各操作手柄、开关、仪表的作用,掌握装载机操作规范及安全操作守则,掌握装载机的操作方法和操作技巧。

任务目标

1. 了解装载机的用途、类型、特点、结构及适用范围;
2. 明确装载机操作人员应具备的条件和操作安全要求;
3. 识别并掌握装载机各仪表、开关、操作装置的名称、功能与用途;
4. 掌握装载机操作注意事项及安全操作要点;
5. 能规范地操作装载机。

知识准备

一、装载机的分类

装载机市场保有量大、种类多,常用单斗装载机的分类、特点及适用范围见表1-1-1。

分类方法	分 类		特点及适用范围	
按发动机功率分类	小型		功率 <74kW	
	中型		74kW≤功率 <147kW	
	大型		147kW≤功率 <515kW	
	特大型		功率 >515kW	
按传动形式分类	机械传动		结构简单、制造容易、成本低、使用维修较容易,传动系冲击振动大,功率利用差,仅在小型装载机采用	
	液力机械传动		传动系冲击振动小、传动件寿命高、车速随外载自动调节、操作方便、减少操作人员疲劳,大中型装载机多采用	
	液压传动		无级调速、操作简单但起动性差,液压元件寿命较短,仅在小型装载机上采用	
	电传动		无级调速、工作可靠、维修简单,设备质量大、费用高,大型装载机采用	
按行走系结构分类	轮胎式	整体式车架	质量轻、速度快、机动灵活、效率高、不易损坏路面、接地比压大、通过性差、稳定性差、对场地和物料块度有一定要求、应用范围广泛	车架是一个整体,转向方式有后轮转向、全轮转向、前轮转向及差速转向,仅小型全液压驱动和大型电动装载机采用
		铰接式车架		转弯半径小、纵向稳定性好、生产率高,不但适用于路面作业且可用于井下物料的装载运输作业
	履带式		接地比压小、通过性好、重心低、稳定性好、附着性能好、牵引力大、比切入力大、速度低、灵活机动性差、制造成本高、行走时易损坏路面、转移场地需拖运,用在工程量大、作业点集中、路面条件差的场合	
按装载方式分类	前卸式		前端铲装卸载,结构简单、工作可靠、视野好,适用于各种作业场合	
	回转式		工作装置安装在可回转90°~360°的转台上,侧面卸载不需调车,作业效率高,结构复杂、质量大、成本高、侧稳性差,适用于狭小的场地作业	
	后卸式		前端装料,后端卸料,作业效率高,作业安全性差,应用不广	
	侧卸式		前端装料,侧面卸料,作业效率高,适用于狭小的场地作业	

目前,除特殊情况使用履带式装载机外,绝大多数场合都使用轮式装载机。机械传动的装载机基本上已趋于淘汰,电传动的装载机还未投入应用,全液压传动的应用除在小型装载机上刚起步外,其他类型的装载机基本上还未采用。在按传动形式分类的4大类装载机产品中,基本上以液力机械传动装载机为主。目前,最常用的装载机为前卸式,在转向方式上为铰接式转向。

二、装载机的型号

1. 我国装载机械型号编制

(1)编号依据。目前,国内装载机生产商都严格遵守机械工业局发布的标准《工程机械产品型号编制方法》(JB/T 9725—1999)。根据规定,工程机械产品型号由组、型、特性代号组成,如有增添变型、更新代号时,其变型、更新代号位于产品型号尾部。其中,工程机械产品型号第一项代表组(名称、代号),如装载机用拼音字母"Z"表示。第二项代表型(名称、代号),如轮胎式用拼音字母"L"表示,履带式则省略不标。第三项代表特性代号,如"C"代表侧卸式,"M"代表木材式,"G"代表高原式等。第四项代表额定装载质量,用两位数字表示,其单位是"0.1t"。第五项为变型、更新代号,当产品结构、性能有重大改进和提高,需要重新设计、试制、鉴定时,其变型、更新代号,用汉语拼音字母 A、B、C…表示,如图 1-1-1 所示。

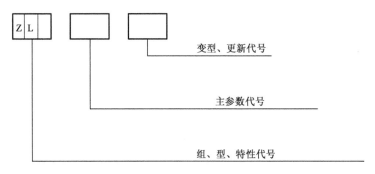

图 1-1-1　我国 ZL 系列轮式装载机型号构成示意图

举例说明如下:

　　ZL50:额定装载质量为 5t 的第一代轮式装载机。

　　ZL50Ⅱ:ZL50 的第 2 次改进型产品。

　　ZL50-3:ZL50 的第 3 次改进型产品。

　　ZL50C:更新换代第二代产品(柳工或其他部分企业)或 ZL50 的改进型产品。

　　ZLC50CZ×:ZL50C 的第 × 次改进型产品。

　　ZLC50C:ZL50C 的侧卸式。

　　ZLG50G:ZL50G 的高原型。

　　ZLM50E:ZL50 木材型的改进型。

(2)企业标准出现。1978 年,我国制定了轮式装载机标准,全行业型号统一用"ZL"表示。

2001 年以来,为了赢得市场,部分生产企业开始效仿国外著名公司(主要是卡特彼勒、约翰 – 迪尔和小松)的产品编号,相继推出"G"代、甚至"H"代或者"−5"、"−6"产品,还有一些企业开始制定适合本企业产品发展的企业编号标准,以体现自己产品的特色。

柳工、徐工、临工等主要装载机制造企业都制定了具有个性化编号的本企业标准,出现了规范化的产品编号。如广西柳工机械股份有限公司(柳工)用"CLG"作为本企业所有产品的代号,后面紧跟的数字分别代表产品类别、主参数及序列号。如 CLG842,"CLG"是柳工主机产品的代号,"8"是柳工装载机类型产品代号,"4"表示额定装载质量为 4t 的轮式装载机,"2"为第二序列号等。徐州工程机械集团有限公司(徐工)的装载机产品代号为"LW"加上后面的数字表示,"LW"为轮胎式液力机械装载机代号,如果是轮胎式全液压装载机,则用"LQ"表示。后面数字分别代表主参数、等级、环境参数,再后面字母表示改进后的产品等。如 LW560G 表示额定装载质量为 5t 的液力机械传动的轮式装载机,等级为 6 级,"0"表示正常工作环境,"G"表示改进型。中国龙工控股有限公司(龙工)及山东临工工程机械有限公司(临工)用 LG 加上后面的数字表示,厦门厦工机械股份有限公司(厦工)用 XG 加上后面的数字表示等,各有其含义,但都代表本企业个性化的装载机产品。表1-1-2列出了我国主要装载机制造企业改为个性化编号后的产品。

序 号	企业名称	产品代号	各企业按个性编号的产品型号
1	柳工	CLG	CLG816、CLG818、CLG835、CLG836、CLG842、CLG852、CLG856、CLG862、CLG877、CLG888、CLG899
2	厦工	XG	XG916、XG916A、XG932、XG951、XG953、XG955、XG955II、XG958、XG962
3	龙工	LG	LG330、LG380、LG380F、LG816、LG843、LG853、LG855
4	临工	LG	LG916 - 1、LG930、LG930A、LG930-1、LG950、LG950A、LG950 - 1、LG950 - 2
5	(徐工)铲运	LW	LW168G、LW320F、LW420F、LW520F、LW540F、LW560G、LW560H、LW820G
6	福田重工	FL	FL935E、FL936F、FL955E、FL956F、FL958G
7	宇通重工	—	931A、950A、951A、952A、953A、956A、961A
8	常州常松	CSZ	SCSZ300-5、CSZ300F、CSZ500-5、CSZ500C
9	厦门市装载机有限公司(厦装)	XZ	XZ655、XZ656、XZ657
10	朝阳朝工机械有限公司(朝工)	LW	LW350、LW520
11	福建晋工机械有限公司(晋工)	JGM	JGM755

2. 国外装载机型号

1) 主要厂商装载机产品型号特点

国外主要装载机生产厂商的产品型号有如下规律可循:

(1) 以 2 位或 3 位数字 +1 ~ 3 个大写字母(+" - " +1 位数字)组成。主要代表商有凯斯(如 721F)、卡特彼勒(如 993K)等。

(2) 以 1 个或 2 个大写英文字母 +3 位数字(+" - " +1 位数字)组成。主要代表商有小松(如 WA800 - 6)等。

(3) 以 1 ~ 3 个大写英文字母(特别是大写字母"L") +2 位或 3 位数字组成。主要代表商有沃尔沃(如 L220E)、利勃海尔(如 L540)、莱图尔诺(如 L - 1850)等。其中,字母"L"为"装载机(Loader)"的首字母,还有一些以字母"L"开头型号是公司名称的首字母。

(4) 对于一些特殊用途的装载机,常在基本型的型号后面加上相应的英文(缩写)字母。如高卸型,加"HL"或"High Lift";物料处理型,加 MH(Material Handler);垃圾处理型,加"WH"、"WHA";夹木型,加 LOG。

(5) 为突出一机多用工作装置的特点,常在基本型的型号前面或后面加上相应的英文缩写字母。型号中若有字母"Z",则表示工作装置为 Z 形连杆结构(如 JCB 公司的 426ZX 等);型号中若有诸如"TC"、"XT"、"IT"、"PT"等字样,则表示为可加装不同工作装置的综合多用机型(Tool Carrier);型号中若有"HT"字样,则表示工作装置为四杆结构;型号中若有"XR"字样,则表示工作装置为伸展型(Extended-Reach),即加长卸载距离型。

(6) 个别厂商产品型号中的数字代表额定斗容量。

2) 型号中的数字含义

国外装载机生产厂商采用数字命名其产品型号时,所遵循的原则有 2 条:一是按其公司产品的命名原则,采用不同序列的数字代表不同类型的产品,即所谓的"专门型号数字",如卡特彼勒公司采用900数字序列来表示其轮式装载机的产品系列;利勃海尔公司生产的装载机采用500序列数字编码;二是型号中的数字与产品性能相关,即所谓的"性能数字",这其中又分为"公制"和"非公制"两种,主要用来表示铰接式自卸车(ADT)、空气压缩机、钻孔与破碎设备等的型号,个别也用来表示装载机额定斗容量,如大宇公司的"MEGA"系列装载机产品等。

对于更新改进的设备,型号编码规则各厂商始终存在分歧。有的重新编码,有的采用原来型号,还有的在原来型号的后面添加一个字母以表征该设备是更新改进的产品。如卡特彼勒公司的980G型装载机就是由最早的980型演变而来的。

3)卡特彼勒和小松装载机的产品型号特点

(1)卡特彼勒装载机。卡特彼勒公司生产的全系列装载机,在900数字序列下命名,采用以数字9开头的3位数字+1位英文字母+1位罗马数字的编号方法,有微型、小型、中型、大型、物块处理型等机型系列,共计20余种产品。其中,最小的90、91微型系列,包括906、907、908和914;小型系列装载机的型号以92、93开头;以93~98开头的为中型系列产品;大型系列产品以99开头,主要用于大型露天矿山与采石场的装载作业;综合多用机系列以字母IT开头。如今卡特彼勒的部分装载机产品已进入K代,换代产品在增加发动机功率、提高产品电子信息技术含量的同时,更注重改善操作人员的驾乘条件和减少机器对作业环境的污染,以提高效率。

(2)小松装载机。从小松公司的装载机产品型号中,不难看出其产品编号的基本公式为:字母WA+2~4位数字+"−"+1位数字。其中,开头字母"WA"的含义比较认可的一种解释为"世界领先(World Advance)"或"轮式铰接(Wheel Articulated)";中间2~4位数字表示产品规格,数字越大,产品的装载能力越大,目前可从50~1200,最后1位数字代表产品更新为第几代,如WA900−6,目前,其装载机产品已全面进入6代。

三、装载机的技术性能参数

轮式装载机主要技术规格是指它的总体参数,即主要性能参数和基本尺寸参数。性能参数包括装载机自重、额定装载质量、铲斗容量、发动机功率、最大行驶速度、最小转弯半径、最大插入力、掘起力、最大卸载高度、卸载距离、动臂升降时间、转斗时间等。基本尺寸参数包括轴距、轮距、轮胎尺寸、外形尺寸等。

1.装载机自重

装载机的自重通常指由装载机本身的制造装配质量以及发动机的冷却液、燃料油、润滑油、液压系统用油、随车必备工具、操作人员体重等质量因素引起的重力。

2.装载机额定装载质量

装载机额定装载质量是在保证装载机必要的稳定性能前提下的最大载重能力,单位为千牛(kN)。

3.装载机铲斗容量

装载机铲斗容量分两种:一种称为额定容量,是指铲斗四周均以1/2坡度堆积物料时,由物料坡面与铲斗内廓所形成的容积。另一种称为平装容量,指铲斗的平装容积。通常所说铲斗容量是指其额定容量。

4.发动机功率

发动机功率是表明装载机作业能力的一项重要参数。

装载机发动机应选择专门为其设计的工程用柴油机。考虑到装载机的工作状况,通常发动机的功率按12h标定。

5. 最大牵引力

最大牵引力是指装载机驱动轮缘上所产生的推动车轮前进的作用力。

6. 最大插入力

最大插入力是装载机插入料堆时在铲斗斗刃上产生的作用力,其值取决于牵引力,牵引力越大,插入力也越大。在平地匀速运动不考虑空气阻力时,插入力等于牵引力减去滚动阻力。

7. 掘起力

装载机掘起力是指铲斗绕着某一规定铰接点回转时,作用在铲斗切削刃后面10cm处的最大垂直向上的力(对于非直线形斗刃的铲斗,掘起力是指其斗刃最前面一点后10cm处的位置)。

8. 最大卸载高度和铲斗最大举升高度

最大卸载高度是指动臂在最大举升高度、铲斗斗底与水平面呈45°角卸载时,其斗刃最低点距离地面的高度,露天装载机的卸载高度可以根据配用车辆车箱高度确定。

铲斗最大举升高度是指铲斗举升到最高位置卸载时,铲斗后臂挡板顶部运动轨迹最高点到地面的距离。

9. 铲斗最大卸载高度时的卸载距离

铲斗最大卸载高度时的卸载距离是指,铲斗在最大卸载高度时,铲斗斗刃到装载机本体最前面一点(包括轮胎或车架)之间的水平距离。这个距离小于铲斗处于非最高位置卸载时的卸载距离,所以也简称为最小卸载距离。

10. 铲斗的卸载角与后倾角

铲斗被举升到最大高度卸载时,铲斗底板与水平面间的夹角为卸载角。在任何举升高度时,卸载角都应大于45°,这样才能保证铲斗在任何举升高度都能卸净物料。

装载机处于运输工况时,铲斗底板与水平面间的夹角为后倾角。后倾角过小,不但影响铲斗的装满程度,而且使铲斗举升初期物料向前撒落;易造成设备事故,一般后倾角取40°~46°,铲斗举升过程中允许后倾角在15°以内变动。

11. 最大行驶速度

最大行驶速度是指前进和后退的最大速度,它影响装载机的生产率和安排施工方案。

12. 最小转弯半径

最小转弯半径是指自后轮外侧或铲斗外侧所构成的弧线至回转中心的距离。

13. 最小离地间隙

装载机最小离地间隙是通过性的一个指标,它表示装载机无碰撞地越过石块、树桩等障碍的能力。一般离地间隙为30~40cm。

14. 轴距和轮距

装载机轴距是指前后桥中心线的距离。轴距的大小影响装载机的纵向稳定性、转弯半径和整机质量,要选择适当。

轮距是指两侧轮胎中线之间的距离,大部分装载机前后桥采用相同的轮距及同类轮胎。轮距影响装载机的横向稳定性、转弯半径和单位长度斗刃上的插入能力。

不同品牌、不同规格装载机的具体技术参数应查阅生产厂家提供的技术手册。

四、轮胎式装载机的基本构造

轮胎式装载机是由动力装置、车架、行走装置、传动系统、转向系统、制动系统、液压系统和工作装置等组成,其结构如图 1-1-2 所示。

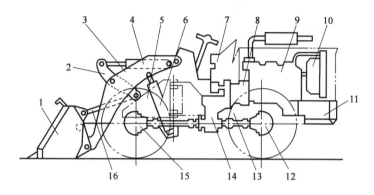

图 1-1-2　轮胎式装载机结构简图

1-铲斗;2-摇臂;3-动臂;4-转斗油缸;5-前车架;6-动臂油缸;7-驾驶室;8-变矩器;9-发动机;10-冷却液箱;11-配重;12-后桥;13-后车架;14-变速器;15-前桥;16-连杆

轮胎式装载机的动力装置是柴油发动机,大多轮胎式装载机的传动系统采用液力变矩器、动力换挡变速器的液力机械传动形式(小型装载机有的采用液压传动或机械传动),采用液压操纵、铰接式车体转向、双桥驱动、宽基低压轮胎,工作装置多采用反转连杆机构等。

装载机工作装置是装载机的重要组成部分,装载机的铲装、翻斗、提升以及卸料都是通过工作装置的有关运动来实现的。在一般情况下,装载机的工作装置是由铲斗、动臂、摇臂、连杆(或托架)以及铲斗油缸和动臂油缸等组成,如图 1-1-3 所示,这个机构的实质是两个四杆机构。

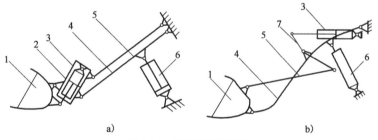

图 1-1-3　装载机工作装置

a)托架式;b)无托架式

1-铲斗;2-托架;3-转斗油缸;4-动臂;5-连杆;6-动臂油缸;7-摇臂

铲斗是铲装物料的容器,具有两个铰点:一个与动臂铰接,另一个通过连杆、摇臂或托架与转斗油缸连接,操纵转斗油缸即可使铲斗翻转或卸料。动臂与车架铰接,操纵动臂油缸即可举升或降落动臂或铲斗。铲斗是直接用来铲装、收集物料的工具,它的斗型是否合理直接影响装载机工作时的插入能力和生产率。一般情况下,根据装载物料的容重,铲斗常做成 3 种类型:正常斗容的铲斗用来装载容重 $1.4 \sim 1.6 t/m^3$ 的物料(如砂、碎石、松散泥土等);增加斗容的铲斗,斗容一般为正常斗容的 $1.4 \sim 1.6$ 倍,用来铲掘容重 $1.0 t/m^3$ 左右的物料(如煤、煤渣等);减少斗容的铲斗,斗容为正常斗容的 $0.6 \sim 0.8$ 倍,用来装载容重大于 $2t/m^3$ 的物料(如铁矿石、岩石等)。

装载机工作装置按结构形式可分为有铲斗托架和无铲斗托架两种。有铲斗托架的工作装置如图 1-1-3a)所示,由于托架、动臂、连杆及车架支座构成一个平行四连杆机构,因此,在动臂提升、转斗油缸闭锁时,铲斗始终保持平移,斗内物料不会撒落。无铲斗托架的工作装置如图 1-1-3b)所示。这种工作装置还可分为正转连杆机构和反转连杆机构两种类型,以上所述的正反转连杆机构都是非平行四边形机构,因此,在动臂提升过程中,铲斗或多或少总是要向后翻转一些。

如图 1-1-4 所示,是国产 ZL 系列前端式轮式装载机的基本组成形式,它的发动机置于整机的后部,驾驶室在中间,这样整机的重心位置比较合理,操作人员视野较好,有利于提高作业质量和生产率。它的底盘采用柴油机驱动的液力机械传动系统,铰接转向、气液复合盘式制动,为了增大铲斗的插入力,采用四轮驱动。工作装置连杆系统是反转六连杆式,采用液压操纵,由动臂铰接在前机架上,动臂的升降和铲斗的翻转都是通过液压缸活塞杆的运动来实现的。

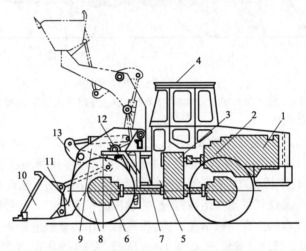

图 1-1-4　国产 ZL 系列前端式轮式装载机的基本组成

1-柴油机;2-液力变矩器;3-变速器;4-驾驶室;5-车架;6-驱动桥;7-铰接装置;8-车轮;9-工作机构;10-铲斗;11-动臂;12-举升油缸;13-摇臂

任务实施

一、识别装载机操纵装置及仪表

操作人员在驾驶装载机之前,必须熟悉驾驶室内的仪表和操作装置,结合装载机使用说明书明确各仪表和操作装置的具体用途及操作方法,这些仪表和操作装置因车型而异,但其功用和使用方法基本相似。为了正确无误地使用装载机进行各种作业,下面以 ZL50 型、955 型装载机为例,介绍装载机的操作方法。

1. ZL50 型装载机操作装置及仪表

1)ZL50 型装载机操纵杆件的识别

ZL50 型装载机操纵杆件均设置在驾驶室内,其位置如图 1-1-5 所示。

2)ZL50 型装载机操纵杆件的运用

ZL50 型装载机主要操纵杆件的操作简图如图 1-1-6 所示。

(1)柴油机熄火拉钮:位于座椅右后方,用于控制柴油机熄火。将拉钮向外拉出,柴油机熄火。熄火后复位,使节气门处于正常供油位置。

（2）铲斗操纵杆：位于座椅右方，用于控制铲斗翻转。中间位置为铲斗固定，向后拉为铲斗上转，向前推为铲斗下转。铲斗翻转的快慢决定于柴油机转速的高低及铲斗操纵手柄的行程。

（3）动臂操纵杆：位于座椅右方、铲斗操作杆的外侧，用于控制动臂升降与浮动。中间位置为动臂固定，向前推为动臂下降，继续前推为动臂浮动，但不能在浮动位置下降重载铲斗。向后拉为动臂提升。动臂升降的快慢取决于柴油机转速的高低及动臂操纵手柄的行程。

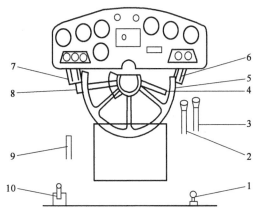

图 1-1-5 ZL50 型装载机操作装置
1-柴油机熄火拉钮；2-铲斗操纵杆；3-动臂操纵杆；4-转向灯开关；5-转向盘；6-加速踏板；7-制动踏板；8-变速操纵杆；9-驻车制动操纵杆；10-电源总开关

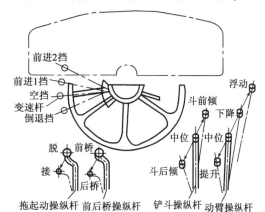

图 1-1-6 ZL50 装载机操作杆件位置简图

（4）转向灯开关：位于转向盘立柱右侧，用于控制左右转向灯电路的通断。转向灯开关手柄前推，左转向灯亮，后拉右转向灯亮，中间位置左右转向灯都不亮。

（5）转向盘：位于座椅正前方，用于控制装载机的行驶方向。

（6）加速踏板：位于座椅右前方的地板上，用于控制柴油机供油量的大小。踩下加速踏板，供油量增加，柴油机转速升高；松开加速踏板，供油量减小，柴油机转速降低。

（7）制动踏板：位于座椅左前方的地板上，用于控制装载机减速或停车。踩下制动踏板为制动，松开制动踏板解除制动。

（8）变速操纵杆：位于转向盘立柱左侧，用于改变装载机行驶速度和进退方向。中间位置为空挡。变速操纵杆向后拉一格为倒挡。向前推一格为前进 1 挡；再向上抬、前推一格为前进 2 挡，其具体位置如图 1-1-7 所示。使用挡位时应由低到高进行。变换进退方向时，装载机须先停稳后，再进行换挡。

（9）驻车制动操纵杆：位于座椅左后方，用于装载机停机后的制动。手柄拉起为制动，推下为解除制动。

（10）电源总开关：位于座椅左后方，用于控制整机电路的通断。拉起开关手柄，电路接通；压下手柄，电路断开。

3）ZL50 型装载机仪表及开关的识别
ZL50 型装载机仪表、开关安装在驾驶室仪表板上，其名称和安装位置如图 1-1-8 所示。

4）ZL50 型装载机仪表及开关的运用
（1）起动按钮：控制起动电路通断。按下按钮，电

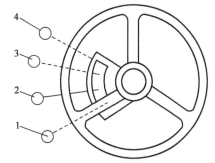

图 1-1-7 变速操纵杆操作示意图
1-倒挡；2-空挡；3-前进 1 挡；4-前进 2 挡

接通,起动机转动;松开按钮,电路断开。

(2)气压表:指示制动系统的气压值。正常气压为 0.5~0.7MPa。

(3)电锁:控制起动、充电电路的通断。钥匙向右转,电路接通;钥匙复位,电路断开。

(4)变速油压力表:指示变速油压力值。正常油压为 11~15MPa。

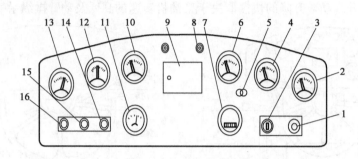

图 1-1-8　ZL50 型装载机仪表板

1-起动按钮;2-气压表;3-电锁;4-变速油压力表;5-选择阀开关;6-变矩器油温表;7-计时器;8-转向指示灯;9-熔断器;10-柴油机冷却液温度表;11-柴油机油温表;12-电流表;13-柴油机油压表;14-仪表灯、前照灯、雾灯开关;15-尾灯开关;16-顶灯开关

(5)选择阀开关:控制变速压力油的接通或断开。向左拨动开关,制动时油路被切断;向右拨动开关,制动时油路接通。

(6)变矩器油温表:指示变矩器压力油温度值。正常温度为 80~95℃。

(7)计时器:记录柴油机工作小时数。只要柴油机运转,计时器就工作。

(8)转向指示灯:指示机械转弯方向。左转向时,左指示灯和左转向灯同时闪亮;右转向时,右指示灯和右转向灯同时闪亮。

(9)熔断器:用于电路过载保护。某电路过载时,该电路中的熔断丝会熔断。

(10)柴油机冷却液温度表:指示柴油机冷却液温度值。正常工作温度为 45~90℃。

(11)电流表:指示蓄电池充放电。指针指向"+"充电;指针指向"-"放电;指针指向"0"不充电、不放电。

(12)柴油机油温表:指示柴油机润滑系机油温度值。正常工作温度为 80~90℃。

(13)顶灯开关:控制顶灯电路的通断。拉出拉钮,顶灯亮;推入拉钮,顶灯灭。

(14)柴油机油压表:指示柴油机机油压力值。怠速时≥0.05MPa;额定转速时为 0.25~0.5MPa。

(15)尾灯开关:控制尾灯电路的通断。拉出拉钮,尾灯亮;推入拉钮,尾灯灭。

(16)仪表灯、示廓灯、前照灯、雾灯开关:控制仪表灯、示廓灯、前照灯、雾灯电路的通断。拉出 1 挡,仪表灯、示廓灯亮;拉出 2 挡,仪表灯、示廓灯、前照灯亮;拉出 3 挡,仪表灯、示廓灯、前照灯、雾灯亮;推入到底,都不亮。

2.955A 型装载机操纵装置及仪表

1)955A 型装载机操纵杆件的识别

操纵杆件设置在驾驶室内,其位置如图 1-1-9 所示;其操作示意如图 1-1-10 所示。

2)955A 型装载机操纵杆件的运用

(1)驻车制动操纵杆:位于座椅左方,用于操作驻车制动器。上提到竖直位置为制动,下压到水平位置解除制动。下压时,应用拇指按下操纵杆顶部的按钮。

(2)变矩器锁紧及拖起动操纵杆:位于座椅左侧、驻车制动操纵杆的右侧,用于操作变矩器锁紧离合器接合或分离。操纵杆置于中间位置,锁紧离合器分离,变矩器起作用;操纵杆向前推,主油泵来油的压力使锁紧离合器接合,变矩器不起作用,此时,装载机变为机械传动。向后拉操纵杆,为拖起动,辅助油泵来油的压力使锁紧离合器接合,并供变速器变速操作。

(3)变速操纵杆:位于转向盘下方支撑杆的左侧,用于变换装载机的行驶速度。它和高低挡操纵杆、进退操纵杆配合,可变换4个前进速度和4个后退速度。向前推为2、4挡,向后拉为1、3挡,中间位置为空挡。

(4)进退操纵杆:位于变速操纵杆上方,用于改变装载机的前进和后退。前推操纵杆,装载机前进;后拉操纵杆,装载机后退,中间位置为空挡。进退挡的互换,必须在装载机停稳后才能进行。

(5)制动踏板:位于驾驶室左下方地板上,用于操纵车轮制动器和变速器脱挡阀。踩下制动踏板,装载机制动,同时,制动灯和制动指示灯亮;松开踏板,解除制动,同时,制动灯和制动指示灯灭。制动前不必将变速杆置于空挡位置。

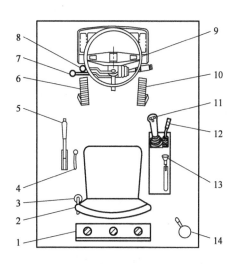

图 1-1-9 955A 型装载机操作装置位置图
1-空调;2-座椅;3-球阀;4-变矩器锁紧及拖起动操纵杆;5-驻车制动操纵杆;6-制动踏板;7-变速操纵杆;8-进退操纵杆;9-转向盘;10-加速踏板;11-动臂及铲斗操纵手柄;12-辅助操纵杆;13-高低挡操纵杆;14-集中润滑油罐及手动干油泵

踩下制动踏板可自动使变速器脱挡,所以,制动前不必将变速杆置于空挡位置。

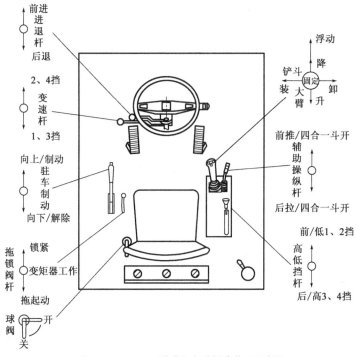

图 1-1-10 955A 型装载机部分操作装置示意图

(6)转向盘:位于座椅正前方,用于控制装载机的行驶方向。

(7)加速踏板:位于驾驶室右下方地板上,用于控制柴油机的供油量。踩下加速踏板,柴油机转速升高;放松加速踏板,柴油机转速降低。

(8)动臂及铲斗操纵手柄:位于座椅右侧,用于操纵动臂升降和铲斗翻转。向前推操纵手柄,动臂下降;向前推到底,动臂浮动。此时,按下定位电磁铁开关,手柄可以固定在浮动位置,开关断开,手柄即可自行回到中间位置。开关不断开,用手也可将手柄拉回到中间位置;中间位置为静止;向后拉操纵手柄,动臂提升;向左扳操纵手柄,铲斗上转装料;向右扳操纵手柄,铲斗下转卸料(图1-1-9)。

(9)辅助操纵杆:位于动臂及铲斗操纵手柄右侧,用于操纵四合一铲斗。向前推操纵杆,四合一铲斗斗门开;向后拉操纵杆,四合一铲斗斗门合。

(10)高低挡操纵杆:位于座椅右侧、辅助操纵杆的后方,与变速操纵杆配合,用于转换装载机的行驶速度。向前推纵杆到底,为低挡(1、2挡),向后拉操纵杆到底,为高挡(3、4挡)。高低挡互换必须在停车时进行。

(11)集中润滑油罐及手动干油泵:位于座椅右后方,用于油气悬架系统各活动铰接点的间歇润滑。油罐内加注润滑脂,通过手动干油泵柱塞的挤压,经管路到达各润滑点。每工作100h,润滑一次。必须使用0号油脂。

(12)球阀:位于座椅左侧,用于控制充放油油路的通断。手柄与油管平行时,油路接通;手柄与油管垂直时,油路断开。平时处于断开状态。

3)955A型装载机仪表及开关的识别

955A型装载机仪表及开关均安装在驾驶室内,其名称和安装位置如图1-1-11所示。

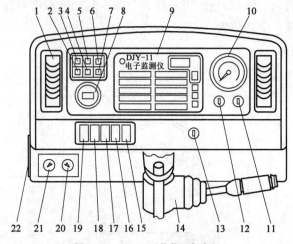

图1-1-11 955A型装载机仪表板

1-空调出风口;2-悬架闭锁指示灯;3-左转向指示灯;4-制动指示灯;5-远光指示灯;6-右转向指示灯;7-先导操纵定位电磁铁指示灯;8-电子计时表;9-电子监测仪;10-电子车速表;11-悬架控制开关;12-充放油控制开关;13-起动及熄火钥匙开关;14-组合开关手柄;15-定位电磁铁控制开关;16-顶灯开关;17-尾灯开关;18-工作灯开关;19-车灯开关;20-空调温度控制旋钮;21-空调风量控制开关;22-8挡保险

4)955A型装载机仪表及开关的运用

(1)空调出风口:放出冷风与热气。调整风口角度,可以改变冷热风吹出的角度和方向。

(2)悬架闭锁指示灯:显示悬架闭锁。当插入电锁钥匙右旋至接通位置,悬架闭锁指示灯亮,悬架装置闭锁。

(3)左转向指示灯:显示左转向灯工作。左转向时,左转向指示灯和左转向灯同时闪亮。

(4)制动指示灯:显示制动状态。在气压大于0.4MPa以上制动时,指示灯亮;制动解除,指示灯灭。

（5）远光指示灯:显示远光灯亮。远光灯照明,指示灯亮;近光灯照明,指示灯不亮。

（6）右转向指示灯:显示右转向灯工作。右转向时,右转向指示灯和右转向灯同时闪亮。

（7）先导操纵定位电磁铁指示灯:显示先导操纵手柄定位电磁铁开关打开。打开定位电磁铁控制开关,电磁铁起作用,指示灯亮。

（8）电子计时表:自动记录装载机运转时间。量程0~999999h。

（9）电子监测仪:自动监测机械运转情况。当工况出现异常情况时,发出声光报警。面板布置如图1-1-12所示。

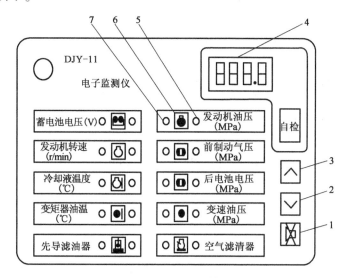

图1-1-12　电子监测仪

1-蜂鸣器屏蔽键;2-下行键;3-上行键;4-显示窗;5-项目指示灯(绿);6-项目标识符;7-项目报警灯(红)

右旋起动开关至1挡,接通电源,系统即进入操作状态,并自动进行自检,显示器显示8888。项目指示灯(绿)、项目报警灯(红)交替点亮,同时,报警总灯闪烁,报警蜂鸣器响。持续3s,表示系统正常。如不显示8888,则对照故障代码表,查出出错项目。起动柴油机时,开机前各屏蔽项进入监测状态,这时按"自检"键可进行自检,按"蜂鸣器屏蔽键"屏蔽蜂鸣器报警,再按一下恢复,按"∧"或"∨"键,则可根据对应项目指示灯观察各部位的工作情况。当任意一路参数出现不正常时,则按照预先设定的报警参数进行报警,提醒操作人员注意或采取相应措施。

（10）电子车速表:准确显示机械的行驶速度。量程0~80km/h。

（11）悬架控制开关:用于控制电磁阀的通断,达到悬架与闭锁的目的。此电锁开关关闭时,装载机处于悬架状态;插入电锁钥匙右旋至接通位置,悬架闭锁指示灯亮,悬架装置闭锁。

（12）充放油控制开关:用于控制左右悬架油缸内的油相通或断开。该电锁开关与悬架充放油系统中的球阀配合,完成油气悬架系统的调整。插入电钥匙右旋至接通时为充放油状态,左旋为关闭。悬架调整后,该开关处于关闭状态。平时不要插入电锁钥匙随意接通此开关。

（13）起动及熄火钥匙开关:控制全车电路通断和柴油机起动与熄火。插入电锁,钥匙至1挡位置,电源总开关吸合,整车电源接通。钥匙右旋至2挡,柴油机起动,起动后松开钥匙,自动复位至1挡;钥匙左旋至0挡,柴油机熄火。

（14）组合开关手柄：

①转向灯开关：控制转向灯电路的通断。手柄前推，左转向灯及左转向指示灯闪亮；手柄后拉，右转向灯及右转向指示灯闪亮。

②变光灯开关：控制前照灯远、近光互换。车灯开关向后拉，前照灯近光灯亮（开关手柄上下处于中位）；手柄下按，远光灯亮；手柄由中位上抬，前照灯远、近光灯同时亮（超车时用）；松开，手柄自动回到中位。

③刮水器旋钮。控制刮水器电路通断。将手柄上刮水器三角标记从 0 挡旋转到 1 挡，刮水器开始刮水工作；由 1 挡旋转到 0 挡，刮水器停止。

④手动复位电喇叭按钮：控制电喇叭电路通断。按下手柄顶端的按钮，电喇叭响。

（15）定位电磁铁控制开关：控制先导操纵定位电磁铁电路通断。向后拉，定位电磁铁指示灯亮，先导操纵定位电磁铁通电，操纵杆电磁吸合定位（工作装置处于浮动）；向前按，电路断开。该开关在装载机行驶时关闭，作业时打开。

（16）顶灯开关：控制顶灯电路通断。向后拉，驾驶室顶灯亮；向前按，灯灭。

（17）尾灯开关：控制尾灯电路通断。向后拉，柴油机罩上尾灯亮；向前按，灯灭。

（18）工作灯开关：控制工作灯电路通断。向后拉，驾驶室上方工作灯亮，向前按，灯灭。

（19）车灯开关：控制前后示廓灯及仪表灯、前照灯近光灯电路通断。中位按下，前后示廓灯及仪表灯亮；向后拉，前后示廓灯及仪表灯继续亮，同时，前照灯近光灯亮。向前按，3 种灯熄灭。

（20）空调温度控制旋钮：用于调节空调制冷温度。柴油机起动后，风量开关旋至最高，5min 后，温度控制旋钮旋至"COOL"位置，指示灯亮，制冷开始，驾驶室温度下降。当降至所需温度时，将温控开关逆时针旋转，直至指示灯灭，压缩机停止工作，此时即为设定温度。当驾驶室内温度高于此温度时，指示灯亮，压缩机自动开启，系统开始制冷，使驾驶室内保持设定温度。

（21）空调风量控制开关：用来控制蒸发风机的转速，以便选择合适的风量。风量控制开关，可控制 3 挡风速：高、中、低。

（22）8 挡保险：对电路进行过载保护。某电路过载时，该电路熔断丝会熔断。

（23）倒车灯开关：用于控制倒车灯电路通断，装在倒挡离合器油路上。当挡位操纵杆换入倒挡时，开关接通，柴油机罩上的白色倒车灯亮。

二、装载机的驾驶

1. 驾驶准备

1）起动前的检查

（1）柴油机燃油、润滑油和冷却液是否充足。

（2）油管、水管、气管、导线和各连接件的连接是否可靠。

（3）柴油机风扇皮带和发电机皮带张紧度是否正常。

（4）蓄电池电解液液面高度是否符合规定、桩柱是否牢固、导线连接是否可靠。

（5）有无松动的固定件，特别是轮辋螺栓、传动轴螺栓。

（6）各操纵杆件是否连接良好、扳动灵活。

（7）轮胎气压是否正常。

（8）各种操纵杆是否置于空挡位置。

（9）拉紧驻车制动器。

（10）查看柴油机周围，检查柴油机罩上是否有工具或其他物品。

2）常规起动

（1）ZL50 型装载机的起动。

①接通电源总开关，将电源钥匙插入电锁内并顺时针转动。

②将加速踏板踩到中速供油位置。

③按下起动按钮，使柴油机起动。

④柴油机起动后立即松开起动按钮。

（2）955A 型装载机的起动。

①插入电锁钥匙并顺时针旋至 1 挡，电源总开关吸合，整机电路接通，系统进入操作状态，并自动进行自检，显示器显示 8888。项目指示灯（绿）、项目报警灯（红）交替点亮，同时，报警总灯闪烁，报警蜂鸣器响，持续 3s，表示系统正常。

②将加速踏板踩到中速供油位置。

③将起动钥匙顺时针转至 2 挡位置，柴油机即可起动。

④起动后立即松开起动钥匙，起动钥匙自动返回到电源接通位置。如果一次起动未成功，须在 30s 后进行第二次起动，但每次起动时间不得超过 10s。

3）拖起动

拖起动是装载机起动的应急方式，只有在起动电路有故障和紧急情况下，才可采用拖起动，而且装载机只有在前进时才能有效拖起动，倒车牵引时不能拖起动。ZL50 型装载机不能拖起动。

拖起动方法如下：

（1）将变矩器锁紧、拖起动手柄置于拖起动位置。

（2）进退操纵杆向前推，变速杆换 3 挡，松开手制动器。

（3）将 955A 型装载机柴油机燃油泵电磁阀上的手动旋钮顺时针转到底。

（4）将加速踏板踩到中速供油位置。

（5）将钢丝绳挂在装载机牵引钩上，牵引车与装载机的距离不得少于 5m，还可用机械从后面推动。

（6）牵引车徐徐起步，带动柴油机起动。

（7）装载机起动后，立即将变速杆置于空挡，将变矩器锁紧及拖起动手柄置于中位，并向牵引车发出信号，以示起动完毕。

（8）将柴油机燃油泵电磁阀上的手动旋钮逆时针旋转至原位。

4）起动后的检查

柴油机起动后，应以低、中速预热，并在预热过程中做如下检查：

（1）仪表指示是否正常。

（2）照明设备、指示灯、喇叭、刮水器、制动灯、转向灯是否完好。

（3）低速和高速运转下的柴油机工作是否平稳可靠、有无异常响声。

（4）转向及各操纵杆件工作是否灵活可靠。

（5）有无漏液、漏油和漏气现象。

5）熄火

ZL50 型装载机熄火时，松开加速踏板，使柴油机低速空转几分钟，然后将熄火拉钮拉出，使柴油机熄火。熄火后将拉钮送回原位,断开电源总开关。

955A 型装载机熄火时,松开加速踏板,将钥匙逆时针转至 0 挡位置,柴油机燃油泵电磁阀断电切断燃油油路,柴油机熄火,同时,电源总开关失电断开,整机电源切断。

除紧急情况外,柴油机不得在高速运转时突然熄火。

6)驾驶姿势

两手分别握住梯子两边的扶手以便上下装载机,弯腰进出驾驶室,小心碰头,随手把门关上。上机后,身体对正转向盘坐下。座椅可根据需要进行上下、前后调节。两手分别握于转向盘轮缘左右两侧,两肘自然下垂,右脚放在加速踏板上,左脚置于制动踏板后方的地板上,目视前方,全身自然放松。

在行驶或作业中,操作人员除保持正确的驾驶姿势外,还应兼顾工作装置作业情况,观察路面情况,注意行人和来往车辆及交通标志;留意各仪表指数是否正常;倾听柴油机及其他部位有无异常响声等。

2. ZL50 型装载机驾驶

装载机正常使用的主要数据,如表 1-1-3 所示。

装载机正常使用的主要数据   表 1-1-3

部 位 名 称	技 术 标 准
发动机	1. 正常工作时冷却液温度:80～90℃; 2. 机油温度:45～80℃; 3. 机油压力表读数:正常工作时为 0.08～0.45MPa
变速器、变矩器	油压:1.00～1.57MPa;最高油温≤110℃
制动系统	最低气压:0.44MPa;工作气压:0.64～0.76MPa
电流表指示	发动机起动时,指针向左"(−)"摆动,表示蓄电池放电;指针向右"(＋)"摆动,表示发电机向蓄电池充电,且充电电流不应＞10A

1)起步

(1)升动臂,上转铲斗,使动臂下铰点离地面 30～40cm。

(2)右手握转向盘,左手将变速操纵杆置于所需挡位。

(3)打开左转向灯开关。

(4)观察周围情况,鸣喇叭。

(5)放松驻车制动器操纵杆。

(6)逐渐踩下加速踏板,使装载机平稳起步。

(7)关闭转向灯。

(8)操作要领:起步时要倾听柴油机声音,如果转速下降,加速踏板要继续踩下,提高柴油机转速,以利起步。

2)换挡变速

(1)加挡。

①逐渐踩下加速踏板,使车速提高到一定程度。

②在迅速放松加速踏板的同时,将变速操纵杆置于高挡位置。

③踩下加速踏板,高挡行驶。

（2）减挡。

①放松加速踏板，使车辆行驶速度降低。

②将变速操纵杆置于低挡位置，同时踩下加速踏板。

注意：装载机前进挡和倒退挡的互换应在停车时进行。

（3）操作要领：加挡前一定要冲速，放松加速踏板后，换挡动作要迅速。减挡前，除将柴油机减速外，还可用行车制动器配合减速。加、减挡时，两眼应注视前方，保持正确的驾驶姿势，不得低头看变速操纵杆；同时，要掌握好转向盘，不能因换挡而使装载机跑偏，以防发生事故。

3）转向

（1）打开左（右）转向灯开关。

（2）两手握转向盘，根据行驶需要，按照前述转向盘的操纵方法修正行驶方向。

（3）转向后关闭转向灯。

（4）操作要领。

①转向前，视道路情况降低行驶速度，必要时换入低速挡。

②在直线行驶修正行驶方向时，要少打少回，及时打及时回，切忌猛打猛回，造成装载机"画龙"行驶。转弯时，要根据道路弯度，快速转动转向盘，使前轮按弯道行驶。当前轮接近新方向时，即开始回轮。回轮的速度要适合弯道需要。

③转向灯开关使用要正确，防止只开不关。

4）制动

制动方法可分为预见性制动和紧急制动。在行驶中，操作人员应正确选用，保证行驶安全。尽量避免使用紧急制动。

5）倒退

倒退须在装载机完全停驶后进行，起步、转向、制动的操作方法与前进时相同。

（1）倒退时及时观察车后的情况，可用以下姿势：

①从后窗注视倒机。左手握转向盘上缘控制方向，上身向右侧转，下身微斜，右臂依托在靠背上端，头转向后窗，两眼视后方目标。

②注视后视镜倒机。这是一种间接看目标的方法，即从后视镜内观察车尾与目标的距离来确定转向盘转动的多少。在后视观察不便时一般采用此法。

（2）目标选择。后窗注视倒机时，可选择机库门、场地和停机位置附近的建筑物或树木为目标，看机尾中央或两角，进行倒退。

（3）操作要领。

①倒退时，应首先观察周围地形、车辆、行人，必要时下机观察，发出倒机信号，鸣喇叭警示，然后换入倒挡，按照前述倒机姿势，行驶速度不要过快，要稳住加速踏板，不可忽快忽慢，防止倒退过猛造成事故。

②倒退转弯时，欲使机尾向左转弯，转向盘也向左转动；反之，向右转动。弯急多转快转，弯缓少转慢转。要掌握"慢行驶、快转向"的操纵要领。由于倒退转弯时，外侧前轮轮迹的行驶半径大于后轮，因此，在照顾方向的前提下，还要特别注意前外车轮以及工作装置是否剐碰其他物体或障碍物。

6）停机

（1）打开转向灯开关。

（2）放松加速踏板，使装载机减速。

(3)根据停车距离踩动制动踏板,使装载机停在预定地点。

(4)将变速操纵杆置于空挡。

(5)将驻车制动器操纵杆拉到制动位置。

(6)降下动臂,使铲斗置于地面。

(7)关闭转向灯。

任务二　装载机的作业

任务引入

装载机的不同工作任务具有不同的施工特点,驾驶装载机在各种复杂工况条件下高效完成施工任务并不是一件简单的事情,要提高装载机工作效率、节约生产成本、降低能耗,就要求熟练掌握装载机的作业方法和技巧。通过本任务相关知识的学习,掌握装载机作业程序及操作装载机进行施工作业的要领,能根据实际施工情况操作装载机进行相应的施工作业。

任务目标

1. 了解使用装载机的安全注意事项;

2. 了解装载机作业安全规则;

3. 掌握装载机的铲装方法及转运物料的方法;

4. 掌握装载机作业程序及操作装载机进行施工作业的要领;

5. 能使用装载机进行相应的施工作业。

知识准备

一、装载机使用规范

1. 基本规范事项

(1)在使用、维护和修理装载机之前,操作人员须取得相应资格证,详细阅读和理解使用说明书,并严格遵守所有有关安全的注意事项和警告。

(2)前进挡、倒挡互换时,必须停车换挡。

(3)行驶或作业时,柴油机冷却液温度、变矩器油温不超过规定数值,变速油压、制动气压不得低于规定值。

(4)如果操作人员感觉不适,或服用了会引起睡眠的药品,或酒后,都不要操作机械。

(5)当与另一操作人员,或与工作场地其他工作人员一起工作时,一定要使全体人员了解采取的所有手势信号。

(6)若柴油机长期未工作,在起动前,应将增压器进油管拆下,加注机油并转动叶轮,防止增压器烧坏;按柴油机操作、维护说明,进行加液、加油、检查部件等起动前的维护工作。

(7)进行作业前、作业后的检查,消除漏油、漏液、漏气、螺栓松动、异常响声等有可能引起故障和严重事故的隐患。原则上不允许起动柴油机进行检查维护。不要进入或把手放入运动的部件之间。避开所有旋转和运动零件。机械运动或转向时,不得进入前后车架之间。

(8)停机时,应将机械停放在水平地面上。如果需要将机械停放在斜坡上,则要将机械用模块垫好,并注意用行车制动器将机械停下,将变速操纵杆置于空挡位置,工作装置操纵杆置于中位;拉上驻车制动器;将所有工作装置放于地面;关闭柴油机,取走钥匙。

(9)勿将易燃品遗失在增压器、排气管、消声器、散热器上,以免发生火灾。接触上述各部位时,小心不要将手烫伤。

(10)在所有管路、接头或有关零部件拆开之前,都要把压力释放,慢慢拧开。工作装置离开地面时,严禁拆卸液压系统。

(11)新车必须按说明先进行磨合,使机械各摩擦部位磨合,确保可靠地作业,延长使用寿命。

2.操作、作业、行驶前后规范事项

(1)严禁跳上或跳下机械,只能在有爬梯和扶手处上下机械。切忌登上或离开行驶中的机械。

(2)行驶时,不可急制动、急行车、高速度转弯、锯齿形行车。

(3)在坡道上横行或变换方向则有翻车的危险。在坡道上直行车时,由于车辆重心移动到前轮或后轮,因此要慎重操作。在坡道上满载工作时,上坡要前进行车,下坡要后退行车;下坡时不要操作变速杆;不可转弯。

(4)起动、停止车辆时,拉上驻车制动器,变速杆置于空挡位置,工作装置操纵杆置于中位。

(5)所有的操作都必须在驾驶座上进行。在驾驶室以外的地方不可操作驾驶杆。

(6)工作时,应对作业现场的地形、地貌、地质情况进行调查;将车道上障碍物处理干净,注意线、沟等危险地形。

(7)尽量避免机械在接近悬崖边、松软路面和沟渠边作业。避免野蛮操作,切忌猛铲、硬撞。

(8)工作装置若过度举升,则会由于重心提高,造成车辆不稳定,行走很危险。

(9)路面状况不良时,应当慎重操作,避免装卸物及整机发生失稳现象。在容易打滑的路面上,应避免高速行车、调整转弯和紧急制动。

(10)避免工作装置急速停止、车速急速下降。

(11)工作装置周围不准闲人进入。

(12)由于工作装置是上升下降、左转右旋以及前后移动的,因此工作装置周围、铰接转向部位周围都是危险区域,严禁无关人员进入。

3.作业规范事项

(1)注意不要太靠近悬崖的边缘。当筑堤或填土,或向悬崖落土,可把泥土卸成一堆,然后将挖斗平放推土。

(2)当机械把土推下悬崖或推到斜坡的顶点时,载荷会突然变轻。在这种情况下,由于行走速度会突然增加,因而是危险的,故一定要降低速度。

(3)当铲斗满载时,机械绝对不能突然起动、转弯或停止。

(4)当搬运不稳定的载荷时,例如圆形或圆柱形的物体、层叠的板材,如果工作装置升高,载荷则有下落到驾驶室顶部的危险,造成严重的伤害或损坏。当搬运不稳定的载荷时,注意不能把工作装置升得太高或将铲斗向后倾斜太多。

(5)如果工作装置突然下降或突然停止,其反作用力可能会使机械翻倒。尤其是在带有载荷时,对工作装置的操作一定要小心。

（6）不要把铲斗或动臂用于起重作业。

（7）装载机只能承担规定的工作，进行超出使用范围的其他作业会使机械损坏。

4. 其他规范事项

（1）禁止私自改造机械。

（2）检查轮胎时，不可进入轮胎旋转的前后位置，应从其侧面进行。维修或更换轮胎时可能有危险，需由专业维修人员进行维修或更换。

（3）在轮胎附近的地方进行焊接作业时，可能会引起轮胎爆炸，因此应特别注意。

（4）视线不良时，不可使用明火照明。

（5）严格注意标牌所示，应当遵守机械上标牌的警示。如标牌脱落或被污物覆盖时，要补贴或清洗。

（6）操作或维护机械时，应戴安全帽，穿着紧缩袖口和裤脚的作业服及安全鞋。

（7）检查维修时，须将车辆安全可靠地固定好，以免发生意外。

（8）离开机械时，应将工作装置安全降低至地面，工作装置操纵杆置于中位，驻车制动器拉起，变速杆置于空挡位置，然后关闭柴油机，用钥匙锁上所有设备。

（9）对于蓄电池等电气系统的检查，要慎重进行。

二、装载机作业安全事项

1. 作业前准备

（1）检查液压油箱内的油位，不足时应加注。

（2）检查工作装置各销轴连接是否可靠。

（3）在工作装置各润滑点加注润滑油脂。

（4）观察周围环境及条件。根据作业量的大小，制订施工方案及作业路线。

（5）清理作业现场，填平凹坑，铲除尖石等易损轮胎和妨碍作业的障碍物。

2. 作业安全操作规范

（1）装载机适宜装载松散物质（散土、碎石），不得以装载机代替推土机或装岩机去推铲硬土或装大块岩石。

（2）装载机做短途（运距在500m之内）输送时，应将铲斗尽量放低，铲斗底部离地高度不能超过40cm，以防倾翻。

（3）铲装作业时，装载机要对正物料，前后车架左右偏斜不应大于20°；铲装中阻力过大或遇有障碍造成车轮打滑时，不应强行操作，并避免猛力冲击铲装物料和铲斗偏载。

（4）装卸作业时，动臂提升的高度要超过运输车箱20cm，避免碰坏车箱或挡板。运载物料时，应保持动臂下铰点适宜的高度，不允许将铲斗升至最高位置运送物料，以保证稳定行驶。卸料时，要慢推铲斗操纵杆，使散装物料呈"流沙式"卸入车箱，不要间断和过猛。根据运输车辆的装载质量，尽量做到不少装、不超载。铲斗升起后，禁止人员从下方通过。操作手离开装载机时，不论时间长短，都应将铲斗置于地面。

（5）作业场地狭窄、凸凹不平或有障碍时，应先清除或进行平整。离沟、坑和松软的基础边缘应有足够的安全距离，以防塌陷、倾翻。

（6）填塞深的沟坑时，装载机卸料的停车位置要坚实（必要时利用铲斗压实），并在车轮前面留有土肩，在土肩前50cm处卸料，然后，用铲斗将土壤推至坡下，但铲斗不能伸出坡缘。

（7）在河中挖掘沙、石等作业时，应对发动机采取防护措施；变速器、前后桥油塞要拧紧，作业区水深限度不能超过轮胎直径的1/2。对作业后的装载机要认真进行维护。

（8）装载机在工作过程中，操作人员一手握转向盘，一手握操纵杆，精力要集中，根据需要及时扳动操纵杆。在铲斗升离地面前不得使装载机转向；装卸间断时，铲斗不应在重载下长时间地悬空等待。

（9）装载机连续工作时间不得超过4h。如因天气炎热或长时间作业引起发动机和液压油过热造成工作无力时，应停车降温后再进行作业。

（10）夜间作业应有良好的照明设备，必要时应有专人指挥，在危险地段设置明显标志。

（11）装载机应避免在雨雪天或泥泞地段作业，必要时，应采取防滑措施（如安装防滑链或铺垫防滑物等）。

三、装载机的铲装方法

装载机的生产能力，在很大程度上取决于铲装时铲斗的装满系数。如操作熟练的人员在一定的条件下，可得到较好的铲斗装满系数，且不致产生附加载荷。如操作不熟练时，这种附加载荷可达到很大值。

装载机铲装物料的整个工序，是借助于插入力和用翻斗及动臂提升机构来完成的，是将物料从料堆装入铲斗的过程，铲斗类型（正常斗容、增大斗容、减少斗容）和最合理的铲装工作方法，主要是根据被铲装物料的容重进行选择。此外还与装载机操作人员熟练程度和装载机的机构有关。铲装物料时，装载机要对准料堆，不要以高速向物料冲击，轮胎出现打滑时，不要强行操作。装载机工作效率的高低在很大程度上取决于铲斗能否装满，这就要求根据不同的物料采用不同的铲装方法。

装载机常用铲装方法有：单独铲装法、配合铲装法、分层铲装法。

1. 单独铲装法

其特点是在举升和翻斗过程中，装载机不行走，它又可以分为一次单独铲装法和分段铲装法两类。

（1）一次单独铲装法。如图1-2-1所示，一次单独铲装法其步骤如下。

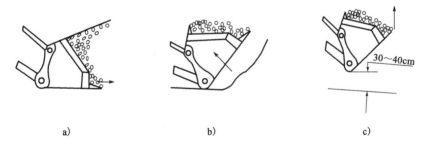

a)   b)   c)

图1-2-1　一次单独铲装法

装载机直线行走，使铲斗斗刃插入料堆或工作面里，直到铲斗的后壁与料堆接触为止，如图1-2-1a）所示。在铲斗插入时，装载机用1挡或2挡前进，行速一般为 2.5 ~ 4.0km/h。然后，铲斗在翻斗油缸作用下，翻转到水平位置，如图1-2-1b）所示。在整个翻斗工作过程中，装载机不行走。之后铲斗提升到运输位置（距地面高 30 ~ 40cm），后退驶离工作面，如图1-2-1c）所示。驶到卸载点，铲斗再提升到能把物料卸载到运输容器里所需的高度。单独铲装时，不能用高速急行的方式把铲斗插入，因为这将在装载机上产生附加的冲击载荷；在轮胎或履带打滑时,增加了轮胎和履带板的磨损;铲斗可能过深地插入料堆或工作面,结果使铲斗不能翻转、动臂不能提升,延长了铲斗从料堆里拔出的时间,因而增加了工作循环时间,降低了装载机及运输设备的生产能力。

一次单独铲装法是一种最简单的、在工程上使用最广泛的铲装方法。用此法铲装时,对物料的磨损程度较小。此法缺点是:必须把铲斗很深地插入料堆,因而要求装载机具有很大的铲掘力,同时需要很大的功率以克服在铲斗开始翻转时,使大量物料脱离料堆的阻力。一次单独铲装法一般用于铲装轻的碎料,如煤、焦炭、烧结矿等。

(2)分段铲装法。如图1-2-2所示,分段铲装法的特点是分段插入和提升。这种铲装方法在比较困难的工作情况下采用,这时用一次单独铲掘法,插入料堆很大的深度是不可能的。用此法时,第二段的插入,应在第一段提升结束后立即进行,以避免很大的流动载荷作用在斗刃上。在这种条件下,铲斗比较容易插入料堆并达到较好的装满系数。

图1-2-2　分段铲装法

分段铲装法的缺点是必须使装载机操作机构反复运作,因而操作比较频繁,加速了有关零件的磨损和降低了铲装速度。用此法时,使铲斗斗底保持水平或稍微向前倾斜,否则料堆在斗底上将产生很大的反作用力,而使插入阻力增加。

2. 配合铲装法

如图1-2-3所示,配合铲装法步骤如下。

装载机前进,把铲斗插入料堆或工作面不大的深度,插入深度要根据料堆或台阶高度的不同,而在斗底长的0.2~0.5倍选取。此后,在装载机继续前进的同时,还进行铲斗的翻转及动臂的提升运动,如图1-2-3a)所示,或仅进行动臂的提升,如图1-2-3b)所示,或仅进行铲斗的翻转。这时,装载机的行驶速度(1挡或2挡)应与斗刃提升速度进行很好的配合,以便使斗刃的提升轨迹大约与料堆的坡面线平行。

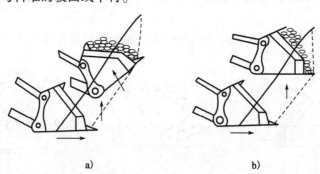

a)　　　　　　　　　　　　b)

图1-2-3　配合铲装法
a)在装载机插入的同时进行铲斗翻转和动臂提升;b)在装载机插入的同时进行动臂的提升

由于插入运动和提升运动的配合,从而使插入阻力比单独铲装法减少。主要原因在于铲装区散碎的物料有很大的流动性,在铲斗斗底几乎完全没有摩擦力。在这种情况下,对于前轮为驱动轮的装载机,由于在铲斗上附加的垂直载荷,从而使车轮与地面的黏着力增加。

用配合铲装法作业时,铲斗翻转和动臂提升传动装置无须克服很大的阻力,装载非常平稳,其插入阻力一般为一次单独铲装法的1/3~1/2。这种方法无须铲斗开始时插入很深,从而保证了很大的铲装范围和达到了很好的铲斗装满系数。

插入运动与动臂提升运动相配合,如图1-2-3b)所示的铲装方法,也称为装载机挖掘铲装法,其工作过程是:在装载机向料堆或工作面推进时,随着铲斗插入料堆或工作面(大约是斗底长的1/3),用动臂提升机构把铲斗提升。在斗刃离开料堆或工作面后,铲斗进行翻转,然后驶离装载点。斗底与料堆或工作面的倾角,在铲斗插入物料时也应存在,一般为3°~5°。

处理铲装困难的物料(大块、爆破不好的岩石等)时,斗刃使装载机前轮悬起的情况,如图1-2-4a)所示是合理的。这时,在铲斗上下摆动的同时,装载机以1挡或2挡低速向料堆或工作面推进,如图1-2-4b)所示,这样可以达到最好的铲斗装满系数,很好地摆脱了大块岩石,大大降低了装载机铲斗的插入阻力。

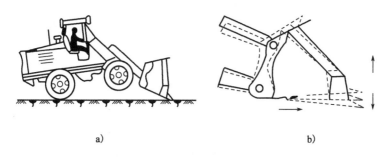

a)　　　　　　　　　　　b)

图1-2-4　用装载机铲装法铲装爆破不好的矿岩

在用装载机铲装大块时,应注意装入铲斗的大块应该比较稳定,不要堆得太高,要保证安全。爆破后直径小于30cm的大块,可用装载机很容易地进行清理,为此装载机在向工作面运行时,应落下铲斗,并使斗底水平,以便收集分散的石块。

采用配合铲装法的条件是:斗刃合成运动方向与装载机插入运动方向之间的夹角必须大于料堆的自然堆积角,否则,铲斗将过深地被掩埋在料堆里。为了保证上述条件,装载机操作人员必须具有一定的操作经验。

3. 分层铲装法

分层铲装法如图1-2-5所示,采用分层铲装法工作时,先将铲斗转到与地面呈一定角度,然后使装载机以1挡或2挡低速前进,连续地削下一层物料,如图1-2-5a)所示。每个分层的切入深度一般为15~20cm。铲斗装满后,动臂提升,使斗底距地面在50cm左右,如图1-2-5b)所示,然后后退到卸载位置。

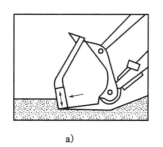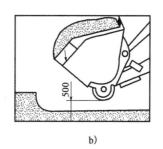

a)　　　　　　　　　　　b)

图1-2-5　分层铲装法

a)铲斗切土;b)铲斗装满后的运输位置

分层铲装法在掘沟、在软岩里挖掘凹地、平土等工作中采用,当装载机带有松土装置时,还可用此法松散土岩。

四、装载机转运物料的方法

装载机转运是指装载机将装入铲斗的物料运送到卸载点的作业过程。转运物料时，动臂下铰点距离地面约40cm，以保证稳定行驶。按其运行路线可分为V式、I式、L式和T式4种转运方法。

1. V式转运

装载机从铲装物料结束至倾卸物料开始，其运动路线近似于V形的作业方法，如图1-2-6所示。作业时，运输车辆停放在与作业面约呈60°角的位置上。装载机满载后，以机尾远离运输车辆方向约30°的转向角，倒车驶离作业面，待铲斗对正运输车辆与作业面夹角的顶点后，再前进并转向，至垂直于运输车辆时卸载。

V式转运具有行程短、工作效率高的特点，适于在作业正面较宽而纵深较短的地段上装车作业。

2. I式转运

装载机和运输车垂直放置，两者通过交替前进和后退，完成铲装、卸载的作业方法，如图1-2-7所示。作业时，装载机满载后倒退6~8m等待卸载。待运输车驶至装载机与料堆之间的适当位置，装载机即举斗前行，将物料卸于车内。当运输车装载后离开5~8m时，装载机又前行铲取物料，重复前述作业过程。当运输车装载质量与一部装载机铲斗装载量相匹配时，可采用单机多车作业法。当运输车装载质量与两部或三部装载机铲斗装载总量相匹配时，可采用多机多车并排作业法。在高大料堆面前，采取多机多车按一定顺序作业的方法，铲装时间最短，作业效率最高，适于在作业量大或作业场地狭窄、车辆不便转向和掉头的地方应用。

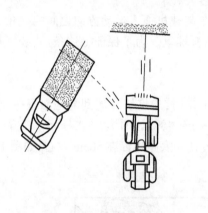

图1-2-6　V式转运示意图

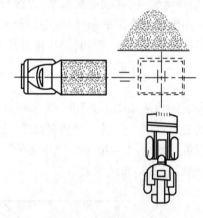

图1-2-7　I式转运示意图

3. L式转运

装载机从铲装物料结束至开始倾卸物料，其运行路线近似于L形的作业方法，如图1-2-8所示。作业时，运输车停放在与作业面约呈直角的位置上，装载机满载后倒退至适当位置，然后前进并做90°转弯，至垂直于车箱时卸载。这种方法，每个作业循环需要的时间长、效率低，适于在作业正面狭窄、车辆出入受场地限制时应用。

4. T式转运

装载机从铲装物料结束至倾卸物料开始，其运行路线近似于T形的作业方法，如图1-2-9所示。作业时，运输车、装载机与作业面平行放置，装载机转向90°行驶至作业面，铲装物料，装载后倒回原位，然后，再向相反方向转向90°行驶，至垂直于运输车时卸载，最后倒回原位。

这种方法,每一循环需要的时间长、效率低,适于在作业正面较宽,车辆出入受场地限制时应用。

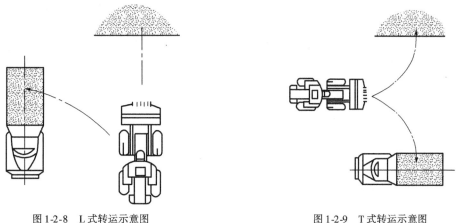

图1-2-8 L式转运示意图   图1-2-9 T式转运示意图

任务实施●

一、装载机的基础作业

装载机的基本作业过程主要包括铲装、转运、卸载、回程,如图1-2-10所示。

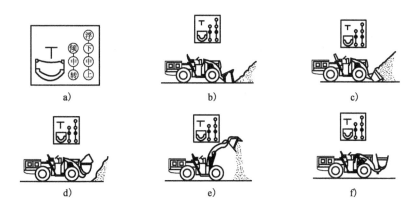

a)   b)   c)

d)   e)   f)

图1-2-10 装载机作业过程示意图
a)操纵杆位置;b)接近物料;c)铲装;d)运料;e)卸料;f)回程

在一个作业循环中,首先是提高柴油机转速,快速驶近料堆;在距离料堆1～1.5m处换为低速挡,并放平铲斗,使铲斗插入料堆;待插入一定深度后逐渐上转铲斗,并提升动臂至运料位置。然后使装载机后退离开料堆,驶往卸载点。根据料场或运输车箱的高度,适当提升动臂进行卸载。卸载完毕后,返回装料点进行下一个作业循环。

在作业过程中,熟练的操作人员通常是在驶向料堆的过程中放平铲斗和变速,铲斗插入一定深度时边上转铲斗、边提升动臂,使铲斗装满,之后再后退掉头;在驶往卸载点的过程中,提升动臂至卸载高度,并把物料卸入运输车内或料场。

装载机作业过程中的接近物料、铲装、转运、卸载和回程等各基本动作所消耗的动力是不同的。由表1-2-1可以看出,铲装物料时所需动力最大。了解这一情况后,可更合理地控制柴油机的转速和行驶速度,以最大限度地节约动力和提高作业效率。

装载机一个工作循环各部分动力消耗 表 1-2-1

作业位置	发动机转速	行走动力	装载动力	转向动力
接近物料	加速	大	小	小
铲装	低于额定转速	大	大	小
转运、卸料	减速	小	中	大
回程	中到高	小	小	小

1. 铲装

铲装是将松散物料从料堆中装入铲斗的过程。铲装物料时,装载机要对准料堆,不要以高速向物料冲击。轮胎出现打滑时,不要强行操作。装载机工作效率的高低在很大程度上取决于铲斗能否装满。这就要根据不同的物料采用不同的铲装方法。

2. 转运

转运是指装载机将装入铲斗的物料运送到卸载点的作业过程。转运物料时,动臂下铰点距离地面约40cm,以保证稳定行驶。

3. 卸载

卸载是将铲斗内的物料倒出的作业过程,卸载作业主要是将铲斗内的物料卸于运输车辆或指定的卸料点。卸载时,装载机应垂直于车箱或料堆缓慢前进,在行进中扳动动臂操纵杆,将动臂提升至一定高度(使铲斗前倾不碰到车箱或料堆),提升铲斗,对准卸料点,向前推铲斗

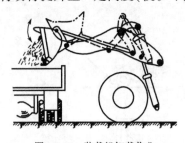

图 1-2-11　装载机卸载作业

操纵杆,使物料卸至指定位置。注意装载机与车箱或料堆保持一定的安全距离,作业时,操作要平稳,慢推铲斗操纵杆,使物料呈"流沙状"卸入车箱内,以减轻物料对运输车辆的冲击,做到不间断、不过猛、不偏载、不超载。当弃料、卸载填塞较大的弹坑或壕沟时,在土肩前50cm处卸载,待堆积物料较多后,再用铲斗将物料推至坡下,但铲斗不能伸出坡缘。如果物料黏附在铲斗上,可前后反复扳动操纵杆,振动铲斗,使物料脱落(图1-2-11)。卸料完毕,倒车离开卸料点,放平铲斗,下降动臂进行下一个作业循环。

4. 回程

卸载后的装载机返回铲装点的驾驶过程称为回程。装载机回程行驶路线与转运路线相同,但其方向相反。行驶中需顺便铲高填低,平整机械运行道路。

二、装载机的生产作业

1. 装载作业

装载作业是装载机与自卸汽车配合来完成物料的搬运作业,即利用装载机铲装起物料后,转运到自卸车旁,把物料卸载到自卸车车箱内。装载作业方式运用正确与否,对作业效率影响很大。装载机装载作业方式是根据场地大小、物料的堆积情况和装载机的卸料形式而确定的。因此,选择正确的铲装、转运等作业方式,可提高装载机作业的作业效率和经济效益。

装载机进行铲装作业时,应使铲斗缓慢切入料堆,根据阻力的大小控制适宜的节气门开度,边提升动臂边上翻铲斗,直至装满物料。

2. 铲运作业

铲运作业是指铲斗装满物料并转运到较远的地方卸载的作业过程,通常在运距不超过500m,用其他运输车辆不经济或不适于车辆运输时采用。

运料时,动臂下铰点应距地面约40cm,并将铲斗上转至极限位置,如图1-2-12所示。行驶速度应根据运距和路面条件决定,如路面较软或凹凸不平,则低速行驶,防止行驶速度过快引起过大的颠簸冲击而损坏机件。在回程中,对行驶路线可做必要的平整。运距较长、而地面又较平整时,可用中速行驶,以提高作业效率。

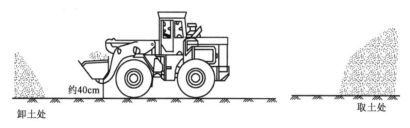

图1-2-12 装载机铲运作业示意图

铲斗满载越过土坡时,要低速缓行。上坡时,适当踩下加速踏板。当其到达坡顶、重心开始转移时,适当放松加速踏板,使装载机缓慢地通过,以减小颠簸振动。

3. 铲掘作业

铲掘作业是指装载机铲斗直接开挖未经疏松的土体或路面的作业过程。铲掘路面或有砂、卵石夹杂物的场地时,应先将动臂略微升起,使铲斗前倾10°～15°,如图1-2-13所示。然后,一边前进一边下降动臂,使斗齿尖着地。这时,前轮可能浮起,但仍可继续前进,并及时上转铲斗使物料装满。

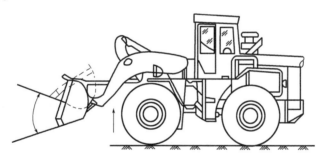

图1-2-13 装载机铲掘松软地面作业示意图

铲掘沥青等硬质地面时,应从破口处开始,将铲斗斗齿插入沥青面层与地基之间,在前进的同时上卷铲斗,使沥青面层破裂,脱离地基,然后提升动臂,使其大面积掀起,如图1-2-14所示。

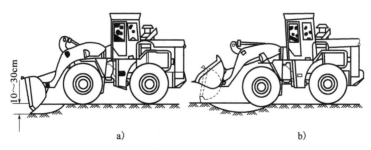

a)   b)

图1-2-14 装载机铲掘硬质地面示意图

铲掘土坡时,应先放平铲斗,对准物料,用低速铲装,上转铲斗约 10°,然后,升动臂逐渐铲装,如图 1-2-15 所示。铲装时不得快速向物料冲击,以免损坏机件。

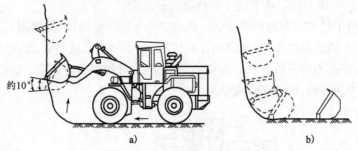

图 1-2-15　装载机铲掘土坡作业示意图

4. 其他作业

1）推运作业

推运作业是将铲斗前面的土堆或物料直接推运至前方的卸载点。推运时,动臂下降使铲斗平贴地面,柴油机中速运转,向前推进,如图 1-2-16 所示。装载机推运作业时,根据阻力大小控制加速踏板,调整动臂的高度和铲斗的切入角度,低速直线行驶。

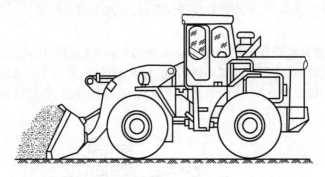

图 1-2-16　装载机推运作业示意图

2）刮平作业

刮平作业是指装载机后退时,利用铲斗将路面刮平的作业方法。作业时,将铲斗前倾到底,使刀板或斗齿触及地面。刮平硬质地面时,应将动臂操纵杆放在浮动位置。刮平软质地面时,应将动臂操纵杆放在中间位置,用铲斗将地面刮平,如图 1-2-17 所示。为了进一步平整,还可以将铲斗内装上松散土壤,使铲斗稍前倾,放置于地面,倒车时缓慢蛇行,边行走边铺土压实,以便对刮平后的地面再进行补土压实,如图 1-2-18 所示。

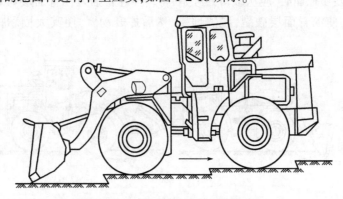

图 1-2-17　装载机刮平作业示意图

3）牵引作业

装载机可以配置装载质量适当的拖平车进行牵引运输。运输时，装载机工作装置置于运输状态，被牵引的拖平车要有良好的制动性能。此外，装载机还可以完成起重作业。

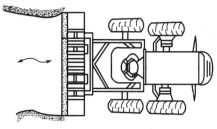

图 1-2-18　装载机补土压实

4）接换四合一铲斗进行作业

将955A型装载机动臂两边钢管上的快换接头的堵塞拔下，四合一铲斗通过管路连到快换接头上，用辅助操纵杆控制整体式多路阀的辅助阀杆，即可控制抓具油缸，实现斗门闭合和斗门翻开。

四合一铲斗具有装载、推土、平整、抓取4大功能。其作业状况如图1-2-19所示。

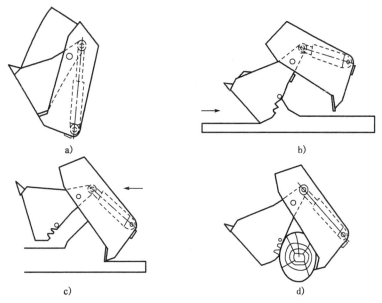

图 1-2-19　四合一铲斗作业示意图

如换装液压镐或其他附件，方法与换装四合一铲斗相同，但需注意：

（1）辅助操纵杆只有在装四合一铲斗、液压镐等附加装置时方可使用。

（2）将四合一铲斗换装装载机标准斗时，应反复操纵辅助操纵杆，使抓具油缸和油路里的油压降为零，方可更换。

（3）安装装载机标准斗时，应用快换接头上的堵塞堵住快换接头的油口，以防脏物进入。装四合一铲斗时，应把快换接头上的堵塞相互堵好，以防脏物进入。

任务三　装载机的维护

任务引入

在装载机使用过程中，如果能按照维护的周期、作业项目、技术要求，定期进行清洁、检查、润滑、紧固、调整十字方针，及时消除故障和隐患，不但能保证装载机完好的技术状况、减少零件的磨损,并能延长装载机的使用寿命。对装载机实行维护,可以减少机器的故障,延长机器使用寿命;缩短机器的停机时间;提高工作效率,降低作业成本。通过本任务相关知识的学习,掌握装载机维护的基本内容和基本方法,能熟练地对装载机进行日常维护。

任务目标

1. 了解装载机定期维护的知识;
2. 掌握装载机维护的基本内容;
3. 掌握装载机日常维护的方法;
4. 掌握装载机维护的注意事项;
5. 能对装载机进行日常维护作业。

知识准备

一、装载机维护概述

预防性的维护是最容易、最经济的维护,也是延长装载机的使用寿命和降低成本的关键。对装载机而言,维护一般分为台时或台班(每天)维护和定期维护。而定期一般分为50h维护、100h维护、250h维护、500h维护、1000h维护和2000h维护。由于每个时间段内所维护的内容、范围、要求都不一样,所以维护是一种强制性的工作。

装载机进行维护的一般要求是:

(1)将装载机停在水平地面上。
(2)将变速器控制杆置于空挡。
(3)将所有附件置于中位。
(4)拉起驻车制动。
(5)关闭发动机。
(6)关闭起动机开关并将钥匙取出。

二、装载机的维护周期

装载机维护手册中所列的维护周期是使用工作计时表或日历(日、周、月等)来确定的,装载机生产厂家要求维护工作应按这两种时间中首先到期的时间周期进行。在极度严酷、多尘或潮湿的工作环境下,需要有比"定期维护"中规定的更为频繁的润滑维护。在维护时,应重复进行原来要求中所列的维护项目。例如,在进行500工作小时或3个月的维护项目时,应同时进行250工作小时或1个月、50工作小时或每周和每10工作小时或每天中所列的维护项目。

任务实施

装载机的日常维护

一、装载机的每10工作小时或每天的维护

(1)检查发动机油位。
(2)检查冷却液液位。

（3）检查液压油油位。

（4）检查燃油油位,排除燃油预滤器及发动机上的燃油粗滤器中的水和杂质。

（5）绕机目测检查各系统有无异常情况、泄漏。目测检查发动机风扇和驱动带。

（6）检查灯光及仪表的工作状况。

（7）检查轮胎气压及损坏情况。

（8）检查后退报警器工作状况。

（9）按照机器上张贴的整机润滑图的指示,向各传动轴加注润滑脂。

（10）向外拉动储气罐下方的手动放水阀的拉环,给储气罐放水。

二、装载机每 50 工作小时或每周的维护

首先进行前述的检查维护项目。

（1）检查变速器油位。

（2）检查加力器油杯的油位。

（3）第一个 50 工作小时检查驻车制动器的制动蹄片与制动鼓之间的间隙,如不合适则进行调整,以后每 250 工作小时检查一次。

（4）紧固所有传动轴的连接螺栓。

（5）保持蓄电池的接线柱清洁并涂上凡士林,避免酸雾对接线柱的腐蚀。

（6）检查各润滑点的润滑状况,按照机器上张贴的整机润滑图的指示,向各润滑点加注润滑油脂。

三、装载机每 100 工作小时或两周的维护

首先进行前述的检查维护项目。

（1）第一个 100 工作小时更换变速器油,以后每 1000 工作小时更换变速器油。如果工作小时数不到,每年也至少要更换变速器油一次。在每次更换变速器油的同时,更换变速器油精滤器,并且清理干净变速器油底壳内的粗滤器。

（2）第一个 100 工作小时更换驱动桥齿轮油（ZF 桥）,以后每 1000 工作小时更换驱动桥齿轮油。如工作小时数不到,每年至少更换驱动桥齿轮油一次。

（3）清扫散热器组。

（4）清扫发动机缸头。

（5）清洗柴油箱加油滤网。

（6）第一个 100 工作小时检查蓄能器氮气预充压力。

四、装载机每 250 工作小时或一个月的维护

首先进行前述的检查维护项目。

（1）检查轮辋固定螺栓的拧紧力矩。

（2）检查变速器和发动机安装螺栓的拧紧力矩。

（3）检查工作装置、前后车架各受力焊缝及固定螺栓是否有裂纹及松动。

（4）检查前后桥油位。

（5）目测检查空气滤清器服务指示器。如果指示器的黄色活塞升到红色区域,应清洁或更换空气滤清器滤芯。

（6）检查发动机的进气系统。

（7）更换发动机油和机油滤清器。

（8）更换发动机冷却液滤清器。

（9）第一个250工作小时清理液压系统回油过滤器滤芯。以后每1000工作小时更换液压系统回油过滤器滤芯。

（10）检查发动机驱动带、空调压缩机传动带张力及损坏情况。

（11）检测行车制动能力及驻车制动能力。

（12）第一个250工作小时检查蓄能器氮气预充压力。

五、每500工作小时或三个月的维护

首先进行前述的检查维护项目。

（1）检查防冻液浓度和冷却液添加剂浓度。

（2）更换燃油预滤器和发动机上的燃油粗滤器、精滤器。

（3）紧固前后桥与车架连接螺栓。

（4）检查车架铰接销的固定螺栓是否松动。

（5）第一个500工作小时更换驱动桥齿轮油，以后每1000工作小时更换驱动桥齿轮油。如果工作小时数不到，每年也至少要更换驱动桥齿轮油一次。

（6）第一个500工作小时检查蓄能器氮气预充压力。

六、装载机每1000工作小时或六个月的维护

首先进行前述的检查维护项目。

（1）调整发动机气门间隙。

（2）检查发动机的张紧轮轴承和风扇轴壳。

（3）更换变速器油，更换变速器滤油器，并且清理干净变速器油底壳内的过滤器。

（4）更换驱动桥齿轮油。

（5）更换液压系统回油过滤器滤芯。

（6）清洗燃油箱。

（7）拧紧所有蓄电池固定螺栓，清洁蓄电池顶部。

（8）第一个1000工作小时检查蓄能器氮气预充压力。

七、装载机每2000工作小时或每年

首先进行前述的检查维护项目。

（1）检查发动机的减振器。

（2）更换冷却液、冷却液滤清器，清洗冷却系统。如果工作小时数不到，至少每两年更换一次冷却液。

（3）更换液压油，清洗油箱，检查吸油管。

（4）检查行车制动系统及驻车制动系统工作情况，必要时拆卸检查摩擦片磨损情况。

（5）通过测量油缸的自然沉降量，检查分配阀及工作油缸的密封性。

（6）检查转向系统的灵活性。

（7）第一个2000工作小时检查蓄能器氮气预充压力。工作小时数满2000以后，每2000

工作小时检查一次。

思考练习题

1. 装载机在工程建设中能完成哪些工作？

2. 装载机起动前的检查有哪些？

3. 装载机有哪些仪表？如何识读？

4. 装载机有哪些操纵机构？如何操作？

5. 装载机的施工方法有哪些？

6. 结合生产实习，简述装载机使用安全注意事项。

7. 结合生产实习，请分析哪种装卸方式作业效率最高？

8. 装载机在发动机起动以后有哪些注意事项？

9. 用装载机对松散物料进行铲装作业时，有哪些施工技术要求？

10. 控制装载机行驶速度有那几种方法？

11. 装载机作业后有哪些注意事项？

12. 装载机在坡道行驶时应注意哪些内容？

13. 确保装载机正常使用的主要数据是什么？

14. 装载机维护周期如何确定？

15. 装载机日常维护的内容有哪些？

项目二

推土机的使用与维护

推土机是一种短距离自行式铲土运输机械,主要用于 50 ~ 100m 的短距离施工作业。推土机在建筑、筑路、采矿、水利、农业、林业及国防建设等土石方工程中被广泛应用。推土机作业时,将铲刀切入土中,依靠主机前进动力,完成切削和推运作业。推土机可以完成铲土、运土、填土、松土、平地等工作,可作为自行铲运机的助推机;拖挂轧路辊、拖式铲运机;清除树桩等。

由于受到铲刀容量的限制,推土机推运土壤的距离不宜太长。运距过长时,运土过程受到铲下土壤漏失的影响,会降低推土机的生产效率;运距过短时,由于换向、换挡操作频繁,在每个工作循环中,这些操作所用时间所占比例增大,也会使生产率降低。通常,中小型推土机的运距为 30 ~ 100m,大型推土机的运距一般不应超过 150m,推土机的经济运距为 50 ~ 80m。

任务一 推土机的操作

任务引入

能够对推土机进行规范熟练操作是进行推土机施工作业的前提条件。熟练操作推土机,须掌握推土机的基本结构和工作原理,能够识别各种操纵杆、手柄、仪表和开关。本任务主要讲解推土机的分类、结构、工作原理等基础知识,完成对 TY220 型和 TL180 型推土机的各种操作装置、开关等的认知学习以及规范操作的技能训练。

任务目标

1. 掌握推土机的基础知识;
2. 明确推土机操作人员应具备的条件及操作安全要求;
3. 能够识别推土机各操作装置、仪表、开关,并熟练操作;
4. 牢记推土机操作注意事项;
5. 能够规范操作推土机,完成基础动作。

知识准备

一、推土机的分类

推土机可按行走方式、传动方式、功率等级、用途、推土铲安装位置、铲刀操纵方式等方面进行分类。

1. 按行走方式分

按主机的行走方式,可分为履带式推土机和轮胎式推土机两种。

(1)履带式推土机。附着性能好;牵引力大,接地比压小,适宜在松软、湿地作业;爬坡能力强,宜在山区作业;能在恶劣条件下作业,例如碎石地、不平整地等,且履带耐磨性比轮胎好;但行驶速度较低。

(2)轮胎式推土机。行驶速度快、运距长,一般为履带式的 2 倍,作业循环时间短;机动性强,转移场地方便,迅速且不损坏路面,特别适合在城市建设和道路维修工程中使用;行走装置轻巧,摩擦件少,在一般作业条件下的使用寿命比履带式长。因其制造成本较低,维修方便,所以近年来有较大发展。但牵引力小,通过性差,适于在经常变换工地和良好土壤时作业;在松软潮湿的场地上施工时,容易引起驱动轮滑转,降低生产效率,严重时还可造成车辆沉陷。因此,轮胎式推土机的使用范围受到一定的限制。

2. 按传动方式分

(1)机械传动式推土机。具有工作可靠、制造简单、传动效率高、维修方便等优点,但操作费力,传动装置对负荷的自适应性差,容易引起柴油机熄火,作业效率低。

(2)液力机械式推土机。采用液力变矩器与动力换挡变速器组合的传动装置,具有自动无级变矩,自动适应外负荷变化的能力,柴油机不易熄火,且可带载换挡,减少换挡次数,操纵轻便灵活,作业效率高。缺点是液力变矩器工作中易发热,传动效率降低,传动装置结构复杂、制造精度要求高,维修较困难。目前,大中型推土机常采用这种传动形式。

(3)全液压传动式推土机。由液压马达驱动,驱动力直接传递到行走机构。因为取消了主离合器、变速器、后桥等传动部件,所以结构紧凑,整机质量减轻,操纵轻便,可实现原地转向。但其制造成本较高,耐用度和可靠性差、维修困难,目前只在中等功率的推土机上采用全液压传动。

(4)电传动式推土机。由柴油机带动发电机,发电机带动电动机,进而驱动行走装置。这种电传动结构紧凑、能原地转向;行驶速度和牵引力可无级调整,对外界阻力有良好的适应性,作业效率高。但质量大、结构复杂、成本高,目前只在大功率推土机上使用,以轮胎式为主。

3. 按发动机功率分

因柴油机具有功率范围广、飞轮输出转矩大、运转经济性和燃油安全性好等优点,目前推土机的动力装置均为柴油机。按柴油机功率大小,可分为以下几类:

(1)超轻型:功率小于 30kW,生产率低,适用于极小作业场地。

(2)轻型:功率为 30~75kW,用于零星土方作业。

(3)中型:功率为 75~225kW,用于一般土方作业。

(4)大型:功率为 225~745kW,生产率高,适于坚硬土质或深度冻土的大型土方工程。

(5)特大型:功率为 745kW 以上,用于大型露天矿山或大型水电工程工地。

4. 按用途分

(1)普通型推土机:这种推土机通用性好,可广泛用于各类土石方工程施工作业,是目前施工现场广为采用的推土机机种。

(2)专用型推土机:专用推土机有浮体推土机、水陆两用推土机、深水推土机、湿地推土机、爆破推土机、低噪声推土机、军用高速推土机等。浮体推土机和水陆两用推土机属浅水型推土施工作业机械。浮体推土机的机体为船形浮体,发动机的进排气管装有导气管通往水面,驾驶室安装在浮体平台上,可用于海滨浴场、海底整平等施工作业。水陆两用推土机主要用于浅水区或沼泽地带作业,也可在陆地上使用。湿地推土机主要用于国防建设,平时用于战备施工,战时可快速除障,挖山开路。

5. 按推土铲安装位置分

(1)固定式。推土铲与推土机的纵向轴线固定为直角,也称直铲式推土机。固定式推土铲结构外形如图2-1-1所示。同时改变左右斜撑杆的长度(它通过螺杆或液压缸调节,也有采用变更斜撑杆插销的位置),可调整铲刀刀片与地面的夹角。当顶推梁与履带台车架球铰连接时,相反调节左右斜撑杆长度,可改变铲刀垂直面内倾角。一般来说,从铲刀坚固性及经济性考虑,重载作业的推土机配用固定式铲刀。

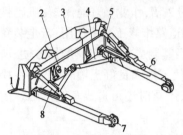

图2-1-1 固定式推土铲
1-刀片;2-切削刃;3-铲刀;4-中央拉杆;5-倾斜液压缸;6-顶推梁;7-框销;8-拉杆(斜撑杆)

(2)回转式。推土铲能在水平面内回转一定的角度(在水平面内,推土铲与推土机纵向轴线水平方向的夹角称为回转角),也称角铲式推土机。回转式铲刀一般还能调整切削角和倾斜角。回转式推土铲的结构外形,如图2-1-2所示。它作业范围较广,可以直线行驶,向一侧排土,适宜平地作业及横坡排土。

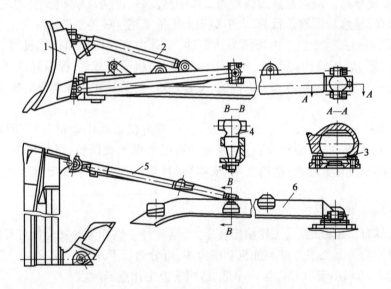

图2-1-2 回转式推土铲
1-铲刀;2-斜撑杆;3-顶推门架支撑;4-推杆球销;5-推杆;6-顶推门架

6. 按铲刀操纵方式分

(1)钢索式。铲刀升降由钢索操纵,动作迅速可靠,铲刀靠自重入土;缺点是不能强制切土,机构的摩擦件较多(如滑轮、动力绞盘等)。铲刀操纵机构常需要人工调整,钢索易磨损。

(2)液压式。铲刀在液压缸作用下动作。铲刀一般有固定、上升、下降、浮动4个动作状态。铲刀可以在液压缸作用下强制入土,也可以靠自重入土("浮动"状态时)。液压式推土机能铲推较硬的土壤,作业性能优良,平整质量好。铲刀结构轻巧,操纵轻便,不需经常人工调整。但液压式铲刀升降速度一般比钢索式慢,冬季更为显著。

二、推土机的型号

1. 国产推土机的传统型号

我国定型生产的推土机型号编制方法,见表2-1-1。

国产推土机型号编制方法　　　　　　　　　　　　表2-1-1

类	组		型		特 性	产 品		主 参 数	
名称	名称	代号	名称	代号	代号	名称	代号	名称	单位表示
铲土运输机械	推土机	T(推)	履带式	—	—	履带式机械推土机	T	功率	马力
					Y(液)	履带式液力机械推土机	TY		
					D(电)	履带式全液压推土机	TQ		
			履带湿地式	S(湿)	—	机械湿地推土机	TS		
					Y(液)	液力机械湿地推土机	TSY		
					Q(全)	全液压湿地推土机	TSQ		
			轮胎式	L(轮)	—	轮胎式液力机械推土机	TL		
					(全)	轮胎式全液压推土机	TLQ		
			特殊用途	—	J(井)	通井机	TJ	最大额定总起质量	t
					B(扒)	推扒机	TB		
				DG(吊管)	—	履带式机械吊管机	DG		
					Y(液)	履带式液压吊管机	DGY		

例如:TY220的代号含义是液力机械推土机,功率是161.810kW(220马力)。TY220E型推土机是目前铁路、高速公路建设中广泛使用的主力机型,代号含义如下:T—推土机;Y—液压操纵;220—主参数,161.810kW(220马力);E—结构改进代号。

2. 推土机新型号含义

近年来,我国引进了多种推土机机型,因此也有用引进机型代号表示的推土机,如山推工程机械股份有限公司生产的SD22S型推土机,其中SD为体现厂家特色的新命名方式。字头S表示山东,D表示推土机(Dozer),后缀为英文缩写,S表示湿地,R表示环卫,L表示超湿地,D表示沙漠,E表示履带加长。

三、推土机的技术性能参数

推土机的主要性能参数包括最大爬坡能力(°)、最大牵引力(kN),以及燃油消耗率 [g/(kW·h)]、工作效率(m³/h)等。TY220 履带式推土机的技术参数见表 2-1-2。

TY220 推土机技术参数　　　　　　　　　　　表 2-1-2

名　称	参　数	名　称	参　数	名　称	参　数
发动机型号	NT855 - C280	爬坡能力	30°	最小离地间隙	405mm
额定功率	162kW/1800r/min	最大牵引力	202.79 kN	整机外形尺寸 长×宽×高	5750mm×3725mm ×3255mm
燃油消耗率	≤212g/(kW·h)	前进速度	3.6/6.5/11.2 km/h	铲刀外形尺寸 宽×高	3725mm×1316mm
最大扭矩	1030/1250 N·m/r/min	后退速度	4.3/7.7/13.2 km/h	铲刀切削角度	55°
推土铲形式	直倾铲	履带接地长度	2730mm	铲刀最大倾斜	735mm
使用质量	23450kg	履带板宽	560mm	铲刀最大 提升高度	1210mm
最小回转直径	3.3m	接地比压	75kPa	铲刀最大 切土深度	540mm
铲刀容量	5.6m³	履带板 (单侧数)	38	系统压力	14MPa
40m 运距 工作效率	320m³/h				

四、推土机的基本构造

图 2-1-3 为履带式推土机和轮胎式推土机的外观。推土机结构由动力装置、底盘装置(传动系统、行走系统与机架、制动系统、转向系统)、工作装置等组成。

　　　　　a)　　　　　　　　　　　　　　　　b)

图 2-1-3　推土机的外貌
a)履带式推土机;b)轮胎式推土机

1. 动力装置

动力装置通常采用柴油机,其输出的动力经过底盘传动系传给行驶系,使机械行驶,经过底盘的传动系或液压传动系统传给工作装置,使机械完成作业动作。

2. 底盘装置

底盘接受动力装置传来的动力,使机械能够行驶或同时进行作业。底盘又是全机的基础,柴油机、工作装置、操纵系统及驾驶室等都装在底盘上。通常,底盘由传动系、行驶系、转向系和制动系组成。

传动系统的作用是将发动机的动力减速增矩后传递给履带或车轮,使推土机具有足够的牵引力和合适的工作速度。履带式推土机的传动系统多采用机械传动和液力机械传动;轮胎式推土机的传动系统多为液力机械传动。

转向系的功用是使机械保持直线行驶及灵活准确地改变其行驶方向。轮式机械转向系主要由转向盘、转向器、转向传动机构等组成。履带式机械转向系主要由转向离合器和转向制动器等组成。

制动系的功用是使机械减速或停车,并使机械可靠地停车而不打滑溜车。轮式机械制动系主要由制动器和制动传动机构组成。履带式机械没有专门的制动系,而是利用转向制动装置进行制动。

行走系统是支承体,并使推土机运行,如图 2-1-4 所示。轮式推土机的行走系统包括前桥和后桥。由于推土机的行驶速度低,车桥与机架一般采用刚性连接(刚性悬架)。为了保证在地面不平时也能做到四个车轮均与地面接触,将一个驱动桥与机架采用铰连接,以使车桥左右两端能随地面的不平情况上下摆动。机架是推土机的安装基础,发动机、传动系、工作装置、驾驶室、转向系统等都安装在机架上。

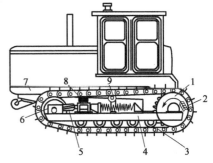

图 2-1-4 履带式行走系统构造示意图

1-驱动链轮;2-履带;3-支重轮;4-台车架;5-张紧装置;6-引导轮;7-机架;8-悬架;9-托轮

3. 工作装置

1)推土工作装置

推土工作装置由铲刀和推架两大部分组成,安装在前端。

推土机处于运输工况时,推土装置被提升油缸提起,悬挂在推土机前方;推土机进入作业工况时,则降下推土装置,将铲刀置于地面,向前可以推土,后退可以平地。推土机牵引或拖挂其他机具作业时,可将工作装置拆除。

履带式推土机铲刀有固定式和回转式两种形式。采用固定式铲刀的推土机称为直铲式或正铲式推土机;回转式铲刀可在水平面内回转一定角度(一般为 0°~25°),实现斜铲作业,称为回转式推土机,如铲刀在垂直平面内倾斜一定角度(0°~9°),则可实现侧铲作业,见图 2-1-5。

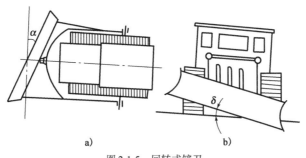

a)   b)

图 2-1-5 回转式铲刀

a)铲刀平斜;b)铲刀侧倾

现代大中型履带式推土机,可安装固定式推土铲,也可换装回转式推土铲。通常,向前推挖土石方、平整场地或堆积松散物料时,广泛采用直铲作业;傍山铲土常采用斜铲作业;在斜坡上铲削硬土或挖边沟时,可采用侧铲作业。

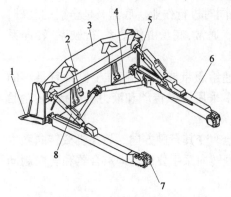

图 2-1-6　D155A3 型推土机直铲式推土装置
1-刀角;2-切削刃;3-铲刀;4-中央拉杆;5-倾斜油缸;6-顶推梁;7-框销;8-拉杆

(1)直铲推土机的推土装置。图 2-1-6 为 D155A3 型推土机的直铲式推土装置。

顶推梁 6 铰接在履带式底盘的台车架上,推土板可绕其铰接支承提升或下降。推土板、顶推梁 6、拉杆 8、倾斜油缸 5 和中央拉杆 4 等组成一个刚性构架,整体刚度大,可承受重载作业负荷。

通过同时调节拉杆 8 和倾斜油缸 5 的长度(等量伸长或缩短),可调整推土板的切削角(即改变刀片与地面的夹角)。

为了扩大直铲推土机的作业范围、提高工作效率,现代推土机广泛采用侧铲可调式结构,只要反向调节倾斜油缸和斜撑杆的长度,即可在一定范围内改变铲刀的侧倾角,实现侧铲作业。铲刀侧倾前,提升油缸应先将推土板提起。当倾斜油缸收缩时,安装倾斜油缸一侧的推土板升高,伸长斜撑杆一端的推土板则下降;反之,倾斜油缸伸长,倾斜油缸一侧的推土板下降,收缩斜撑杆一端的推土板则升高,从而实现铲刀左右侧倾。

直铲作业是推土机最常用的作业方法。固定式铲刀质量轻、使用经济性好、坚固耐用、承载能力强,一般在小型推土机和承受重载作业的大型履带式推土机上采用。

(2)斜铲推土机的推土装置。斜铲推土机装有回转式铲刀装置,其构造如图 2-1-7 所示。它由推土板(铲刀)1、顶推门架 6、推土板推杆 5 和斜撑杆 2 等主要部件组成。

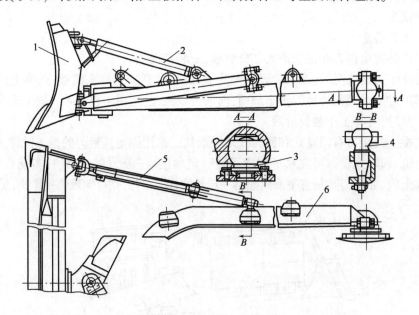

图 2-1-7　回转式铲刀推土装置
1-推土板;2-斜撑杆;3-顶推门架支承;4-推杆球状铰销;5-推土板推杆;6-顶推门架

回转式铲刀可根据作业需要调整铲刀在水平和垂直平面内的倾斜角度。铲刀水平斜置后,可在直线行驶状态下实现单侧排土、回填沟渠,提高作业效率;铲刀侧倾后,可在横坡上进行推铲作业,或平整坡面,也可用铲尖开挖小沟。

为避免铲刀由于升降或倾斜运动导致构件之间发生运行干涉,引起附加应力,铲刀与顶门架前端采用球铰连接,铲刀与推杆、斜撑杆之间,也采用球铰或万向联轴器连接。

当两侧的螺旋推杆分别铰装在顶推门架的中间耳座上时,铲刀呈正铲状态;当一侧推杆铰装在顶推门架的后耳座上,另一侧推杆铰装在顶推门架的前耳座上时,铲刀则呈斜铲状态;当一侧斜撑杆伸长、另一侧斜撑杆缩短时,可改变铲刀在垂直平面内的侧倾角,铲刀则呈侧铲状态。同时,调节两侧斜撑杆的长度(左、右斜撑杆的长度相等),还可改变铲刀的切削角。

顶推门架铰接在履带式基础车台车架的球状支承上,铲刀可绕其铰接支承升降。

回转式推土装置可改变推土机的作业方式,扩大了作业范围。大中型履带式推土机常采用回转式铲刀。

直铲式推土机的作业过程,是一个铲土、运土、卸土和空载返回的循环过程。采用斜铲作业的推土机,铲土、运土和卸土则是连续进行的,具有平地机的作业功能,提高了生产率。

(3)推土板的结构与形式。推土板主要由曲面板和可卸式刀片组成。推土板断面的结构有开式、半开式、闭式3种形式(图2-1-8)。小型推土机采用结构简单的开式推土板;中型推土机大多采用半井式的推土板;大型推土机作业条件恶劣,为保证足够强度和刚度,采用闭式推土板。闭式推土板为封闭的箱形结构,其背面和端面均用钢板焊接而成,用以加强刚度。

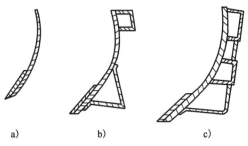

图2-1-8　推土板断面结构形式
a)开式;b)半开式;c)闭式

推土板的横向结构外形分为直线形和U形两种。铲土、运土和回填的距离较短,可采用直线形推土板。直线形推土板属窄型,宽高比较小,比切力大(即切削刃单位宽度上的顶推力大),但铲刀的积土容易从两侧流失,切土和推运距离过长会降低生产率。

运距稍长的推土作业宜采用U形推土板。U形推土板具有积土、运土容量大的特点。在运土过程中,U形铲刀中部的土壤上卷并前翻,两侧的土壤则上卷向铲刀内侧翻滚。有效地减少了土粒或物料的侧漏现象,提高了铲刀的充盈程度,提高了作业效率。

为了减少积土阻力,利于物料滚动前翻,以防物料在铲刀前散胀堆积或越过铲刀顶面向后溢漏,常采用抛物线或渐开线曲面作为推土板的积土面。因抛物线曲面与圆弧曲面形状及其积土特性十分相近,且圆弧曲面的制造工艺性好,故推土板多采用圆弧曲面。

2)松土工作装置

松土工作装置是履带式推土机的主要附属工作装置,通常配备在大中型推土机上。松土装置简称松土器,悬挂在推土机基础车尾部,用于硬土、黏土、黏结砾石的预松作业,也可凿裂岩石,开挖露天矿山,替代了传统的爆破方法,提高了安全性,降低了成本。

松土器的结构可分为铰链式、平行四边形式、可调整平行四边形式和径向可调式4种基本形式。现代松土器多采用平行四边形连杆机构、可调式平行四边形连杆机构和径向可调式连杆机构,其典型结构见图2-1-9。

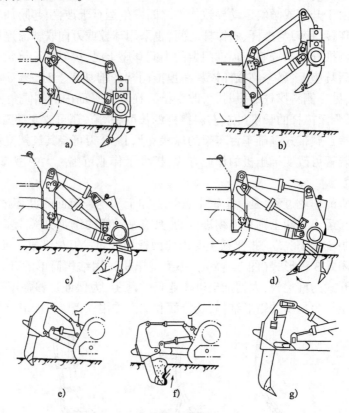

图 2-1-9　现代松土器的典型结构

a)、b)固定式平行四杆机构松土器;c)、d)、e)、f)可调式平行四杆机构松土器;g)径向可调式松土器

图 2-1-10 所示为 D155A3 型推土机上安装的松土器。它由安装机架 1、松土器臂 8、横梁 4、倾斜油缸 2、提升油缸 3 以及松土齿等组成。松土器悬挂在推土机后部的支撑架上。松土齿用销轴固定在横梁松土齿架的齿套内,齿杆上设有多个销孔,改变齿杆销孔的固定位置,可改变齿杆工作长度,调节松土器深度。

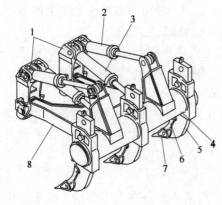

图 2-1-10　D155A3 型推土机的松土器

1-安装机架;2-倾斜油缸;3-提升油缸;4-横梁;5-齿杆;6-保护盖;7-齿尖;8-松土器臂

松土器按齿数可分为单齿和多齿松土器,多齿松土器通常装有 2～5 个松土齿。单齿松土器开挖力大,能松散硬土、冻土层,开挖软石、风化岩石和有裂隙的岩层,还可拔除树根,多齿松土器主要用来预松薄层硬土和冻土层,用以提高推土机和铲运机的效率。

松土齿由齿杆、护套板、齿尖镶块及固定销组成(图 2-1-11)。齿杆 1 是主要受力件,承受巨大的切削载荷。齿杆形状有直形和弯形两种结构(图 2-1-12),其中弯形齿杆又有曲齿和折齿之分。直形齿杆在松裂致密分层的土壤时,具有良好的剥离表层能力,同时具有凿裂块状和板状岩层的效能,因此被卡特彼勒公司的 D8L、D9L 等型号的推土机采用为专用齿杆;弯形齿杆提高了抗弯能力,裂土阻力较小,适合松裂非均质性土壤。采用弯形齿杆松土时,块状物料先被齿尖掘起,并在齿杆垂直部分通过之前即被凿碎,松裂效果较好,但块状物料易被卡阻在弯曲处。护套板用以减轻齿杆磨损。齿尖镶块和护套板是直接松土、裂土的零件,工作条件恶劣、易磨损、寿命短、需经常更换,应采用高耐磨性材料,在结构上应拆装方便、连接可靠。

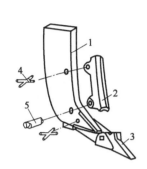

图 2-1-11　松土齿构造
1-齿杆;2-护套板;3-齿尖镶块;4-刚性
销轴;5-弹性固定销

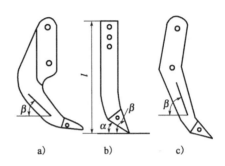

图 2-1-12　齿杆外形结构
a)曲齿;b)直齿;c)折齿

现代松土器的齿尖镶块结构按长度不同可分为短型、中型和长型 3 种;按对称性又分凿入式和对称式两种形式。齿尖结构见图 2-1-13。

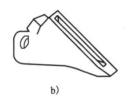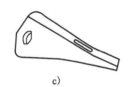

图 2-1-13　齿尖镶块的结构
a)短型(凿入式);b)中型(凿入式);c)长型(对称式)

五、推土机安全操作规范

1.推土机安全操作规范

(1)操作人员须持证上岗,严禁非专业操作人员作业。在工作中不得擅离岗位,不得操作与操作证不相符合的机械。严禁将机械设备交给无本机种操作证的人员操作。严禁酒后操作。

(2)每次作业前检查润滑油、燃油和水是否充足,各种仪表是否正常,传动系统、工作装置是否完好,液压系统以及各管路等无泄漏现象,确认正常后,方可起动。

(3)操作人员必须按照本机说明书规定,严格执行工作前的检查制度、工作中注意观察以及工作后的检查维护制度。

(4)驾驶室或操作室内应保持整洁,严禁存放易燃、易爆物品。严禁穿拖鞋、吸烟和酒后作业。严禁机械带故障运转或超负荷运转。

(5)机械设备在施工现场停放时,应选择安全的停放地点,锁好驾驶室门,要拉上驻车制动器。坡道上停车时,要用三角木或石块抵住车轮。夜间应有专人看管。

（6）对于用水冷却的机械，当气温低于0℃时，工作后应及时放水，或采取其他防冻措施，以防止冻裂机体。

（7）施工时，必须先对现场地下障碍物进行标识，并派专人负责指挥机械的施工，确保地下障碍物和机械设备的安全。

（8）作业之前，作业操作人员和施工队长必须对技术负责人所交底的内容进行全面学习和了解，不明白或不清楚时应及时查问。其中，作业操作人员和施工队长必须明记作业场所地下、地上和空中的障碍物的类型、位置（内容包括：填挖土的高度、边坡坡度、地下电缆、周围电线高度、各种管道、坑穴及各种障碍物等情况），在该位置施工时必须听从施工队长的指挥，严禁无指挥作业。

（9）作业期间严禁非施工人员进入施工区域，施工人员进入现场严禁追逐打闹。

（10）人、机配合施工时，人员不准站在机械前行的工作面上，一定要站在机械工作面以外。

2.推土机安全作业规范

（1）堆土不得埋压构筑物和设施，如给水闸门井、消防栓、路边沟渠、雨污水井以及测量人员设置的控制桩，如必须推土时，应和有关人员协商，采取一定的保护措施方可施工。

（2）推土机上下坡时，其坡度不得大于30°。横坡上作业，横坡度不得大于10°，宜采用后退下行，严禁空挡滑行，必要时可放下刀片做辅助制动。

（3）在陡坡、高坎上作业时，必须设专人指挥，严禁铲刀超出边坡的边缘。送土终止时，应先换成倒车挡后再提铲刀倒车。

（4）在垂直边坡的沟槽作业时，其沟槽深度，大型推土机不得超过2m，小型推土机不得超过1.5m。推土机刀片不得推坡壁上高于机身的石块或大土块。

（5）沟边一侧或两侧堆土，均距沟边1m以外（遇软土地区堆土距沟边不得小于1.5m）高度不得超过1.5m，堆土顶部要向外侧做流水坡度，还应考虑留出现场便道，以利于施工和安全。每侧堆土量可根据现场情况确定，但必须保证施工安全。

（6）推土机在拆卸推土刀片时，必须考虑下次挂装的方便。拆刀片时辅助人员应同操作人员密切配合，抽穿钢丝绳时应带帆布手套，严禁将眼睛挨近绳孔窥视。

（7）多机在同一作业面作业时，前后两机相距不应小于8m，左右相距应大于1.5m。两台或两台以上推土机并排推土时，两推土机刀片之间应保持20～30cm间距。推土前进必须以相同速度直线行驶；后退时，应分先后，防止互相碰撞。

（8）禁止用推土机伐除大树、拆除旧建筑或清除残墙断壁。

（9）推土机牵引其他设备时，必须有专人负责指挥。钢丝的连接应牢固可靠，在坡道及长距离牵引时，施工人员应保持在安全距离以外。

任务实施

一、识别推土机操纵装置及仪表

1.TY220型推土机操纵装置及仪表

TY220型推土机各种操纵杆、仪表和开关的识别与使用如图2-1-14～图2-1-16和表2-1-3所示。

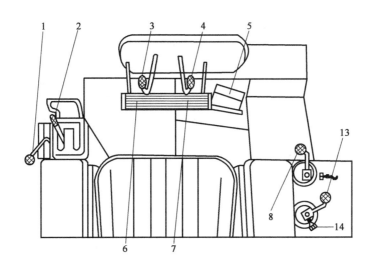

图 2-1-14　操纵杆安装位置(1)

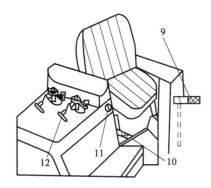

图 2-1-15　操纵杆安装位置(2)

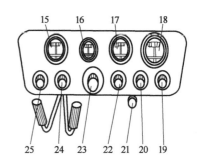

图 2-1-16　仪表板

操纵杆、仪表和开关的名称、功用、使用方法　　　　　　表 2-1-3

图中编号	名　称	功　用	使用方法
1	节气门(油门)操纵杆	控制发动机转速	前推-节气门开度减小,后拉-开度加大
2	变速杆	控制推土机行驶速度、转向	F1、F2、F3-前进 1、2、3 挡、R1、R2、R3-后退 1、2、3 挡、N-空挡
3、4	左、右转向操纵杆	控制左、右转向离合器及左、右制动器(两者为联动机构)	后拉-向左(右)大转弯,拉到底-向左(右)小转弯
5	减速踏板	行车速度突然加快时,踩下踏板降低发动机转速,保证安全工作	第 1 行程-80～850r/min,第 2 行程-怠速
6、7	左、右制动踏板	控制左、右制动器	踏下-制动(先拉转向操纵杆,再制动)
8	铲刀操纵杆	操作铲刀各动作	里拉-上升,中间-固定,外推-下降,推到底-浮动,左拉-左倾,右推-右倾
9	变速杆闭锁手柄	停车后闭锁,保证安全	停车前将变速杆推至空挡位置,然后闭锁
10	制动器闭锁手柄	停放时闭锁制动踏板	踩下制动踏板,再进行所需操作(在发动机运转状态下进行)

图中编号	名　称	功　用	使用方法
11	喇叭按钮	警示	按下-喇叭发声
12	铲刀操纵闭锁手柄	作业后闭锁,保证安全	操纵后-锁紧,操纵前-释放
13	松土器操纵杆	操纵松土器各动作	前推-上升,后推-下降
14	松土器闭锁手柄	作业后闭锁,保证安全	
15	发动机油压表	指示发动机润滑油压力	绿区-正常,红区-故障或应降温
16	发动机冷却液温度表	指示发动机冷却液温度表情况	工作时:绿区-正常,红区-应降温或故障
17	变矩器油温表	指示变矩器油温情况	工作时:绿区-正常,红区-应降温或故障
18	电流表	指示蓄电池充放电情况	工作时:绿区-充电,红区-放电
19	顶灯开关	控制顶灯电路	
20	乙醚起动手柄	寒冷时起动发动机用	前后拉动,乙醚即喷入到发动机进气管内
21	风扇开关	控制风扇电路	
22	仪表灯、照明灯开关	供夜间行驶和作业时仪表照明	外拉:1挡-仪表灯亮,2挡-仪表灯、前后照明灯均亮
23	起动钥匙	控制起动电路接通或断开	OFF-切断,ON-接通,START-起动,HEAT-预热
24	灰尘指示器	指示空气滤清器过滤情况	灯亮-堵塞(应立即清理空气滤清器)
25	暖风开关	控制暖风机电路	左旋-开,开度增大;右旋-开度减小,关

2.TL180型推土机操纵装置及仪表

TL180型推土机各种操纵杆、仪表和开关的识别与使用如图2-1-17和表2-1-4所示。

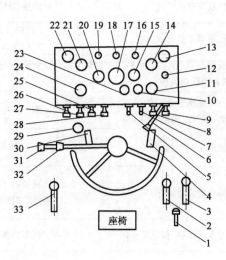

图2-1-17　操纵杆、仪表和开关的安装位置

编号	名 称	功 用	使 用 方 法
1	后桥操纵杆	用于在公路行驶时,将后桥传动脱开,可减少功率损失,提高车速	下压-接合,上提-脱开
2	铲刀操纵杆	控制铲刀的动作	后拉-上升,中间-固定,前推-下降,推到底-浮动
3	铲刀倾斜操纵杆	控制铲刀倾斜动作	前推-左倾,后拉-右倾,中间-固定
4	加速踏板	控制发动机转速	踏下-增大,松开-减小
5	顶灯仪表灯开关	控制顶灯和仪表灯开闭	
6	高低挡操纵杆	和变速杆配合,改变行驶速度	提起-低挡,压下-高挡
7	转向灯开关	控制转向灯电路,以指示机械的转弯方向	左扳-左灯亮,中间-都不亮,右扳-右灯亮
8	气喇叭开关	控制气喇叭发出警告信号	
9	电风扇开关	控制电风扇的电路	
10	起动按钮	控制起动机起动电路	按下-电路接通,松开-电路切断
11	变矩器油温表	指示变矩器出口油液温度	正常温度为40~120℃
12	低压指示灯	警报后桥和辅助制动的最低气压	灯亮时,表示气压过低
13、22	仪表灯	用于夜间照明仪表,以便观察	
14	工作小时记录表	记录发动机工作小时累计数	
15	变速油压表	指示变速油压值	正常压力为1.17~1.57MPa
16	右转向指示灯	指示右转向灯电路连接是否良好	
17	气压表	指示制动系统储气筒的气压值	正常压力为0.59~0.78MPa
18	制动指示灯	指示制动灯的电路是否正常	
19	左转向指示灯	指示左转向灯电路连接是否良好	
20	机油压力表	指示发动机润滑油压力值	正常值为0.19~0.39MPa
21	冷却液温度表	指示冷却液的温度	正常温度为55~90℃
23	起动钥匙	控制起动电路	顺转45°-接通,逆转-断开
24	电流表	指示蓄电池充放电流的大小	指向(+)-充电,指向(-)-放电
25	前照灯开关	控制远光灯、近光灯电路	外拉:Ⅰ挡-近光灯亮,Ⅱ挡-远光灯亮,推到底-断电
26	电源总开关	控制全机电源的通断	

编号	名　称	功　用	使用方法
27	仪表灯、工作灯、尾灯开关	控制仪表灯、工作灯、尾灯电路	外拉:1挡-仪表灯亮,2挡-工作灯亮,Ⅲ挡-尾灯亮;向里推到底-断电
28	刮水器开关	控制刮水器电路	外拉-工作,里推-不工作
29	变光灯开关	控制前照灯的远光、近光变换	
30	制动踏板	用于降低推土机行驶速度和停车	踏下-制动,松开-解除制动
31	变速杆	控制推土机的行驶速度	前推-2、4挡,后拉-1、3挡,中间-空挡
32	进退杆	控制推土机的行驶方向	前推-前进,后拉-倒退,中间-空挡
33	拖锁阀操纵杆	控制锁紧离合器的接合或分离	后拉-拖起动,前推-变矩器锁住

二、TL180 型推土机的驾驶

1. 驾驶准备

1)起动前的检查

(1)检查发动机燃油、润滑油(含高压油泵)、冷却液(不低于上水室)是否在规定范围。

(2)检查蓄电池电解液液面高度是否符合规定(液面应高出极板 10~15mm,过少可加蒸馏水),桩柱与导线是否固定牢靠,加液盖上的通气孔是否畅通。

(3)检查油管、水管、气管、导线及连接件是否连接牢靠。

(4)检查风扇传动带松紧度是否合适(用拇指以 30~50N 的力下压传动带,以下沉 10~20mm 为合适)。不当时,通过移动张紧轮进行调整。

(5)检查轮胎气压和车轮固定情况。

(6)检查工作液压油、制动油是否足够。

(7)检查各部件连接固定情况,重点是汽缸盖、排气管、轮辋螺栓和传动轴螺栓等部件。

(8)检查各操纵杆扳动是否灵活,连接可靠,变速杆和进退杆在空挡位置。

2)常规起动

(1)打开燃油箱上的供油开关,必要时用手动油泵排除燃油系统内的空气。

(2)踩下加速踏板(踩下全行程的 1/2)。

(3)接通电源总开关,顺时针转动起动钥匙45°,鸣喇叭,按下起动按钮;发动机起动后,立即松开按钮;每次按下时间不得超过10s,若第一次不能起动,则需停歇30s后,再进行第二次起动;如连续 3 次不能起动,应查找原因,待排除后再行起动。

(4)发动机起动后,应在中速(500~700r/min)下预热运转,待冷却液温度达到 55℃、润滑油温度达到 45℃、制动气压≥0.44MPa 后,才能负荷运转。

3)拖起动

当电起动系统发生故障或由于其他原因,发动机不易起动时,可应用拖起动。拖起动时,除做好起动前的各种准备外,其操作程序如下:

(1)挂好钢绳(钢绳长度一般不应小于5m)。

(2)接合低挡(储气筒内应有 0.44MPa 的压缩空气)。

（3）将拖锁阀操纵杆置于拖起动位置。

（4）将进退杆向前推，变速杆换2挡。

（5）牵引车徐徐起步，即可带动发动机转动。发动机一经起动，应立即将拖锁阀操纵杆置于空挡位置，再将变速杆置于空挡，并向牵引车发出停车信号。

注意：由于变速辅助泵只有在机械前进时才工作，所以推土机只有在向前被牵引时才能有效起动。倒车牵引时不能被拖起动。

4）工作中的检查

（1）检查各仪表是否正常。

（2）检查各照明设备的指示灯、喇叭、刮水器、制动灯和转向灯等是否完好。

（3）发动机在高速和低速运转的情况下，是否有异常响声。

（4）检查转向及各操纵杆工作是否正常。

（5）检查行车制动、驻车制动是否工作可靠。

（6）检查工作装置及其操纵系统是否连接可靠、操作灵敏。

（7）检查有无"四漏"（漏液、漏油、漏气、漏电）现象。

5）发动机熄火

熄火前，松开节气门，使发动机在 700～1000r/min 的转速下运转几分钟，再拉起熄火拉钮，以使各部分均匀冷却；熄火后应关闭电源总开关，取出起动钥匙。

2.基础驾驶

1）起步

（1）将铲刀升至运输位置（离地面40cm左右）。

（2）观察机械周围情况，鸣喇叭。

（3）解除驻车制动。

（4）根据道路及拖载情况，选择合适挡位起步。一般运输时，3、4挡起步，其换挡过程如下：先将高低挡杆拉向后方，进退杆推向前方，变速杆向前推即是 4 挡起步前进，变速杆向后拉即是 3 挡起步前进；高低挡是否换上，手上有一定的感觉，而进退杆和变速杆换上与否可由仪表板上的变速压力表看出，即推（拉）这两个杆时，该表指针有瞬间摆动。

（5）平稳地踏下加速踏板，机械即可起步。

注意：换挡起步时，发动机应怠速运行，否则易造成变速器内机件损坏；起步后方可踩下加速踏板。

2）换挡

（1）根据道路及拖载情况选择适合的速度行驶。由低挡变高挡时，先踩下加速踏板，使车速提高，再放松加速踏板，同时将变速杆置于高挡位置；由高挡变低挡时，先放松加速踏板，降低车速，如车速仍高，可利用行车制动使车速降低，再将变速杆从高挡置于低挡位置。

（2）在进行进退挡互换时，须停车进行，否则易造成变速器机件损坏。

（3）实施驻车制动时，变速器可自行脱挡，所以，制动前不必将变速杆置于空挡。

（4）当 3 挡速度为16km/h，4 挡速度为35km/h 时，可将拖锁阀操纵杆向前推，使锁紧离合器接合，以提高传动效率和行驶速度。

3）转向

（1）一手握转向盘，另一手打开左（右）转向灯开关。

（2）两手握转向盘，根据行车需要，按照转向盘的操作方法修正行驶方向。

(3)关闭转向灯开关。

注意:转向前,视道路情况降低行驶速度,必要时换入低速挡。在直线行驶修正行驶方向时,要少打少回,及时打及时回,切忌猛打猛回,造成推土机"画龙"行驶。转弯时,要根据道路弯度,大把转动转向盘,使前轮按弯道行驶。当前轮接近新方向时,即开始回轮,回轮的速度要适合弯道需要。转向灯开关使用要正确,防止只开不关。

4)制动

(1)预见性制动。行驶中,操作人员发现交通情况变化,有目的地采取减速或停车措施。预见性制动不但能保证行驶安全,且还可以避免机件、轮胎的损伤。这是一种最好的制动方法。预见性制动有减速制动和停车制动两种。

减速制动是在变速杆处于工作位置时,主要通过降低发动机转速限制推土机行驶速度,一般用在停车前、换低挡前、下坡和通过凹凸不平地段时使用。方法是:发现情况后,先放松加速踏板,利用发动机低速牵制行驶速度,使推土机减速并视情况持续或间断地轻踏制动踏板使推土机进一步降低速度。

停车制动用于停车时的制动。其方法是:放松加速踏板,当推土机行驶速度降到一定程度时,即轻踩制动踏板,使推土机平稳地停车。

(2)紧急制动。行驶中遇到紧急情况时,操作人员应迅速使用制动器,在最短距离内将推土机停住。紧急制动对机件和轮胎会造成较大损伤,并且由于左右车轮制动力矩不一致,或左右车轮与路面的附着力有差异,会造成推土机"跑偏""侧滑"。因此,紧急制动在不得已时才可使用。其方法是:握稳转向盘,迅速放松加速踏板,用力踏下制动踏板,同时使用驻车制动,以充分发挥制动器最大制动能力,使推土机立即停驶。

推土机使用强烈的紧急制动时,车轮若"抱死",则会出现后轮侧滑,引起推土机剧烈回转振动,严重时可使推土机掉头,特别是在附着力较差的路面上(如泥泞路面),更为明显。

为了预防和减轻后轮侧滑可采用间隔制动。间隔制动可使车轮尽可能不"抱死"或少"抱死"。方法是:右脚用最大力踩下制动踏板,力求在短时间内"抱死"车轮。开始"抱死"瞬间,再立即减弱作用在制动踏板上的力,以防止车轮"抱死"和侧滑,如此反复操作,可获得较好的制动效果,有效减少侧滑。当出现侧滑时,应立即停止制动。把转向盘朝后轮侧滑方向转动使推土机位置调正后,再平稳地实施制动。

5)停车

(1)放松加速踏板,使推土机减速。

(2)根据停车距离踩下制动踏板,使推土机停在指定地点。

(3)将变速杆置于空挡位置。

(4)将驻车制动开关扳到制动位置。

(5)将铲刀降于地面。

(6)倒车。倒车需在推土机完全停驶后进行,其起步、转向和制动的操作方法与前进时相同。

倒车时要及时观察车后周围地形、车辆、行人的情况(必要时下车察看),发出倒车信号(鸣喇叭)以警告行人;然后换倒挡,按照倒车姿势,用前进起步的方法进行后倒。倒车时,车速不要过快,要稳住加速踏板,不可忽快忽慢,防止熄火或倒车过猛造成事故。倒车姿势有以下3种:

①从后窗注视倒车。左手握转向盘上缘控制方向,上身向后侧转,下身微斜,右臂依托在

靠背上端,头转向后窗,两眼注视后方目标。后窗注视倒车可选择车库门、场地和停车位置附近的建筑物或树木为目标,看车尾中央或两角,进行后倒。

②从侧方注视倒车。右手握转向盘上缘,左手打开车门后扶在门框上,上体向左倾斜伸出驾驶室转头向后,两眼注视后方目标。侧方注视倒车时,可选择车尾一角或后轮,对准场地或机库的边缘,进行倒车。

③注视后视镜倒车。这是一种间接看目标的方法,即从后视镜内观察车尾与目标的距离来确定转向盘转动的多少。此种方法一般在后视、侧视观察不便时采用。

倒车转弯时,欲使车尾向左转弯,转向盘也向左转动;反之,向右转动。弯急多转快转,弯缓少转慢转。要掌握"慢行驶、快转向"的操纵要领。由于倒车转弯时,外侧前轮的轮迹弯曲度大于内后轮。因此,在照顾方向的前提下,还要特别注意前外车轮以及工作装置是否刮到其他障碍物。

6) 牵引行驶

(1)把拖平车牢靠地连接在推土机尾部牵引销处。

(2)接通气路、电路,检查充气、制动和电路是否正常。

(3)将工作装置置于运输位置。

(4)运行在良好路面时,可用两轮驱动;运行在复杂路面时,则用四轮驱动。

(5)机械起步和停止时,动作要缓慢;下坡前要注意检查制动系统是否良好;在坡道较长或坡度较大时,拖平车必须有制动设备,并与主机相匹配。

任务二 推土机的作业

任务引入

在建筑、筑路、采矿、水利、农业、林业及国防建设等土石方工程施工中,推土机是常用作业设备,并发挥着重大的建设作用。推土机操作人员必须具备熟练的作业操控技能,才能够在各种复杂工况条件下根据不同的施工特点有效地操作推土机进行作业。通过本任务的学习,掌握推土机的基本作业、作业运行方法以及推土机的应用作业方法,能够操作推土机进行有效作业。

任务目标

1. 了解推土机作业的准备工作要求;
2. 掌握推土机作业的操作要领;
3. 能够使用推土机进行作业。

知识准备

一、推土机作业使用规范

1.作业前的准备

(1)发动机部分按柴油机操作规程进行检查与准备。

(2)了解作业区的地势和土壤种类,测定危险点,选定最佳操作方法。

（3）如果作业区有大块石头或大坑穴时，应预先清除或填平。

（4）起动前，应将所有的控制杆置于"中间"或"固定"位置。

（5）履带推土机的履带松紧要适度，且左右均匀。轮胎推土机轮胎气压必须符合要求，且各轮胎气压应保持一致。

（6）检查燃油、润滑和冷却系统，不得有渗漏现象，冷却液应足够，油位应正常。

（7）进行保修或加油时，发动机必须熄火，推土机的推土铲及松土器必须放下，制动锁杆要在"锁住"位置。

（8）检查电气系统、操作系统及工作装置，各部分必须处于良好的工作状态，必要时进行调整，检查各仪表是否正常。

（9）传动部分带有铰连接的推土机，不得用其他机械推拉起动以免打坏锁轴。

2. 作业行驶中要求

（1）除驾驶室之外，机上其他地方禁止载人；行驶中任何人不得上下推土机。

（2）行驶时，铲刀应离地面 40～50cm。

（3）严禁在运转中，或在斜坡上，进行紧固、润滑维护和修理推土机。

（4）上下斜坡时，选择最合适的斜坡运行速度。行驶时，应直接向上或向下行驶，不得横向或对角线行驶。下坡时，禁止空挡滑行或高速行驶；下陡坡时，应放下推土铲使之与地面接触倒退下坡。避免在斜坡上转弯掉头。轮胎推土机不能在超过规定坡度的场地上作业。

（5）在坡地工作时，若发动机熄火，应立即将推土机制动，用三角木等将推土机履带楔紧后，将离合器杆置于脱开位置，变速杆置于空挡位置，方能起动发动机，以防推土机溜坡。

（6）工作中操作人员需要离开机器时，必须将操纵杆置于空挡位置，将推土机铲斗放下并将机器制动，发动机熄火后方可离开。

（7）在危险或视线受限的地方，一定要下机检视，确认能安全作业后方可继续工作。严禁推土机在倾斜的状态下爬过障碍物；爬过障碍物时不得脱开离合器。

（8）避免突然起步、加速或停止；避免高速行驶或急转弯。

（9）填沟或回填土时，禁止推土机铲超过沟槽边缘，可用"一铲顶一铲"的推土方法填土，并换好倒车挡后，才能提升推土铲进行倒车，在深沟、陡坡的施工现场作业时，应由专人指挥以确保安全。

（10）多台推土机在施工现场联合作业时，前后距离应大于 8m；左右距离应大于 1.5m。若工程需要并铲作业，必须用机械性能良好、机型相同的推土机，操作人员必须技术熟练。

（11）在沟槽作业时，对于大型推土机，沟槽深度不得超过 2m；小型推土机沟槽深度不得超过 1.5m。若沟槽深度超过上述规定值时，必须按规定放安全装置或采取其他安全措施后，方可进行施工。

（12）轮胎推土机用于除冰、除雪作业时，轮胎要加防滑链。用于清除石料作业时，要加装轮胎保护链。

（13）工作现场有电线杆时，应根据电线杆的结构、埋入深度和土质情况，使其周围保持一定的安全土堆。电压超过 380V 的高压线，其保留土堆大小应征得电业部门或电业专业人员的同意。

（14）在爆破现场作业时，爆破前，必须将推土机开到安全地带。进入现场前，操作人员确认安全后方可将推土机开入现场。若发现有安全隐患，必须经处理后再继续施工。

（15）若必须在推土铲下进行维修作业，则应将推土铲升到所需位置，再锁好分配器，锁住安全锁,用垫块将推土机垫牢后,方可作业。

(16)履带式推土机不得长距离行驶,需长距离转移时,必须用平板车装运,装运时变速杆应处于空挡位置。制动杆、安全锁杆必须置于锁住位置。

(17)履带推土机不得在沥青路面上行驶,当必须从沥青路面上通过时,应铺设道木、草袋等,以免破坏路面。通过铁路时,应在轨道两边和中间铺设道木,直行通过,禁止转向。通过交叉口时,应注意来往行人和车辆,确保安全通过。

(18)倒车时,应特别注意块石或其他障碍物,防止碰坏油底壳。

3. 作业后的要求

(1)推土机应停放在安全平坦、坚实且不妨碍交通的地方。冬季应选择背风向阳的地方,将发动机朝阳,铲刀放下着地。

(2)熄火前应让发动机怠速运转5min,熄火后把变速杆置于空挡位置,把制动杆、安全锁杆置于锁住位置。

(3)按规定对推土机进行例行的日常维护。

二、推土机作业安全事项

用推土机修筑梯田、平田整地时,由于机车长期在坑洼地块和坡地上倾斜作业,重心常处偏侧位置;机车常处满负荷和接近超负荷状态,往返作业经常换挡、转弯等原因,所以施工作业时容易发生一些特殊的故障和事故。除应掌握一般拖拉机、液压操纵机构、推土铲的使用维护方法外,还应特别注意以下几点:

(1)注意山区行驶安全。

①夏末秋初,常遇暴雨和山洪,路面泥泞难行,暴雨冲刷使崖坎沟壁和坡道底侧易发生穿洞、滑塌或沉陷。推土机在坡面上行驶,易发生溜坡、侧滑或侧翻掉沟事故。因此,应有人在车前引路,并把驾驶室打开,仔细观察地势,低速慢行,避免高速急转弯,并严禁在坡道上停车。

②冬季运行,路面常有积雪和薄冰,行走机构打滑,在坡道起步和行驶时操作非常困难。起步打滑时,可在履带下铺撒一些炉渣或茎秆杂物,增加其附着性能。推土机应低挡加速慢行,严禁急转弯,避免换挡。超越雪堆时要垂直行驶,避免侧滑。若侧滑,要用分离相应侧边的办法来控制,但不能制动。越沟过埂时,应平稳慢行,严禁高速行驶。转弯时,要用小角度分节转弯,每小转弯一次,推土机应倒退一次。特别是在履带磨损严重、两侧履带板过松的情况下,易使履带凹槽内堵塞积雪并把驱动轮齿卡住,甚至发生履带脱轨或侧翻掉沟事故。

③解冻时,在山区行驶,要随时清除行走机构的积雪和冰碴,以免卡挤的积雪凝结成冰与驱动轮紧紧咬住,破坏其啮合传动性能,或引起履带板断裂,发生事故。

(2)正确掌握操纵杆。在修筑梯田时,操作人员拉操纵杆次数比较频繁。有些操作人员已习惯于耕地作业,为了避免履带跌入犁沟,已习惯用手扳动左操纵杆。有时因劳累过度,易引起操作疏忽,转弯时采用边拉边踩制动器作业,或稍拉即踩的方法进行操作。这样,转向离合器还未完全分离就硬性制动,会加剧转向离合器摩擦片和制动带磨损,致使操纵转向部分易发生故障,严重影响作业工效。

(3)防止超负荷作业。推土时,由于铲刀吃土过深,或因上下土层土质差异较大,铲刀铲至硬土层时,而引起超负荷,有时操作人员图省事,不及时清扫推土机,在铲土过程中带土转弯,不但引起机车超负荷,还易造成铲刀及刀臂和其他机构变形损坏,应严格禁止。凡发现机车超负荷,应采用踩下离合器并换倒挡退车和提升铲刀的办法,减轻负荷。为了防止机车超负荷作业,一般可把加速踏板放在 3/5～2/3 的位置,铲土时应缓慢加深铲刀吃土深度,并且用判断机车转速的方法(驾驶室打开,较易听辨机车转速),控制铲刀吃土量。严禁猛踩加速踏板超负荷作业。

(4)注意踩离合器。推土时要往返作业,使换挡次数增多,踩离合器频繁。往往由于操作不当,离合器容易发生故障,影响作业进度。因此,应注意以下几点:

①陡坡地斜坡作业时,禁止用只踩离合器不踩制动踏板的方法进行换挡,这样易造成溜坡事故。

②推土填沟时,切勿把铲刀推出沟边后再换挡回返,这样易发生塌方掉沟或滑坡跌崖事故。

③在坑洼不平和崎岖起伏、沟壑山区行驶,因车速和加速踏板不易控制,机车颠振较大,禁止用固定加速踏板位置和半踩离合器(使离合器处于半接合状态)的方法减小转速,这种做法易使摩擦片磨损、发热烧损。

(5)防止推土机推土时跑偏。推土机因左右履带磨损不同,张紧度不同,左右转向不均衡,长期单侧铲刀吃土(吃偏土),地表不平,两侧履带下面的土壤一侧软、一侧硬以及推土铲变形等原因都会使推土机推土时跑偏,致使机车扭摆,操纵频繁,造成土推不直,地整不平。长期下去,不仅影响推土质量和工效,而且增加行走部分偏磨,甚至会使磨损严重的一侧的转向离合器打滑。

任务实施

一、推土机的基础作业及运行方法

1. 推土机基础作业方法

推土机在作业中,由铲土、运土、卸土和回程构成一个工作循环。具体作业方法因土壤性质、地形和作业方式的不同而异。通常,推土机的合理运距为 40m 左右,最大不超过 100m;运行坡道的坡率小于 30%。按作业方式的不同可分为正铲、斜铲、侧铲和拖刀作业 4 种。

正铲作业是铲刀平面角为 90°,纵向正面铲切土壤至前方卸土点的作业方法。它多用于铲土和运土方向相同时的作业,如横向构筑挖深小于 1m 的挖土路基,或填高小于 1m 的填土路基及其他同向铲运土壤的作业。

斜铲(切土)作业是铲刀平面角约为 65°、纵向行驶铲切铲刀前角土壤,并随铲刀斜面将土壤卸于铲刀后角一侧的作业方法。多用于铲土和运土方向有一定夹角时的作业,如构筑半挖半填路基、铲除积雪、加宽原有小路、回填较长且宽度不大的壕沟等作业。

侧铲作业是铲刀倾斜角在 3°～5°(一侧铲刀角升高 10～30cm)时,正铲或斜铲的作业方法。它主要用于构筑半挖半填路基,以及纵向开挖 V 形槽的作业。

在特定条件下,推土机还可以进行顶推作业和拖载作业。顶推作业是正铲铲刀在空中保持一定高度的作业方法,多用于顶推铲运机以助铲、推运直径不大的孤立块石、铲除树木及伐余根、推倒单薄且高度不大的地面建筑物的作业和实施机械互救。拖载作业是带有拖平车的轮式推土机拖载重物的作业方法,多用于拖载转运履带式机械和钢材、木材及水泥等建筑材料。推土作业时的基本作业过程如图 2-2-1 所示。

1)正铲作业

(1)铲土。铲土时,要求尽量在最短时间和距离内铲满土壤。一般用1速前进(铲松土时开始也可用2速),将铲刀置于下降或浮动位置,随机械前进铲刀入土逐渐加深。铲土深度通常是:1级土壤为20cm左右;Ⅱ~Ⅲ级土壤为10~15cm;Ⅳ级土壤为10cm以下。

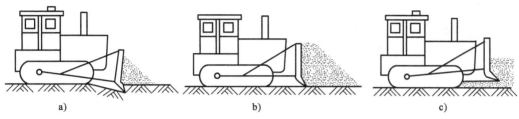

图 2-2-1　基本作业过程
a)铲土;b)运土;c)卸土

铲土开始时,为便于掌握,可不将节气门操纵杆或踏板置于最大供油位置。铲土后,把节气门操纵杆或踏板置于最大供油位置,使柴油机经常处于额定转速附近的调速特性范围内运转。然后控制铲刀操纵杆,通过观察铲土情况、车头升降趋势和倾听发动机的声音来判断升降铲刀的时机和幅度。这样可使推土机在遇到较大阻力时,由于发动机具有一定的转矩和转速储备给提升铲刀减轻负荷提供较多的时间,也可减少铲刀升降次数,减轻劳动强度和推土机的磨损。作业中,每次升铲刀不可过多,否则会在推土机前留下土堆。当推土机驶上土堆时,铲刀会卸土,越过土堆后,铲刀可能铲土过深。如此多次反复,会使铲刀铲不上土,并使铲土地段形成波浪形,影响继续铲土作业。不同的地形和不同的工程要求,应采用不同的铲土方式,以提高作业效率。

①直线式铲土。推土机在作业过程中,铲刀保持近似同一铲土深度,作业后的地段呈平直状态的铲土方法,又称等深式铲土。其铲土纵断面如图2-2-2所示。采用此种铲土方法作业,铲土路程较长,铲刀前不易堆

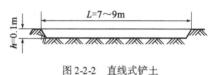

图 2-2-2　直线式铲土

满土壤,发动机功率不能被充分利用,作业效率较低,但能在各种土壤上有效作业;多用于作业的最后几个行程,以使作业后的地段平坦。

②锯齿式铲土。推土机以不断变化的深度铲土,铲土纵断面近似于锯齿状的铲土方法,又称起伏式或波浪式铲土(图2-2-3)。采用这种铲土方法作业,开始时尽量使铲刀入土至最大深度,当发动机超负荷时,再逐渐升起铲刀至自然地面;待发动机运转正常后又下降铲刀进行铲土,经多次降落与提升,直至铲刀前积满土壤为止。锯齿式铲土适于在Ⅱ、Ⅲ级土壤上作业时使用。此种铲土方法,铲土距离较短,作业效率比直线式铲土高;但铲刀频繁升降,会加重操纵及工作装置的磨损。

③楔式铲土。铲土纵断面为三角形的铲土方法,又称三角形铲土(图2-2-4)。采用这种铲土方法时,首先使铲刀迅速入土至最大深度,而后根据发动机负荷和铲刀前的积土情况,逐渐提升铲刀,使铲刀一次入土就能铲满土壤而转入运土。此种铲土方法,铲土路程最短,能充分发挥发动机功率,作业效率高;适于在稍潮湿的Ⅰ、Ⅱ级土壤上作业时使用。

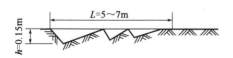

图 2-2-3　锯齿式铲土

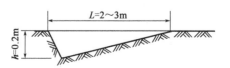

图 2-2-4　楔式铲土

④V 形槽式铲土。推土机铲土横断面为 V 形(图 2-2-5)。其作业全过程包括标定、加深和修整 3 个阶段。此种作业方法,机械开挖方向与工程构筑方向一致,机械倒行次数极少或不倒行,作业效率高;适于构筑不挖不填路基、开挖道路边沟或其他 V 形沟槽。

图 2-2-5 V 形槽式铲土

⑤接力式铲土。分次铲土、叠堆运送。铲土的次数依土壤种别和铲土厚度及铲土长度而定(图 2-2-6)。从靠近弃土处的一段开始铲土,第一次将土壤运至弃土处;第二次铲出的土壤不向前推送,而是暂且留在第一次铲土时的开挖段;第三次把所铲的土壤向前推运时,把第二次所留下的土堆一起推至弃土处。这种方法适于在土质坚硬条件下作业,可明显提高作业效率。

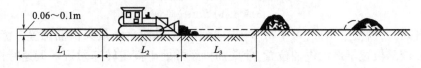

图 2-2-6 接力式铲土

如在较长的地段采用接力铲土的方法时,可选用两台或三台推土机,从取土处距弃土处最远一端开始铲土,以流水作业方式进行,后一台推土机给前一台推土机铲土,而前一台推土机把土运至弃土处。

(2)运土。运土时,铲刀应置于浮动位置,使铲刀能沿地面向前推运。在运土作业过程中要始终保持铲刀满载,并以较快的速度运送到卸土地段。此时,既要防止松散土壤从铲刀两侧流失过多,又不应经常利用铲土来使铲刀满载,以影响运土的行驶速度。运土方式可分为堑壕式运土、分段式运土、并列式运土和下坡式运土。

①堑壕式运土。推土机在土垄或沟槽内移运土壤,又称槽式运土,如图 2-2-7 所示。土垄或沟槽是推土机每次运土都沿同一条路线行进而逐渐形成的。其内宽度略大于铲刀宽度,高度或深度小于铲刀的高度,长度一般为 30~50m。两条沟槽之间的土垄宽度,视土壤性质而定,以不坍塌为准。

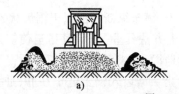

图 2-2-7 堑壕式运土

a)地上堑壕式运土;b)地下堑壕式运土

此种方法可减少运土过程中的土壤漏失,提高工效 15%~20%;但推土机回程不便。因此,在运距较长、沟槽较深的情况下作业时,推土机多从槽外回程。

②分段式运土。长运距作业时,将运土路线分成若干段,然后由前至后分批次铲掘、堆积,并集中推运土壤至卸土点,又称多刀式运土,如图 2-2-8 所示。通常,推土机推运土壤前进 10~15m 时开始漏失,随着运距和行驶速度加大,漏失越严重。这种运土方式,是将长运距分成 20m 左右的数段,多次铲土并逐段实施运土,在未形成土壤大量漏失情况下,就从取土点补充新土,因而可增加铲土次数,还可避免和减少土壤漏失量,充分发挥机械效能,使作业率提高 10%~15%。但分段不宜过多,否则会因增加阶段转换时间而降低工效。分段式运土适用于运土路线需改变方向,或运距较大时使用,多用于填筑较高的路基和开挖从路基缺口弃土的路堑。

③并列式运土。两部以上同类型推土机,用同一速度并排向前运土,如图2-2-9所示。采用此方法,推土机两铲刀间隔,在黏土地约为30cm,沙土地约为15cm;可减少铲刀两侧土壤漏损,运送土壤的运距在50~80m时,能提高工效15%~20%。并列式运土适于在运土正面宽、运土量大、操作人员的操作技术水平较高的情况下,横向填筑路基、堆积土壤、铲除土丘和开挖大宽度的沟形构筑物。

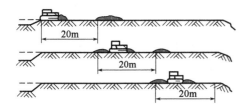

图2-2-8 分段式运土

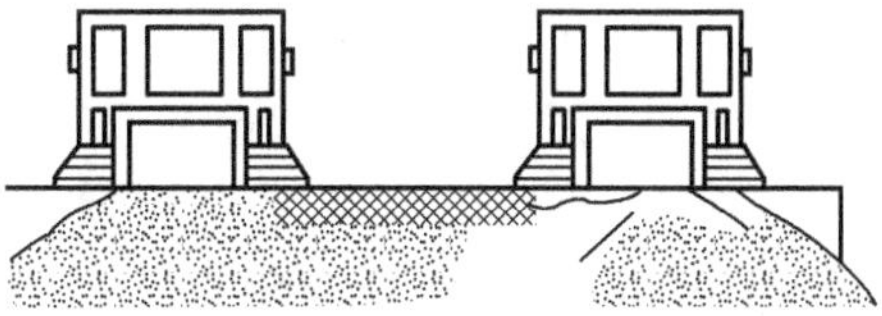

图2-2-9 并列式运土

④下坡式运土。利用机身和土体在斜面上(图2-2-10)的重力分力,增大铲刀前的土量,最大下坡推土的坡度不应超过15°,否则空车后退爬坡困难,使效率降低。

(3)根据工作性质不同,卸土一般采用分层填土卸土和堆积卸土两种方法。

①分层填土卸土。推运土壤至卸土点时,推土机在行进过程中将土壤缓慢卸出,并同时予以铺散和平整的卸土方法称为分层填土卸土,如图2-2-11所示。实施分层填土卸土作业时,要根据卸土要求的厚度,使铲刀与地面保持适当的高度,以便推土机在行进过程中将卸出的土壤以相应的厚度平铺于地面。此种作业方法,能较好地控制铺土厚度,利于以后的压实作业;适于在构筑填土路基、平整作业和铺散路面材料时应用。

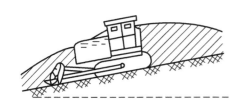

图2-2-10 下坡式运土

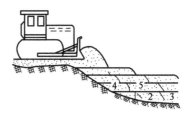

图2-2-11 分层填土卸土

②堆积卸土。将推运至卸土点的土壤,成堆地迅速卸出,而不进行铺散和平整的卸土方法称为堆积卸土,如图2-2-12所示。实施堆积卸土作业时,推土机可采用迅速提升铲刀的速举堆积法,或不提升铲刀而挤压前次卸土的挤压堆积法将土卸出。此种作业方法,卸土速度快,土壤集中,对操作人员的技术要求不高;适于在弃土、集土、填塞壕沟、弹坑和构筑填土路基时应用。

图2-2-12 堆积卸土

(4)回程。推土机卸土后,应以较高速度倒行驶回铲土地段。在驶回途中如有不平地段,可放下铲刀拖平,为下次运土创造条件。如果回程较长或在壕内不便倒车,可掉头驶回取土点。

2)斜铲作业

斜铲作业又称切土作业,是推土机用一侧刀角铲切坡坎的土壤,并将其移运到另一侧或侧前方的作业方法,如图2-2-13所示。切土作业前,应将铲刀调到所需位置。以横向运土为主时,铲刀平面角需调到最小角度位置;以纵向运土为主时,平面角应调到90°,刀角也应向切土的一侧倾斜50°左右。正铲推土机进行切土作业时,应在靠坡的一侧下铲刀切土,并适时校正方向或后倒,以减小切土阻力。推土机在山腹地进行旁坡切土作业时需首先修筑平台。平台的宽度和长度,一般要大于推土机的宽度和长度。平台靠推土机自行铲土构筑,切土始点离坡角较远时,可自上而下地铲土;切土始点离坡角较近时,可自下而上地铲土。活动铲推土机可调整倾斜角和平面角,使之铲切内坡并填筑外坡,因而可以减少构筑平台的作业量,并能侧向移运土壤,其作业效率较正铲推土机的作业效率高。此种作业方法,在纵向铲土的同时,完成横向或斜向的运土和卸土;适于在山腹地构筑半挖半填路基、防坦克断崖和崖壁时应用。

应注意的是刀角入土不宜过多,避免因一侧受力过大使机尾向坡外滑移;侧前方卸土时,铲刀不应超过松软土的坡沿,以免因重心靠前和土质松软而使机械滑坡或滚翻;倒退行驶时,尽量靠坡内侧运动,以免坡外侧的松软土壤支撑不住机械而使其滑坡;在开挖深度大于2m的地段作业,要避免坡顶一侧土壤坍塌。

2. 推土机作业运行方法

(1)直线运行。作业时,铲土、运土、卸土和回程基本在同一直线上进行,如图2-2-14所示。此种作业方法行驶路程短,前次运行可为后次运行创造良好的作业条件,多同堑壕式运土配合运用;适于在集土、构筑移挖作填的路基、防坦克壕和填塞大型弹坑时应用。

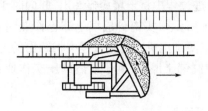

图2-2-13 斜铲作业

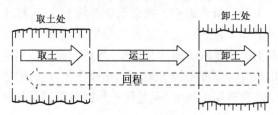

图2-2-14 直线运行

(2)曲线运行。作业时,除取土外,运土、卸土和回程都沿曲线进行,如图2-2-15所示。此种作业方法,卸土方向灵活,卸土面大,可避免推土机因倒驶换向而延长作业时间;适于纵向开挖路堑并将挖出土壤运至道路两侧时,或由侧取土坑取土填筑高为1.5m以上的路基时,以及挖掘防坦克壕的下半部分时应用。曲线运行作业时,推土机因转向一侧受力较大,特别是转向制动装置操作频繁而磨损严重,所以,作业时要不断地变换卸土方向,以使推土机两侧机件磨损平衡。

(3)阶梯运行。作业时,沿直线铲土、运土和卸土,沿曲线回程,如图2-2-16所示。此种方法取土位置能灵活选择,便于铲、运土作业,又因是沿直线铲土、运土和卸土,推土机各部受力均匀;适于由侧取土坑取土,横向运土,填筑高为1.5m以下的路基,横向开挖较大断面且深度为1.5m以内的壕沟、路堑或填塞壕沟、弹坑时应用。

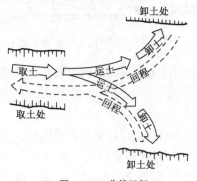

图2-2-15 曲线运行

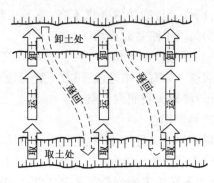

图2-2-16 阶梯运行

(4)穿梭运行。作业时,沿开挖工程轴线或其平行线来回行驶,在每次单行程行驶中,完成由工程一端向另一端铲土、运土和卸土,如图2-2-17所示。此种方法无空驶行程,作业效率较高;适用于宽度不大而呈垂直形、两端便于推土机掉头的小型建筑地基和掩体的纵向开挖,也适用于大型挖土路基和防坦克壕上部工程的横向开挖。

图2-2-17 穿梭运行

二、推土机的生产作业

1. 构筑路基作业

1)构筑填土路基(又称填筑路堤)

(1)构筑方法。按照道路断面设计要求,将预筑路基外的土壤,移填于设计高程以下的地段。分为横向填筑和纵向填筑两种。由路基两侧或一侧取土,沿路基横断面填筑为横向填筑,多用于平坦路段;由路基高处或路基外取土,沿路基纵轴线填筑为纵向填筑,多用于山丘坡地。实施作业时,除应遵循一般要求,还应根据运距、取土位置和填筑高度,确定作业方法。

横向填筑路基的方法应视铲刀宽度、路基高度、取土坑允许的宽度及位置而定。如用综合作业法单台推土机或多台推土机施工时,最好分段进行。这样可增大工作面,便于管理,从而加速工程进度。分段距离一般为20～40m。

当一侧取土或填土高度超过70cm时,取土坑宽度须适当增大。推土机铲土的顺序,应从取土坑的内侧开始逐渐向外。推土作业线路可采用穿梭作业法,如图2-2-18所示。在施工过程中,推土机铲土后,可沿路堤直送至路基坡脚,卸土后仍按原线路返回到铲土始点。这样,同一轨迹按堑壕运土法送两三刀就可达到70～80cm的深度。此后,推土机做小转弯倒退,以便向一侧移位,中间应留出50～80cm的土垄。然后,仍按同一方法推运侧邻的土。如此向一侧转移,直到一段路堤筑完;然后,推土机反向侧移,推平取土坑上遗留的各条小土堤。

最大运距不超过70m、填筑高为1m以下路基时,应采用横向填筑作业。作业时,可在取土坑的全宽上分层铲土、分段逐层铲土。两侧取土时,每段最好用两台推土机并以同样的作业方法,面对路中心线推土,但双方一定要推过中心线一些,并注意路堤中心的压实,以保证质量。图2-2-19所示为两侧取土的作业线路。

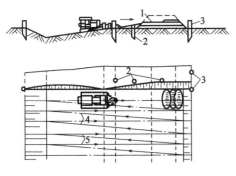

图2-2-18 一侧取土横向填筑路基

1-路堤;2-标定桩;3-标杆;4、5-推土机运行线

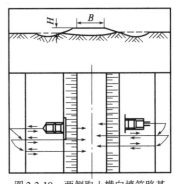

图2-2-19 两侧取土横向填筑路基

填土路基的填筑高度超过1m时,为减少运土阻力,应设置运土坡度便道,如图2-2-20所示。便道的纵坡坡度不大于1:2.5,宽度应与工作面宽度相同,坡长为5~6m;便道的间隔应视填土高和取土坑的位置而定,一般不应超过100m。

在水网稻田地构筑填土路基时,首先要挖沟排水,清除淤泥。填筑长50m以内、高1m以下的路基,且两端有土可取时,可用推土机从两端分层向中间填筑;填筑高1m以上、长50m以上的路基时,用铲运机或装载机、挖掘机配合运输车,铲运渗水性良好的沙性土壤或碎石,自路中心线逐渐向两侧分层填筑。必要时用碎石、砾石、粗砂等材料,构筑厚为7~15cm透水路基隔离层,用推土机进行平整作业。

(2)注意事项。

①作业前,要查桩和移桩,必要时进行放大样,以保证按设计要求作业。

②作业时,应分层有序地铲土、填筑和压实。每层新填土的厚度为20~30cm,一般不超过40cm,如图2-2-21所示。

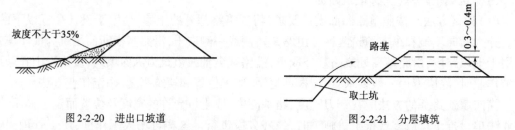

图2-2-20　进出口坡道　　　　　　　　图2-2-21　分层填筑

③采用一侧取土进行横向填筑作业时,需先从内侧开始,逐渐向外延伸,分段逐层铲运土壤,并从另一侧的路基坡角开始依次填筑,要注意填筑和压实外侧。

④采用两侧取土进行横向填筑作业时,双方卸土一定要过路基中心线,并注意路基中心线的压实。

⑤采用远处取土进行纵向填筑作业时,需按先从两侧后向中间的顺序,依坡度要求分层填筑。

⑥待填土达到高程后再填充中间部分,以形成路拱。

⑦填筑高1m以上路基时,应构筑坡度不大于20°的进出口坡道,以减少推土机的运行阻力和避免损坏路基边坡;待填土完毕后,推除坡道,填补路基缺口。

⑧路基填筑到设计高程后,需再运送30~40cm厚的土壤于路基顶面上,作为压实落沉和补充路肩缺土,如图2-2-22所示。

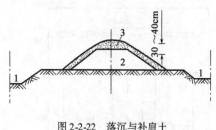

图2-2-22　落沉与补肩土
1-取土坑;2-路基;3-补肩土

⑨最后需平整路面,修筑路拱并压实,修整路肩、边坡和取土坑。从两侧取土时,先取低的一侧,后取高的一侧。

⑩雨季施工时,应先取容易积水的一侧。冬季上冻期前,应尽量将取土层薄的地段施工完毕,留下土层厚的地段进行冻期施工。

2)构筑挖土路基(又称开挖路堑)

(1)构筑方法。铲除预筑路基高程以上的余土,以形成路基,分为横向开挖和纵向开挖两种。当路堑深度较大,不能进行路侧弃土时,采用纵向开挖;当路堑深度不大,且能将土运到路侧弃土堆时,采用横向开挖。推土机构筑挖土路基时,应根据作业地段挖土深度和弃土位置,确定作业方法。当挖深在 1m 以内时,推土机采用穿梭法进行横向分层开挖;当挖深大于 1m 且无移挖作填任务时,上部尽量采用横向开挖,底部纵向开挖;当挖深大于 1m 且有移挖作填任务时,推土机采用堑壕式运土法作业。

采取横向开挖路基时,作业可分层进行。其深度一般在 2m 以内为宜。如路基较宽,可以路中心为起点,采用横向推土穿梭作业法进行,从路堑中开挖的土壤,推到两边弃土堆,当推出一层后,应掉头向另一侧推运,直到反复掉头挖完为止,如图 2-2-23 所示。若开挖的路基宽度不大,作业时可将推土机与路基中线垂直,或与路基中线呈一定角度,沿路基开挖顶面全宽铲切土壤,并将土壤推运到对面的弃土处,再将推土机退回取土处,直至将路基开挖完毕。如开挖深度超过 2m 的深坑道路时,则需与其他机械配合施工。采用任何开挖路基的作业方法,都必须注意排水问题。在将近挖至规定断面时,应随时复核路基高度和宽度,避免超挖或欠挖。通常,在挖出路基的粗略外形后,再用平地机和推土机来整修边坡、边沟和整埋路拱。

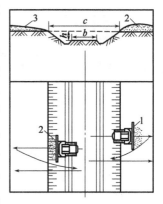

图 2-2-23　横向构筑挖土路基
1、2-第一台、第二台推土机穿梭作业法;3-弃土堆;b-路面宽;c-路堑宽;h-路面到路堑的高度

山坡地面较陡时,上坡一侧不能弃土,应向下坡一侧弃土。挖到一定深度后,可改用缺口法,如图 2-2-24 所示。缺口间距一般为 50~60m,推土机将缺口位置左右的挖除土方顺路地纵向推运,再经缺口通道推向弃土堆。

采取纵向开挖路基时,一般是以路堑延长在 100m 范围内,常用推土机做纵向开挖。为便于排水和提高作业率,可采用斜坡推土。一般推土机做横向推土的运距为 40~60m,做纵向推土可到 80~120m。开挖时的程序和施工方法仍按深槽运土法并从两侧向中间进行,根据工程要求,留出侧坡台阶。

图 2-2-24　缺口法弃土

(2)注意事项。

①作业前,要查桩和移桩,确定取、弃土位置和开辟机械、车辆的行驶路线。

②横向开挖时,推土机铲刀不得伸出坡缘。

③纵向开挖时,应按先两边后中间的顺序进行,以保持路堑边坡的整齐。

④路堑开挖面需经常保持两侧低中间高的断面,以利于排水。

⑤在不能保证路堑外雨水不流入路堑内的情况下,应按设计要求回填弃土缺口。

⑥作业后,修整弃土堆和翻松临时占用的农田。

3)构筑半挖半填路基

(1)构筑方法。半挖半填路基是从预筑路基的高侧挖土,填至低侧而形成的路基。构筑半挖半填路基时,应根据作业地段横坡度的大小,确定机械的作业、行驶方法。当横坡度小于 15°时,可采用固定铲推土机阶梯运行法横向作业;当横坡度大于 15°或地形复杂时,最好用活动铲推土机旁坡切土法纵向作业。作业时,应将铲刀的平面角调到 65°,倾斜角调到适当程度;然后,从路基内侧的边缘上部开始,沿路的纵向铲切土壤,并逐次将土铲运到填土部位,如图 2-2-25 所示。挖填断面接近设计断面时,应配以平地机修整边坡、开挖边沟、平整路面、修筑路拱,用压路机压实路基和路面。如作业地段为山坡丘陵地,机械不宜全线展开作业,遇有岩石时,还需配以爆破作业。

图 2-2-25　构筑半挖半填路基

如地形复杂,应设法构筑平台,而后以平台为基地,沿路线纵向铲切土壤进行填筑。作业时,靠山坡内侧应比外侧铲土稍深,使推土机向内倾,并注意留出边坡,减少超挖。

(2)注意事项。

①作业前,要查桩和移桩,必要时进行放大样,以保证能按设计要求作业。

②在丛林地作业时,应先清除杂草、树木、伐余根和其他障碍物。

③若采用活动铲推土机作业,应事先调整好铲刀平面角和倾斜角。

④若采用挖掘机作业,应先用推土机构筑起挖平台。

⑤作业时,应分层有序地铲土、填筑和压实。

⑥向坡下填土时,铲刀不应伸出边缘。

⑦经常注意预防坡顶方向的落石、坡壁坍塌及坡角方向的陷落。

4)构筑移挖作填路基

(1)构筑方法。填土路基是将预筑路基超高地段的土壤,纵向铲挖移运并填于低凹地段,而构筑形成的路基。构筑移挖作填路基时,应根据运距确定机械的作业方法。当运距在 50 ~ 100m 时,推土机采用重力助铲法铲土,堑壕式或并列式运土法运土,直线或穿梭法运行。如在移挖作填的地段上构筑路基,应先做好准备工作,即在未来路堑的顶端和填挖衔接处以及路的两侧,用标杆或用就便器材进行标示;铲除挖土地段的障碍,设好填土地段的涵管等。在挖土地段上构筑路基,下坡铲运弃土少,最为经济。作业时,应分层开挖,分层填筑,每层厚度在 40cm 左右,如图 2-2-26 所示。

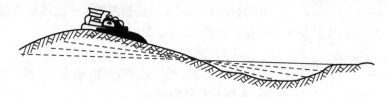

图 2-2-26　构筑移挖作填路基

(2)注意事项。

①作业前,要查桩和移桩,标示未来路堑的顶端终点和填挖衔接处。

②必要时,清除作业地段的障碍物,设置填土地段的涵管。

③作业中,应注意分层有序地进行纵向开挖和填筑,每层填土厚度为 30 ~ 40cm。

④开挖土质坚硬或含有大量砾石的路段时,需用松土器疏松。

⑤遇有岩石,可用凿岩机穿孔后实施爆破。

⑥当挖、填接近达到设计断面时,应用平地机铲刮侧坡、开挖边沟、修整路面,用压路机压实路基和路面,必要时平整弃土场的弃土。

2. 铲除障碍物作业

(1)清除树木和树墩。进行土方作业时,常遇到树木、树墩等障碍物,作业前应将其推除。树木直径在 10 ~ 15cm 时,铲刀应切入土 15 ~ 20cm,以 1 挡前进,可将其连根铲除,如图 2-2-27 所示。伐除直径为 16 ~ 25cm 的独立树木时,应分两步伐除:先将铲刀提升到最大高度(铲土角调整为最小),推土机以1挡进行推压树干;当树干倾倒时,将推土机倒回,而后将铲刀降于地面,以1挡前进,当铲刀切入树根后,提升铲刀,将树木连根拔除,如图2-2-28所示。

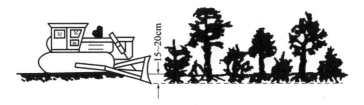

图2-2-27　铲除小树和灌木

图2-2-28　伐除直径为16～25cm的树木

伐除直径为26～50cm的树木,其作业程序基本与上述相同,为便于推除,可采用借助土堆和切断树根两种方法。借助土堆法如图2-2-29a)所示,即在树根处构筑一坡度在20%(11°)以下的土堆,推土机在土堆上将树干推倒,此时,铲刀应提升到最大高度。切断树根法如图2-2-29b)所示,即用推土机先将树根从三面切断(铲刀应入土15～20cm),然后,将铲刀提升到最大高度,将树向树根没有切断的一面推倒。土堆法和切断树根法若结合起来使用,还可推除直径更大的树木。

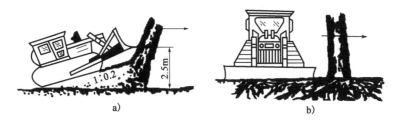

图2-2-29　伐除直径为26～50cm的树木
a)借助土堆法;b)切断树根法

因树墩短,铲刀的推压力臂小。推除直径为20cm以下的树墩时,使铲刀入土15～20cm处,以最大推力推压,如图2-2-30a)所示;然后使铲刀入土15～20cm,在推土机前进中提升铲刀,将树根推除,如图2-2-30b)所示。若推除较大的树墩,可先将树墩的根切断,而后再按上述方法推除之。

图2-2-30　铲除直径20cm以下的树根

（2）清除积雪、石块和其他障碍物。作业时，若使用活动铲推土机，则应从路中心纵向推运（平面角调至65°），把积雪推移到路的一侧。若使用固定铲推土机纵向推运，则需在推运过程中多次转向和倒车，将积雪推到路的一侧或两侧。在条件许可的情况下，应将铲刀加宽和加高，进行横向推运。根据雪层的厚度和密度，作业时应以尽量高的速度进行。

在构筑道路时，若有需推除的孤石，可先将孤石周围的土推掉，使孤石暴露；推时先用铲刀试推，若推不动，就继续铲除周围的土，当石块能摇动后，将铲刀插到石块底部，平稳接合离合器（TY120型），根据负荷逐渐加大节气门开度，并慢慢提升铲刀，即可推除孤石。

如使用推土机推运石碴和卵石时，最好使刀片紧贴地面，履带（或轮胎）最好也在原地面上行驶。如石碴较多，推土机应从石碴堆旁边开始，逐步往中心将石碴推除。推石碴时，不论前进或倒车，都要特别注意防止油底壳及变速器箱体被石头顶坏。

（3）推除硬土层。在较硬的土壤上推土作业时，如有松土机或松土器，可先将硬土耙疏松；如没有松土机，也可用推土机直接开挖。用推土机铲除硬土时，需将铲刀的倾斜角调大，利用一个刀角将硬土层破开；然后，将铲刀沿地面破口处纵向或横向开挖。推土机一边前进一边提升铲刀，掀起硬土块，逐步铲除硬土层。

3. 开挖平底坑作业

通常，将构筑掘开式工事时掘开的除土坑部分称为平底坑。推土机是开挖平底坑的重要机械。

用推土机开挖平底坑时，作业前应用标桩标出中心线及进出斜坡的起止点。标示物应设在机械作业活动界限之外。作业时，应根据地形、土壤性质、气候、平底坑尺寸及开挖后安装支撑结构的时间，灵活地采用最有效的作业方法。

在晴天，密实的土壤上及在平底坑挖掘好后，随即安装支撑结构，平底坑可挖成垂直形（即全深的宽度一样）；在雨天，沙性土壤上及预先挖掘时，通常挖成阶梯形。

当平底坑的宽度不大（仅比铲刀宽些），且呈垂直形，两端便于机械掉头时，可采用穿梭作业法进行作业。即机械先向坑的一端铲运土壤，并将土运到弃土堆；然后掉头向另一端铲运土壤。如此反复，逐层铲到标定深度为止，如图2-2-31所示。若平底坑长度不大或两端不便于机械掉头，可采用分次进退的作业方法进行开挖，如图2-2-32所示。作业时，先在平底坑的一半处以进退的方法纵向开挖（图2-2-32a）；然后掉头在另一半上进行开挖（图2-2-32b）。如此反复，达到全深为止，最后进行平整（图2-2-32c）。

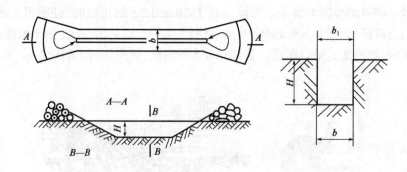

图 2-2-31 以穿梭法开挖平底坑

当平底坑较宽，长度又较大或带有侧坡时，应采用纵横开挖法。即首先在平底坑的全宽上横向铲运土壤，将土推到一侧或两侧（依地形和需要而定），达到1.2~1.4m时，再以穿梭法或分次进退法进行纵向开挖,达到全深为止,如图2-2-33所示。这种方法的特点是:在平底坑周围都有积土,便于回填掩盖工事。但在作业中应注意留出安装工事支撑结构作业所需的位置。构筑掩体时,由于周围构成环形胸墙,可减少开挖深度,使作业量减少1/3～1/2,以便提高工效。

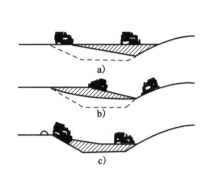

图2-2-32　以分次进退法开挖平底坑

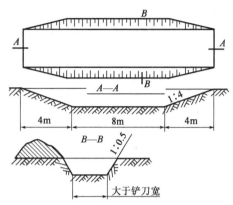

图2-2-33　以纵横法开挖平底坑

4.平整场地作业

主要用于修整路基、平整地基、回填沟渠和铺散筑路材料。平整作业,开始时多采用铲填平整法,只在最后几个行程,才采用拖刀平整法。

1)一般场地平整

对于面积不太大的场地或一般地基,往外运土已接近完成,高程也基本符合设计要求时,即开始进行平整。作业时应注意下列几点:

(1)平整的起点应是平坦的,并自地基的挖方一端开始。若地基的挖方位置不在一端,则应由挖方处向四周进行平整。平整从较硬的基面上开始,容易掌握铲刀的平衡,不易出现歪斜。

(2)平整时,将铲刀下缘降至与履带支撑面平齐,推土机以1挡前进,铲去高出的土壤,填铺在低凹部,如图2-2-34所示。一般要保持铲刀的基本满负荷进行平整,可以保证铲刀平冲,不致使地面上再现波浪形状。

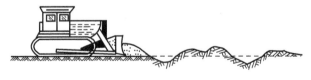

图2-2-34　平整场地

(3)保持直线前进,并按一定顺序逐铲进行,每一行程,均应与已平整的地面重叠30～50cm。对于不大的土垄,可用倒拖铲刀的方法平整。此时,铲刀应置于自由状态。

(4)平整时,除起推点外,尽量不要铲过多的土,因此时除起推位置稍高外,其他处的高程基本合适。若出现波浪或歪斜,可退回起推点,重新铲土经过该处后即可消除。

2)大面积地基的平整

操作方法与一般地基的平整基本相同,但还应注意以下几点:

(1)在狭长地基上可横向进行平整,太宽时可由中间向两边进行平整,方形的地基可由中心向四周进行平整,这样能缩短平整的距离。平整距离太长时,铲刀前的松土不易保持到终点,容易使铲刀切入土中,不利于平整。

(2)大面积平整可分片进行,特别是多台推土机参加作业时,更宜如此。这样,既可以提高效率,又能保证平整质量。

(3)平整时,不应交叉进行(单机平整其路线也不应交叉),应沿场地一边开始,向另一边逐次进行,或由中间逐次向两边进行平整。

(4)平整经过石方较多的地段时,应注意不要将地基内的石块铲起(可适当提升铲刀稍离开地面),否则,不易使地基迅速达到平整程度,从而影响质量。

5. 开挖 V 形沟槽作业

若没有平地机,推土机可用来开挖道路两侧的边沟或 V 形沟槽。在开挖前,应先标定好沟槽的中心线和边线。

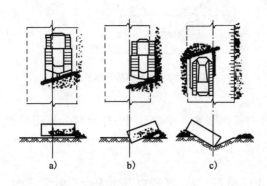

图 2-2-35　用活动铲推土机开挖 V 形沟槽

将推土机铲刀平面角调至 65°,倾斜角调到最大,如图 2-2-35 所示。开始作业时,应使铲刀长度的 1/4 对准所开挖沟槽的中心线,以直线铲土法将表面土层略加平整,推土机行驶 30m 左右即退回。此时,可将推土机外侧履带置于前一行程所形成的土垄上,铲刀较低的一角对正中心线继续以直线铲土,完成沟槽的一半。最后再开挖另一半,即将机械掉头,使内侧的履带置于已挖出的沟槽内,前进开挖。必要时再往返一次,清除沟内松土,加深沟槽,并将挖出的土整平于路基中心,形成拱形路面。

任务三　推土机的维护

任务引入

对推土机进行良好的日常维护是确保设备安全运行、充分发挥设备性能、延长使用寿命的关键。在作业前后和作业过程中,要按规定对推土机进行检查、维护,以确保设备的安全稳定运行,提高工作效率。做好推土机的日常维护工作,可以延长推土机的大中修周期,使其充分发挥效能。

任务目标

1. 明确推土机日常维护内容;
2. 掌握推土机日常维护方法;
3. 能够完成推土机的日常维护工作。

知识准备

1. 每 250h 维护

(1)加注润滑脂,参照维护手册对润滑点按要求加注相应品质的润滑油脂(表 2-3-1)。

250h 维护的润滑部位和润滑点数量　　　　　　　　　　　表 2-3-1

润滑部位	风扇带轮	张紧带轮	张紧带轮托架	斜撑球头	推土铲臂球形接头	升降油缸支承轴	升降油缸支承叉架
润滑点数	1	1	1	2	5	4	4

润滑部位	升降油缸缸头	斜撑杆	松土油缸	松土器臂销	平衡梁中间轴	平衡梁侧轴	
润滑点数	2	1	8	4	1	4	

(2)检查风扇、交流发电机驱动带张力,用拇指(约 100N)按下皮带中部,下垂量为 13~16mm,若不符合则应调整。

(3)检查蓄电池电解液液位。

(4)更换变速器机油滤清器滤芯。

(5)更换转向器机油滤清器滤芯。

(6)检查和拧紧履带板螺栓、主链节连接螺栓。

(7)检查及清理散热器散热片。

(8)清理或更换发动机空气滤清器。

2. 每 500h 维护

(1)应同时进行每 250h 维护。

(2)更换发动机油底壳的油及更换机油滤清器和旁通机油滤清器。

(3)更换发动机燃油滤清器。

(4)检查和补充最终传动箱油位。

(5)检查和补充液压油箱油位。

3. 每 1000h 维护

(1)应同时进行 250h 和 500h 维护。

(2)加注润滑油脂,具体见表 2-3-2。

1000h 维护的润滑部位和润滑点数量　　　　　　　　　　　表 2-3-2

润滑部位	各操纵轴	万向节	张紧缸
润滑点数	6	2	2

(3)检查和补充支重轮、拖轮、引导轮油位。

(4)更换后桥箱、变速器、变矩器的油和更换精滤器滤芯,清洗粗滤芯。

(5)更换液压油箱的油和更换精滤器滤芯,清洗粗滤芯。

(6)检查和补充最终传动箱的油位。

(7)更换防腐蚀器滤芯。

4. 每 2000h 维护

(1)应同时进行每 250h、500h 和 1000h 维护。

(2)检查和补充枢轴腔的油位。

5. 需要时的维护（表 2-3-3）

维护内容	冷 却 液	履 带	引 导 轮	链轨节节距	履板齿高度	支重轮外径
维护要求	一年更换两次（春、秋季）	检查松紧度	调整间隙	检查	检查	检查
维护内容	刀角和切削刃	减速踏板	制动踏板	转向操纵杆	推土板倾斜量	球接部补偿
维护要求	翻转和更换	调整行程	调整行程	调整行程	调整	调整

6. 特殊维护

在雨、水、雪、灰尘很多的工况以及严寒地区工作时除严格执行定期维护规定之外，必须特别注意以下项目的检查与维护：

（1）拧紧各处油塞，以防积水腐蚀。

（2）工作完毕及时清洗，并仔细检查整机状况。

（3）特别注意加油口、用具、油脂等的清洁。

（4）检查终传动是否进有泥水。

（5）潮湿天气注意检查空滤器滤芯是否堵塞，如有，应及时清理或更换。

（6）尘土多时，每隔 3~5 天就要清洗柴油机油底壳的加油口。

（7）在严寒条件下，要选择合适的柴油、润滑油和润滑脂。冷却液应加防冻液，随时检查蓄电池。

任务实施

一、TY220 型推土机的维护

1. 每班维护（日保）

（1）检查变速器。变速操纵应轻便灵活，挡位变换准确，无打齿和跳挡现象。

（2）检查转向离合器和制动器。推土机直线行驶时，不应自行偏转；分离任何一侧的转向离合器能缓慢转向；分离一侧转向离合器的同时踩下同侧制动踏板能原地转向；转向时无抖动、不发响。

（3）检查行驶系统。履带板、可拆履带销、负重轮、托链轮、诱导轮、驱动轮的连接牢固，各轮油封应密封可靠。

（4）检查工作装置。刀片固定螺栓及上下撑杆夹紧螺栓不得松动，拱形架、撑杆、液压缸连接是否牢固；各连接轴销、球销不得松动和卡滞；铲刀升降灵活；液压系统工作时无过热、渗漏和噪声。

（5）按润滑表加注润滑油脂。

作业结束后，擦拭各零部件，清点、整理工具。

2. 等级维护

1）一级维护（每工作 200h 进行）

（1）完成每班维护。

（2）排放转向离合器壳体内油污。若油污过多，应查明原因并排除，清洗离合器。

（3）检查制动踏板行程。标准行程：内燃机停止时的行程为 75mm，内燃机空转、踏力为

150N 时的行程为 110~130mm。如果行程超过 200mm,应及时调整。

(4)检查履带螺栓固定力矩。固定力矩为 700~800N·m。如不符合要求,应拧紧至规定力矩。

(5)检查润滑油量。最终传动箱、诱导轮、负重轮、托链轮内润滑油不足时,按规定加注润滑油。

(6)检查液压油量。液压油箱内油液不足时,按规定加注液压油。

(7)更换转向滤清器滤芯。

2)二级维护(每工作 600h 进行)

(1)完成一级维护。

(2)排放沉淀物。推土机停驶 6h 后,放出变速器、最终传动箱和液压油箱内的沉淀物,按规定加注润滑油和液压油。

(3)清洗滤清器滤芯。取出滤芯,用清洗液清洗,晾干后装复。

(4)清洗通气罩。卸下后桥箱及最终传动箱的通气罩,清洗、晾干装复。

(5)检查履带张紧度。推土机停在平坦的地面上,托链轮与诱导轮中间的履带板顶端距托链轮与诱导轮之间连线应有 20~30mm 的垂直距离。

3)三级维护(每工作 1800h 进行)

(1)完成二级维护。

(2)过滤或更换润滑油。趁热放净中央传动和最终传动箱内的润滑油,用清洗液清洗各油箱后,按规定加注润滑油;同时清洗各滤芯,如损坏应更换。如润滑油变质应换新油,同时更换滤芯。

(3)过滤或更换液压油。趁热放净各液压系统油液,清洗各液压油箱和滤清器,滤清器滤芯损坏应更换,按规定加注液压油。同时清洗各滤芯,如损坏应更换。如液压油变质应换新油,同时更换滤芯。

(4)清洗负重轮、诱导轮及托链轮内腔,检查其油封密封情况,并按规定加注新润滑油。

(5)整机修整。补换缺损的螺母、螺钉、螺栓、轴销和锁销;焊补、铆合断裂及破损的部件,刀片磨损严重应更换。

4)润滑图表

TY220 型推土机润滑如图 2-3-1 和表 2-3-4 所示。

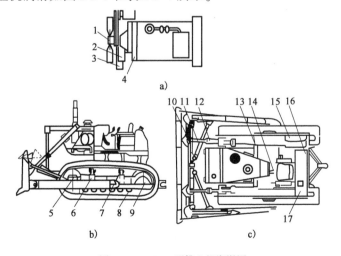

图 2-3-1　TY220 型推土机润滑图

周期（h）	图中编号	润 滑 部 位	点数	方法	润 滑 油 脂
8	4	柴油机曲轴箱	1	检查加添	夏季：CC－30 号柴油机油 冬季：CE－20 号柴油机油
200	1	风扇转轴	1	油枪注入	2 号锂基润滑脂
	2	水泵轴承	1		
	12	铲刀撑杆	6		
	10	液压缸球铰及支承	12		
	13	变速器	1	检查、添加	CC－30 号柴油机油
	16	中央传动齿轮箱	1		15 号双曲线齿轮油
	17	侧传动箱	2		夏季：18 号双曲线齿轮油 冬季：15 号双曲线齿轮油
	15	液压油箱	1		夏季：CC－30 号柴油机油 冬季：CC－20 号柴油机油
	3	高压油泵	2		夏季：CC－30 号柴油机油 冬季：CC－20 号柴油机油
600	11	斜支撑	2	油枪注入	锂基润滑脂
	14	各操纵杆转轴	14		
	9	驱动轮端部轴承	1		
	6	诱导轮调整杆	2		夏季：CC－40 号柴油机油 冬季：CC－30 号柴油机油
	7	托链轮	4		
	8	负重轮	10		
1800	13	变速器	1	过滤沉淀，必要时更换	CC－20 号柴油机油
	16	中央传动齿轮箱	1		夏季：18 号双曲线齿轮油 冬季：15 号双曲线齿轮油
	17	侧传动箱	2		
	15	液压油箱	1		夏季：CC－30 号柴油机油 冬季：CC－20 号柴油机油
	5	诱导轮	2	更换	夏季：CC－40 号柴油机油 冬季：CC－30 号柴油机油
	7	托链轮	4		
	8	负重轮	10		

二、TL180 型推土机的维护

1. 每班维护

（1）检查各部件连接是否牢固。紧固松动的螺母、螺钉、螺栓、轴销、锁销和油管、气管接头。

（2）检查各部件是否正常。各部件应无漏油、漏气、异响、异味和温度过高现象。

（3）检查轮胎状况。气压应充足，接地处无明显变形，胎面、胎体应无破裂、扎伤。

（4）检查工作装置。工作装置应操作轻便，铲刀升降、倾斜运动灵活、平稳；推杆、斜撑杆、液压缸等各连接轴销不得松动或卡滞。

（5）检查传动系统。工作时变矩器油温应保持在 40～110℃，变速操纵压力为 1.2～1.6MPa，各挡位变换应轻便、准确，锁紧离合器工作良好；后桥驱动接合和断开可靠。

（6）检查转向系统。内燃机工作时，转向应轻便灵活、平稳；发动机熄火后仍具有转向能力；转向传动机构各连接轴销不得松动或卡滞。

（7）检查制动系统。制动气压应保持在 0.65～0.70MPa；制动应灵敏、可靠，不跑偏，无拖滞，驻车制动器应工作可靠。

（8）检查电气设备。照明灯、指示灯、信号灯、喇叭、刮水器、电风扇等应接线可靠，工作良好。

（9）按润滑图表规定加注润滑油脂。

作业结束后，放净储气筒内的余气和油水分离器内的油污，冬季放水时放净液压油冷却器内的水；擦拭机械，清除污物；整理工具。

2. 等级维护

1）一级维护（每工作 100h 进行）

（1）完成每班维护。

（2）检查制动油量。气液主缸储油室油面应距加油口 15～20mm。

（3）检查液压油、齿轮油量。变速器、液压箱、转向器、前桥、后桥及轮边减速器内的液压油和齿轮油量不足时按规定加注液压油或齿轮油。

（4）清洗油水分离器。用清洗液洗净内腔和滤芯，出气阀积污、锈蚀应清洗或研磨。

（5）清洁液压油散热器。用压缩空气吹除散热器表面灰尘，用木片剔除散热器表面黏附物。芯管有渗漏应焊补。

（6）测轮胎气压。轮胎标定气压为 0.3～0.32MPa。

2）二级维护（每工作 400h 进行）

（1）完成一级维护。

（2）排放齿轮油、液压油沉淀物。推土机停驶 6h 后，放出前桥、后桥及轮边减速、变速器、液压油箱内沉淀物，按规定加注齿轮油或液压油。

（3）清洗变速、液压油箱通气孔、滤网。用清洗液洗净滤网，晾干后装复。

（4）清洗液压油箱回油滤清器。用清洗液洗净滤网，晾干后装复。

（5）检查转向盘自由行程和操纵力矩。转向盘的自由行程不大于 18°（单边不超过 9°），液压泵供油时转向盘操纵力矩不大于 4.9N·m。

（6）检查调整驻车制动器间隙。放松状态时制动带与制动鼓之间的正常间隙为 0.3～0.5mm。

（7）检查调整转向角和前束值。前束值为 70mm。

（8）检查车轮制动器间隙和摩擦片磨损情况。当摩擦片上的沟槽磨平时，更换新摩擦片；装复后，摩擦片与制动盘的初始间隙不得小于 0.12～0.2mm。

（9）检查压力调节器工作性能和油水分离器溢流阀开启压力。压力调节器控制的气压值为 0.65～0.7MPa；油水分离器溢流阀开启压力为 0.9MPa。

（10）检查液压系统压力。变矩器进口压力为 0.63MPa，出口压力为 0.4～0.5MPa，变速操纵压力为 0.4～0.6MPa，转向系统压力为 14MPa，工作操作系统压力为 16MPa。

3）三级维护（每工作 900h 进行）

（1）完成二级维护。

（2）拆装检查驻车制动器。清洗各零件，摩擦片磨损至距铆钉头 0.5mm 或严重烧蚀时，应换新片；复位弹簧折断或弹力减弱应换新件。

（3）拆检气液主缸，更换制动油。分解清洗各零件，并疏通油孔、气孔，更换橡胶密封件。液压缸、汽缸活塞磨损，复位弹簧折断或弹力过弱应更换，装复后按规定加注制动液，并排除油路中空气。

（4）拆检车轮制动器。分解清洗各零件，活塞磨损严重应更换；销轴磨损严重不能为摩擦片导向应换销轴；更换橡胶密封件。装复时在活塞、活塞缸及销轴上涂一层制动液，装复后排除油路中空气。

（5）检查调整轮毂轴承间隙。轮毂应转动自如，不应有摆动和滞止现象，需调整时，拧紧调整螺母至轮毂不能转动，然后退回 1/8 圈。

（6）进行轮胎换位。按照"前后、左右"互换的原则进行轮胎换位，以保证各轮胎磨损一致。

（7）测定铲刀沉降量。铲刀提升到最高位置，操纵阀置于中间位置，将发动机熄火。此时，沉降量应小于 10mm/15min。如沉降量过大，应查明原因排除。

（8）过滤变矩器、变速器液压油。趁热放净变矩器、变速器内的液压油。用清洗剂清洗变速器油底壳和滤网。装复后按标定油位加注过滤沉淀后的液压油。

（9）过滤齿轮油。趁热放净前后桥及轮边减速器内的齿轮油，如油液过脏，应清洗后桥和轮边减速器，清洗时加入适量的清洗液。架起前后桥，用低速挡运转 2～3min，放净洗油后，按标定油位加注齿轮油。

（10）过滤液压油。趁热放净工作和转向液压系统的液压油，清洗油箱及油箱内滤清器，晾干装复后，按规定加注液压油，并排除系统内空气。

（11）整机修整。更换破裂、损坏的油管、油封，补换缺损的螺母、螺栓、轴销、锁销，校正、焊补各变形、破损部位，刀片磨损严重应更换。

4）润滑图表

TL180 型推土机润滑如图 2-3-2 及表 2-3-5 所示。

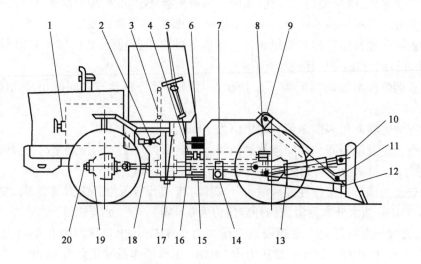

图 2-3-2　TL180 型推土机润滑图

TL180 型推土机润滑表

表 2-3-5

周期(h)	编号	润滑部位	点数	方法	润滑剂
50	1	风扇轴	1		
	2	上传动轴	3		
	13	前传动轴	3		
	16	后传动轴	3		
100	4	转向液压缸后铰轴	2	油枪注入	2 号或 3 号钙基润滑脂
	7	转向液压缸前铰轴	2		
	5	前后车架上铰点	1		
	14	前后车架下铰点	1		
	6	升降液压缸上铰点	1		
	10	升降液压缸下铰点	1		
	9	倾斜液压缸铰点	2		
	11	推架铰接销轴	4		
	8	前传动轴支承	1		
100	12	前桥及轮边减速器	3	检查、添加	气温高于 −15℃ 时,用 18 号双曲线齿轮油;气温低于 −15℃ 时,用 7 号双曲线齿轮油
	17	后桥及轮边减速器	3		
	15	变速器	1		夏季:30 号汽轮机油
	19	液压油箱	1		冬季:20 号汽轮机油
	20	制动油箱	1		201 合成制动液
200	3	转向盘转轴支承	2	油枪注入	2 号或 3 号钙基润滑脂
	18	各操纵杆关节			
900	12	前桥及轮边减速器	3	过滤沉淀,必要时更换	气温高于 −15℃ 时,用 18 号双曲线齿轮油;气温低于 −15℃ 时,用 7 号双曲线齿轮油
	17	后桥及轮边减速器	3		
	15	变速器	1		夏季:30 号汽轮机油
	19	液压油箱	1		冬季:20 号汽轮机油
	20	制动液箱	1	更换	201 合成制动液

思考练习题

1. 推土机的种类有哪些?

2. 推土机结构由哪几部分组成?

3. TY220 型推土机各种操纵杆、仪表和开关的作用是什么? 如何使用?

4. TL180 型推土机各种操纵杆、仪表和开关的作用是什么? 如何使用?

5. 推土机的基础驾驶包括哪些方面? 注意事项是什么?

6. 推土机的基础作业有哪些?

7. 推土机的应用作业有哪些? 注意事项如何?

8. TY220 型推土机的每班维护包含哪些内容？

9. TY220 型推土机的等级维护包含哪些内容？

10. TL180 型推土机的每班维护包含哪些内容？

11. TL180 型推土机的等级维护包含哪些内容？

项目三

挖掘机的使用与维护

挖掘机广泛应用于民用建筑、道路、水利建设、矿山开采、电力、石油、天然气等工程施工建设中。工程施工中约有60%以上的土石方量是由挖掘机械完成的。挖掘机主要用于在I级~IV级土壤上进行挖掘作业,也可用于装卸土壤、沙石等材料。更换不同的工作装置后,如加长臂、伸缩臂、液压锤、液压剪、液压爪、尖长形挖斗等,可扩大其作业应用范围。

任务一　挖掘机的操作

任务引入

熟练操作挖掘机是使用挖掘机完成施工作业的基本前提。目前,挖掘机械多为全液压控制形式,熟悉挖掘机基本结构和控制原理,明确各操纵手柄的作用,对熟练掌握操作技巧具有重要作用。本任务主要完成对液压挖掘机各操作功能部件的认知学习和规范操作的技能培养。

任务目标

1. 了解挖掘机械的基础知识;
2. 明确操作人员应具备的条件和操作安全要求;
3. 识别挖掘机各操作装置名称、功能与用途;
4. 熟悉挖掘机操作注意事项;
5. 规范操作挖掘机完成基础动作。

知识准备

一、挖掘机的分类

挖掘机种类繁多,按不同标准分类主要有以下几种。

1. 按作用特征分

按作用特征分,有多斗和单斗挖掘机。多斗挖掘机为连续性作业方式。单斗挖掘机为周期性作业方式。其中,单斗挖掘机较为常见,广泛应用于工程建设中。

2. 按动力装置分

按动力装置分,有电驱动式和内燃机驱动式挖掘机。电驱动式挖掘机是借用外电源或利用机械本身的发电设备供电工作,使挖掘机作业和行驶,大型挖掘机多采用这种动力形式。内燃机驱动式挖掘机是以柴油机或汽油机为动力,目前大都采用柴油机。

3. 按传动装置分

按传动装置分,有机械传动式、半液压传动式和全液压传动式挖掘机。机械传动式挖掘机工作装置的动作通过绞盘、钢丝绳和滑轮组实现,动力装置通过齿轮和链条等带动绞盘及其他机构工作,并用离合器和制动器控制其运动状态。目前,国内大型采矿型挖掘机采用机械传动仍较普遍,其结构虽然复杂,但传动效率高,工作可靠。半液压传动式挖掘机,一般行走动力采用机械传动方式,工作装置的操作系统采用液压传动。全液压传动式挖掘机的工作装置和各种机构的运动均由液压马达和液压缸带动,并通过操作各种阀控制其运动状态。动力装置通过液压泵向液压马达和液压缸提供动力。

液压挖掘机与机械式挖掘机不同之处在于动力传递和控制方式不同。液压挖掘机是采用液压传动装置来传递动力的,它由液压泵、液压马达、液压油缸、控制阀以及各种液压管路等液压元件组成。目前,国内中小型挖掘机逐渐向液压传动方式发展。

4. 按行走装置分

按行走装置分,有履带式和轮胎式挖掘机。履带式挖掘机越野性强、稳定性好、作业方便,但行驶速度低、机动性能差。适宜在工程量大而集中处作业。轮胎式挖掘机行驶速度高、机动性能好,但作业时需要设置支腿支撑、结构复杂、作业费时。适宜在工程量较少而分散处作业。

二、挖掘机的型号

1. 挖掘机传统型号编制

我国挖掘机械型号编制见表3-1-1。

例如:

WY100型挖掘机:液压履带式挖掘机,整机质量10t。

WLY60C型挖掘机:轮胎式液压挖掘机,整机质量6t,第三次改进设计。

2. 挖掘机新型号含义

由于我国引进了大量的国外知名挖掘机品牌,挖掘机市场种类繁多,各生产厂家为了体现自主品牌特色,其型号编制都融入了企业文化特色。目前,挖掘机型号表示仍然采用最常见的"字母 + 数字 + 字母"的表达方式,但是不同位置的字母与数字代表不同的含义。

(1)型号前面的字母:代表品牌企业,如ZX200 – 3G、PC200 – 8、DH215LC – 7分别代表日立、小松和斗山挖掘机。

(2)品牌字母后数字:品牌后紧跟的数字为挖掘机的主参数,代表挖掘机的吨位。如小松PC200LC – 8、斗山DX300LC – 7、玉柴YC230LC – 8、神钢SK350LC – 8分别代表20t、30t、23t和35t。

(3)型号后面的字母。

①字母L。很多挖掘机型号中都带有"L"的字样,L指的是加长型履带,目的是加大履带与地面的接触面积,一般用于施工地面松软的工况。

②字母LC。LC是挖掘机中更为常见的符号。如小松PC200LC – 8、斗山DX300LC – 7、玉柴YC230LC – 8、神钢SK350LC – 8等。这里的"LC"表示该机型采用加宽加长履带,目的同样

是为了增大与地面的接触面积,一般用在施工地面松软的工况。

类	组		型		特性	产　品		主参数	
名称	名称	代号	名称	代号	代号	名称	代号	名称	单位
挖掘机械	单斗挖掘机	W挖	履带式	—	—	履带式机械挖掘机	W	整机质量	t
					Y(液)	履带式液压挖掘机	WY		
					D(电)	履带式电动挖掘机	WD		
			轮胎式	L(轮)	—	轮胎式机械挖掘机	WL		
					Y(液)	轮胎式液压挖掘机	WLY		
					D(电)	轮胎式电动挖掘机	WLD		
			汽车式	Q(汽)	—	汽车式机械挖掘机	WQ		
					Y(液)	汽车式液压挖掘机	WQY		
			步履式	B(步)	—	步履式机械挖掘机	WB		
					Y(液)	步履式液压挖掘机	WBY		
					D(电)	步履式电动挖掘机	WBD		
	挖掘装载机	WZ挖装	—	—	—	挖掘装载机	WZ	斗容量	m³
	多斗挖掘机	W挖	轮斗式	U(轮)	Y(液)	液压轮斗挖掘机	WUY	生产率	m³/h
					D(电)	电动轮斗挖掘机	WUD		

③字母 H。在日立建机的挖掘机型号中,常看到类似于"ZX360H – 3"一类的标识,这里的"H"表示重载型,一般用在矿山工况中。

④字母 K。字母"K"同样出现在日立建机的挖掘机产品型号中,如"ZX210K – 3""ZX330K – 3",这里的"K"表示拆除型,K 型挖掘机装有头盔和前段保护装置,防止坠落碎片落入驾驶室内,以及装有下部行走保护装置以防止金属进入履带。

(4)符号–数字(如 – 7,– 9 等)。日韩品牌以及国产挖掘机的型号中常常可以看到符号 – 数字的标识,这多用于表示此产品的第几代机型。如小松 PC200 – 8 中的 – 8 表示它是小松的第 8 代机型,斗山 DH300LC – 7 中的 – 7 表示它是斗山的第 7 代机型。

三、挖掘机的技术性能参数

挖掘机的技术参数包括整机质量、铲斗容量、发动机功率在内的基本参数;接地比压、回转半径、回转速度等作业条件参数;牵引力、提升能力等作业能力参数;整机高度、底盘宽度等外形尺寸参数。

(1)整机质量:为挖掘机主参数。决定了挖掘机的级别,决定了挖掘机的挖掘力上限。

如果挖掘力超过这个极限,在反铲的情况下,挖掘机将打滑,并被向前拉动,在正铲情况下，挖掘机将向后打滑。这非常危险，将引起安全隐患。

（2）铲斗容量：挖掘机铲斗容积，单位 m³。

（3）发动机功率：动力装置的做功能力，单位为马力或 kW 等。

（4）接地比压：机器质量对地面产生的压强，即机器工作质量与接地面积的比值。接地比压越小越稳定。

（5）牵引力：是指挖掘机行走时所产生的力，主要取决于挖掘机的行走马达。

（6）行走速度：挖掘机自行行走的额定速度，反应挖掘机行走运行的能力。

（7）爬坡能力：指爬坡、下坡，或在一个坚实、平整的坡上停止的能力。有两种表示方法：角度和百分比。

（8）提升能力：指额定稳定提升能力或额定液压提升能力中较小的一个。

（9）回转速度：指挖掘机空载时，稳定回转所能达到的平均最大速度。

WY100 型挖掘机主要技术参数，见表 3-1-2。

WY100 型挖掘机技术参数　　　　　　　　　　　　　表 3-1-2

名　称	参　数	名　称	参　数	名　称	参　数
整机质量	9500kg	爬坡能力	30°	整机高度	2540mm
发动机功率	50kW/2200r/min	铲斗挖掘力	60.8kN	尾部回转半径	1835mm
铲斗容量	0.34m³	斗杆挖掘力	50.8kN	配重离地距离	785mm
回转速度	11r/min	动臂长度	3905mm	导向轮驱动轮轴距	2200mm
接地比压	39kPa	斗杆长度	1750mm	最小离地间隙	370mm
行走速度	5.3/3.6km/h	平台宽度	2170mm	动输长度	6430mm
行走牵引力	75.8kN	底盘宽度	2100mm		

四、挖掘机的基本构造

1. 挖掘机的总体结构

图 3-1-1 所示为反铲单斗挖掘机的基本结构图，主要由下列各部分组成。

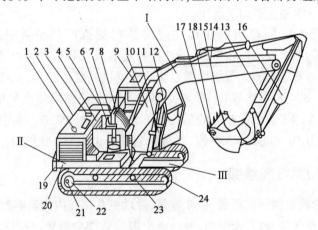

图 3-1-1　单斗液压挖掘机的基本构造图

1-柴油机；2-机棚；3-液压泵；4-液控多路阀；5-液压油油箱；6-回转减速器；7-液压马达；8-回转接头；9-驾驶室；10-动臂；11-动臂油缸；12-操纵台；13-斗杆；14-斗杆油缸；15-铲斗；16-铲斗油缸；17-边齿；18-斗齿；19-平衡重；20-转台；21-走行减速器、液压马达；22-支重轮；23-托链轮；24-履带板；Ⅰ-工作装置；Ⅱ-上部转台；Ⅲ-行走装置

（1）发动机：发动机为整机的动力源，多采用柴油机。

（2）传动系统：把动力传给工作装置、回转装置和行走装置，有机械传动和液压传动之分。

（3）回转装置：使工作装置向左或右回转，以便进行挖掘和卸料。

（4）行走装置：支承全机质量并执行行驶任务，有履带式、轮胎式与汽车式等。

（5）操纵系统：操作工作装置、回转装置和行走装置，有机械式、液压式、气压式及复合式等。

（6）机棚：盖住发动机、传动系统和操作系统等，一部分作为驾驶室。

（7）底座（机架）：整机的骨架，除行走装置装在其下面外，其余组成部分都装在其上面。

2．挖掘机的工作装置

1）反铲工作装置

铰接式反铲工作装置：铰接式工作装置是液压挖掘机最常用的结构形式。动臂、斗杆和铲斗等主要结构件彼此用铰链连接在一起（图3-1-2），在液压缸推力的作用下，各杆件围绕铰接点摆动，完成挖掘、提升和卸土等动作。

（1）动臂。动臂是工作装置中的主要构件，斗杆的结构形式往往取决于它的结构形式。反铲动臂结构一般可分为整体式和组合式两大类。

①整体式动臂。整体式动臂有直动臂和弯动臂两种。

直动臂构造简单、质量轻、布置紧凑，主要用于悬挂式液压挖掘机。但直动臂不能得到较大的挖掘深度，不适用于通用挖掘机。

弯动臂是目前应用最广泛的结构形式。与同样长度的直动臂相比，它可以得到较大的挖掘深度，但降低了卸载高度，这正适合反铲作业的要求。

整体式动臂的优点是结构简单，刚度相同时结构质量比组合式动臂轻。但其缺点是替换工作装置少，通用性较差。整体式动臂一般用于长期作业条件相似的场合。

②组合式动臂。组合式动臂由辅助连杆（或液压缸）或螺栓连接而成，如图3-1-3所示。

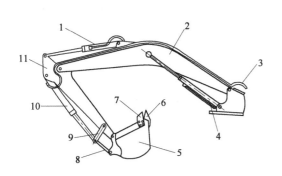

图3-1-2　铰接式反铲工作装置

1-斗杆油缸；2-动臂；3-液压管路；4-动臂油缸；5-铲斗；
6-斗齿；7-侧齿；8-连杆；9-摇臂；10-斗杆油缸；11-斗杆

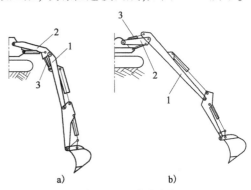

图3-1-3　组合式动臂

a)连杆在动臂下前方；b)连杆在下动臂后上方
1-下动臂；2-上动臂；3-连杆（或液压缸）

采用辅助连接（或液压缸）的组合臂，上下动臂之间的夹角可用辅助连杆或液压缸来调节，后者虽然使结构和操作复杂化，但在作业过程中可随时大幅度调整上下动臂之间的夹角，从而提高了挖掘机的作业性能。尤其在用反铲或抓斗挖掘窄而深的基坑时，这种结构容易得到较大距离的垂直挖掘轨迹，可以提高挖掘质量和生产率。

组合式动臂的优点是可以根据施工条件随意调整作业尺寸和挖掘力，而且调整时间短。

此外,它的互换工作装置多,可以满足各种作业的需要,装车运输方便。它的缺点是制造成本较高,比整体式动臂重,一般用于中小型挖掘机。

(2)铲斗。铲斗的形状和大小与作业对象有很大的关系。为满足各种工况的需要,在同一台挖掘机上可配以多种结构形式的铲斗。图3-1-4为常用的反铲斗。斗齿结构目前普遍采用的是橡胶卡销式和螺栓连接式,如图3-1-5所示。

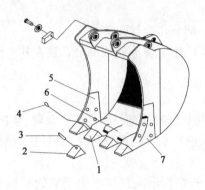

图3-1-4 反铲斗

1-齿座;2-斗齿;3-橡胶卡销;4-卡销;5、6、7-斗口板

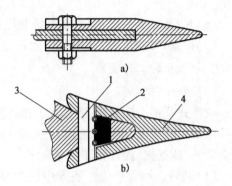

图3-1-5 斗齿结构

a)螺栓连接方式;b)橡胶卡销连接方式

1-卡销;2-橡胶卡销;3-齿座;4-斗齿

2)正铲工作装置

液压挖掘机的正铲工作装置(图3-1-6)的铲斗构造与机械式挖掘机基本相似,只是斗底采用油缸来开启。

3)抓斗工作装置

液压抓斗有两种形式:一种是梅花抓斗(图3-1-7),它是多瓣(四或五瓣)的,每瓣由一只油缸来执行其开闭动作。其缸体端和活塞杆端分别铰装在上铰链和斗瓣背面的耳环上。各部油缸并联在一条总供油路上,所以各缸的动作是同步的,即斗瓣的开闭动作是协调一致的。

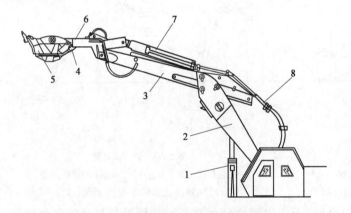

图3-1-6 WY60型液压挖掘机正铲工作装置

1-动臂油缸;2-动臂;3-加长臂;4-斗底开闭油缸;5-铲斗;

6-斗杆;7-斗杆油缸;8-液压软管

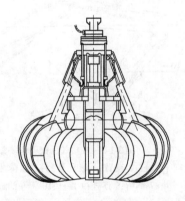

图3-1-7 梅花抓斗

另一种是双颚抓斗(图3-1-8),它是由一个双作用油缸来执行抓斗的开闭动作。

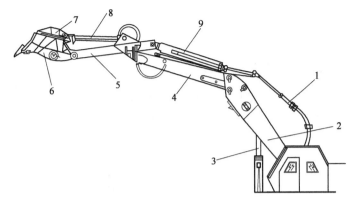

图 3-1-8　双颚抓斗

1-软管；2-动臂；3-动臂油缸；4-抓斗油缸；5-连杆；6-抓斗；7-可转接头；8-斗杆；9-斗杆油缸

五、挖掘机安全操作规范

1. 挖掘机驾驶注意事项

(1)为提高挖掘机使用年限而获得更大的经济效益,设备必须做到定人、定机、定岗位,明确职责。必须调岗时,应进行设备交接。

(2)挖掘机械进入施工现场后,操作人员应先观察工作面地质及四周环境情况,挖掘机旋转半径内不得有障碍物,以免对车辆造成划伤或损坏。

(3)机械发动后,禁止任何人员站在铲斗内、铲臂上及履带上,以确保安全生产。

(4)挖掘机械在工作中,禁止任何人员在回转半径范围内或铲斗下面工作、停留或行走,非操作人员不得进入驾驶室乱摸乱动,以免造成电气设备的损坏。

(5)挖掘机械在挪位时,操作人员应先观察并鸣笛,后挪位,避免造成安全事故,挪位后的位置要确保挖掘机械旋转半径的空间无任何障碍,严禁违章操作。

(6)工作结束后,应将挖掘机械挪离低洼处或地槽(沟)边缘,应停放在平地上,关闭门窗并锁住。

(7)操作人员必须做好设备的日常维护、检修、维护工作,做好设备使用中的每日记录,发现车辆有问题,不能带病作业,应及时汇报修理。

(8)必须做到驾驶室内干净、整洁,保持车身表面清洁、无灰尘、无油污;工作结束后养成擦车的习惯。

(9)车辆损坏,要分析原因,查找问题,分清职责,按责任轻重进行经济处罚。

2. 挖掘机驾驶安全规则

(1)驾驶挖掘机必须持本机驾驶执照,严禁非本机操作手驾驶。

(2)道路行驶时,要遵守交通信号和交通标志,严格遵守交通规则。

(3)转向、制动性能不好时,不准出车,气压低于 0.4MPa 不得起步。

(4)驾驶中不准吸烟、饮食和闲聊,严禁酒后驾驶。

(5)下坡时严禁将发动机熄火和空挡滑行。

(6)挖掘机右转弯时的视线较差,因此应特别小心并提前减速或鸣喇叭示意。

(7)行驶中车架及转盘两侧不准站立人员。

(8)行驶中应注意空中电线和其他建筑物,以防刮碰。

一、识别 WY60 挖掘机操纵装置及仪表

操作驾驶前应结合使用说明书明确各操作装置的具体用途。WY60 型挖掘机各操纵杆、仪表和开关的布置、功用与使用方法见图 3-1-9 和表 3-1-3。

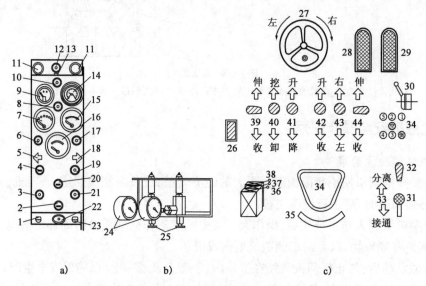

图 3-1-9　WY60 型液压挖掘机操纵杆、仪表和开关示意图

a)仪表板;b)液压系统压力表及开关;c)操纵杆安装位置

二、挖掘机的驾驶

1. 驾驶准备

1)起动前检查

(1)检查燃油是否充足,各油管接头是否有渗漏。

(2)检查发动机曲轴箱的机油是否足够,质量是否符合要求。

(3)检查发动机风扇皮带张紧度是否正常(用拇指以 30 ~ 50N 压下皮带中间,下沉 15 ~ 20mm 为合适,不当时通过改变设置在张紧轮组件内的扭力弹簧预紧力来调整),张紧轮和皮带断裂开关是否完好。

(4)检查蓄电池电解液液面高度是否符合规定(液面应高出极板 10 ~ 15mm,过少可加蒸馏水),桩柱、导线连接固定是否牢靠,加液口盖上的通气孔是否畅通。

(5)检查液压油箱的油液是否足够。

(6)检查液压泵传动箱、变速器、上下传动箱、前后桥壳和轮边减速器等是否有渗漏现象。

(7)检查车轮固定情况和轮胎气压是否符合要求。

(8)检查各部连接固定是否可靠,重点是汽缸盖、排气管、前后桥、传动轴、行驶系、工作装置及液压操作系统的管路和附件等。

(9)检查各操纵杆应连接可靠,扳动灵活,并在规定位置(变速杆和液压泵操纵杆置于空挡位置)。

WY60 型液压挖掘机操纵杆、仪表和开关名称、功用、使用方法 表 3-1-3

图 号	名 称	功 用	使用方法
1	远光灯、近光灯开关	控制远、近光灯开闭	外拉：Ⅰ挡-近光灯亮，Ⅱ挡-远光灯亮
2	风扇开关	控制风扇电路	左扳-风扇转动，右扳-风扇停止
3	起动按钮	控制起动机起动电路	按下-起动机转动，松开-起动机停转
4	转向灯开关	控制转向灯、转向指示灯，指示行驶方向	左扳-左转向灯亮，中间-都不亮，右扳-右转向灯亮
5、18	左、右转向指示灯	指示转向灯电路连接情况	左灯亮-左转弯，右灯亮-右转弯
6	预热指示灯	指示发动机起动时预热情况	预热 1～2min 后灯亮，否则有故障
7	机油压力表	指示发动机的机油压力	压力为 0.11～0.05MPa
8	转向滤油器警报灯	显示转向滤油器堵塞情况	灯亮-转向滤油器堵塞，应清洗
9	液压油油温表	指示液压油温度	不高于 80℃
10	皮带断裂指示灯	显示皮带工作情况	灯亮-皮带断裂，应更换
11	仪表照明灯	供夜间行驶和作业仪表照明	
12	负压指示器报警灯	显示空气滤油器堵塞情况	灯亮-空气滤油器堵塞，应清洗
13	手提灯插座	为手提灯提供电源	使用手提灯时，将插头插入其内
14	气压表	指示气压系统的压力值	正常气压为 0.5～0.65MPa
15	机油温度表	指示发动机机油温度	白、绿区正常；红区不正常，应停机检查
16	缸盖温度表	指示发动机缸盖温度	白、绿区为正常，红区为不正常
17	充电指示灯	指示蓄电池充放电情况	灯亮-不充电，应停机检查
19	刮水器开关	控制刮水器电路	左扳-工作，右扳-不工作
20	仪表灯开关	控制仪表灯电路	左扳-灯亮，右扳-灯不亮
21	预热按钮	控制冬季发动机启动前预热	按下-预热，放松-电路断开
22	起动钥匙	控制起动电路接通或断开	顺时针转-接通，逆时针转-断开
23	顶灯工作灯开关	控制顶灯、工作灯电路	外拉：Ⅰ挡-顶灯亮，Ⅱ挡-工作灯亮，Ⅲ挡-两灯同时亮
24	液压油压力表	检查液压泵油路系统压力	调定压力为 14MPa
25	压力表开关	控制通往液压油压力表油路	测量时打开，测量后关闭
26	离合器踏板	控制离合器分离与结合	踏下-分离，松开-接合
27	转向盘	控制挖掘机的行驶方向	顺时针转-右转弯，逆时针转-左转弯
28	制动踏板	使挖掘机减速或停车	踏下-制动，松开-解除制动
29	加速踏板	控制发动机的转速	踏下-转速升高，松开-转速降低

图 号	名 称	功 用	使 用 方 法
30	熄火手柄	控制发动机的熄火	上拉-发动机熄火
31	变速杆	变换挖掘机的行驶速度或方向	前推-5、2、1挡,中间-空挡,后拉-4、3、倒挡
32	驻车制动操纵杆	用于坡道停车和紧急制动	上拉-实施制动,放下-解除制动
33	液压泵操纵杆	控制发动机至液压泵的动力	前推-不工作,后拉-液压泵工作
34	座椅		
35	电源总开关	控制全机电路的通断	上扳-接通,下扳-切断
36	前轮驱动气开关	控制前轮驱动	外扳-前、后轮同时驱动,扳回原位-后轮驱动
37	悬架闭锁气开关	控制悬架汽缸的气路通断	外扳-闭锁,扳回原位-解除闭锁
38	车轮制动气开关	用于作业或临时停车时制动	外扳-车轮制动,扳回原位-解除制动
39、44	左、右支腿操纵杆	控制左、右支腿的动作	前推-下降,中间-固定,后拉-收起
40	挖斗操纵杆	控制挖斗的动作	前推-挖土,中间-固定,后拉-卸土
41	动臂操纵杆	控制动臂的动作	前推-上升,中间-固定,后拉-下降
42	斗杆操纵杆	控制斗杆伸收的动作	前推-前伸,中间-固定,后拉-后收
43	转盘操纵杆	控制转盘旋转的动作	前推-右转,中间-固定,后拉-左转

2)起动运行

(1)发动机的起动步骤和要领。

①接通电源总开关,将起动钥匙插入电锁内并向右转动。

②踏下离合器踏板。

③将加速踏板踏到中速位置。

④鸣喇叭,按下起动按钮使发动机起动;发动机起动后应立即松开按钮,并把起动钥匙转回到原来位置;如一次不能起动时,可停30s后再进行第二次起动,但每次起动时间不得超过15s;如连续3次仍不能起动时,应停止起动,仔细查找出原因排除故障后,方可再起动。

⑤发动机起动后,放松离合器踏板,中速运转3~5min,待机油温度正常、机油压力≥0.2MPa、制动气压≥0.3MPa时,方能行驶或负荷运转。发动机预温时,其转速的增加应缓慢均匀,除特殊情况,不得突增或突减转速。

(2)在寒冷地区起动发动机时用预热器预热起动。

①向预热罐内加注柴油。

②向右转动起动钥匙接通电路。

③按下预热按钮20~30s。

④再按上述起动步骤和要领进行起动。

(3)在寒冷地区起动发动机时用明火预热起动。当预热电路有故障不能电预热时,可用明火预热发动机,其方法步骤如下:

①从进气管端部取下电热塞。

②将捆绑好的棉纱、布条等蘸上柴油点燃或点燃喷灯。

③按正常起动的步骤起动发动机。

④当发动机旋转时,将点燃的棉纱、布条或喷灯火焰对准装电热塞的开口处,使明火及热气进入进气管和汽缸内。

⑤发动机起动后,将明火移去并装上电热塞。

(4)起动后运行检查。

①检查各仪表指数是否正常。

②发动机是否运转平稳,排烟、声响和气味有无异常。

③检查传动系各主要部件是否有过热、发响、松动和渗漏等现象,离合器有无打滑、冒烟现象。

④检查轮胎气压和车轮固定情况。

⑤检查转向性能。转向应灵敏、平稳;熄火滑行时,挖掘机应能手动液压转向。

⑥检查制动性能。制动气压应保持在 $0.49 \sim 0.64$ MPa,制动应迅速、可靠、不跑偏,驻车制动器在平坦的沥青路面上以不低于 20km/h 的速度实施制动时,其制动距离不大于 11m。驻车制动器应保证挖掘机在坡地(小于 $20°$)停车不溜车。

⑦检查工作装置及液压系统的工作情况。液压泵、液压缸、液压马达、回转接头等不得有噪声、高温和渗漏现象,旋转、升降、挖掘、卸土等操作应灵敏、可靠、无拖滞和抖动。

⑧检查照明、信号设备的工作情况。各照明灯、信号灯、仪表灯和喇叭应接线牢固,工作良好。

3)熄火停车

(1)松开加速踏板,使发动机稳定在低速下空转几分钟(除非紧急情况,发动机不得在高速运转时突然熄火)。

(2)扳动熄火手柄使发动机熄火。

(3)当发动机停止转动后,将熄火手柄送回原位。

(4)取下起动钥匙,切断电源总开关。

(5)下车检查是否存有安全隐患。

2. 基础驾驶

1)起步

(1)迅速踏下离合器踏板。

(2)左手握转向盘,右手握住变速杆推向低挡位置。

(3)鸣喇叭。

(4)放松驻车制动操纵杆。

(5)慢慢放松离合器踏板,待离合器开始接合时,再逐渐踩下加速踏板,同时逐渐抬起离合器踏板,使挖掘机平稳起步。当挖掘机开始行走时,应完全放松离合器踏板。

注意:起步如感到发动机的动力不足时,应迅速踏下离合器踏板以免熄火,待查明原因后再重新起步。挖掘机起步后,脚不许放在离合器踏板上。

2)直线行驶

挖掘机在行驶中,由于路面凹凸和倾斜等原因,使挖掘机偏离原来的行驶方向,为此必须随时注意修正挖掘机的行驶方向,才能使其直线行驶。如果车头向左(右)偏转时,应立即将转向盘向右(左)转动,等车头将要对正所需要方向时,应逐渐回转转向盘至原来位置。其操作要领是少打少回,及时打及时回;忌猛打猛回,造成挖掘机"画龙"行驶。

3)换挡

(1)低速挡换高速挡。

①逐渐踩下加速踏板,使车速提高到一定程度。

②迅速踏下离合器踏板,同时放松加速踏板。

③将变速杆置于空挡位置。

④迅速放松离合器踏板,然后再迅速踏下,把变速杆放入高的挡位。

⑤放松离合器踏板,同时踩下加速踏板。

(2)高速挡换低速挡。

①放松加速踏板,使挖掘机减速。

②踏下离合器踏板。

③将变速杆置于空挡位置。

④迅速放松离合器踏板,踏一下加速踏板,再踏离合器踏板,把变速杆放入低挡位。

⑤放松离合器踏板,同时适当踩下加速踏板,使挖掘机以较低的速度继续行驶。

注意:

①每换一个挡位,变速杆都要经空挡后再直线左右摆动或前后推拉,不要斜拉斜推,防止乱挡。变速杆在空挡内也不要随意晃动。

②减挡前除将发动机减速外,还可用行车制动器配合减速。减挡时特别注意"加空油"既不要过大也不能过小,要根据当时行驶速度灵活掌握。通常是行驶速度越高、减挡越低,"加空油"就越大;反之,应适当减小。尤其是3挡减至2挡时更应特别注意,否则会造成打齿。

4)转向

(1)左手握转向盘,右手打开转向灯开关。

(2)两手握转向盘,根据行车需要,按照转向盘的操作方法修正行驶方向。

(3)关闭转向灯开关。

注意:转向前视道路情况降低行驶速度,必要时换入低速挡。转弯时,要根据道路弯度,大幅度转动转向盘使前轮按弯道行驶;当前轮接近新方向时即开始回轮,回轮的速度要适合弯道需要。转向灯开关使用要正确,防止只开不关。

5)制动

制动方法与推土机制动相似,也分为预见性制动和紧急制动。在行驶中操作手应正确选用,保障行驶安全。

(1)预见性制动。在行驶中,操作手预计到可能出现的复杂局面而有目的地采取减速或停车措施,称为预见性制动。

预见性制动不但能保证行驶安全,而且还可以减轻机件、轮胎的损伤,是一种最好的和应经常采用的制动方法。预见性制动操作方法有减速制动和停车制动两种。

①减速制动是在变速杆处于工作位置时,主要通过降低发动机转速限制挖掘机的行驶速度,一般用在停车前、换低挡前、下坡和通过凸凹不平地段时使用。

其方法是:发现情况后,先放松加速踏板,利用发动机低速牵制行驶速度,使挖掘机减速并视情况持续或间断地轻踏制动踏板使挖掘机进一步降低速度。

②停车制动用于停车时的制动。

其方法是:放松加速踏板,当挖掘机行驶速度降到一定程度时,轻踏制动踏板,使其平稳地停车。

(2)紧急制动。挖掘机在行驶中遇到紧急情况时,操作人员迅速使用制动器,在最短的距离内将挖掘机停住,称为紧急制动。

紧急制动对设备机件和轮胎都会造成较大的损伤,且由于左右车轮制动力矩不一致,或左右车轮与路面的附着力有差异,会造成"跑偏""侧滑",失去方向控制。紧急制动只有在不得已的情况下才可使用。

其操作方法是:握稳转向盘,迅速放松加速踏板,用力踏下制动踏板,同时使用驻车制动,充分发挥制动器的最大制动能力,使其立即停驶。

6)停车

(1)放松加速踏板,使挖掘机减速。

(2)踏下离合器踏板。

(3)根据停车距离踏动制动踏板,使挖掘机停在指定地点。

(4)将变速杆置于空挡位置。

(5)将驻车制动操纵杆拉到制动位置,放松离合器踏板。

注意:坡道停车时,除及时拉紧驻车制动操纵杆外,上坡停车还应将变速杆置于前进1挡,下坡停车置入倒挡,以防止溜车。

7)倒车

倒车是挖掘机行驶、作业过程中经常遇到的工况之一,倒车操作应根据车辆操作要领和路况情况并严格遵循规范要领进行。

倒车需在挖掘机完全停驶后进行,其起步、转向和制动的操作方法与前进时相同。

任务二　挖掘机的作业

任务引入

驾驶挖掘机行走在作业场地显然是一件比较容易做到的事情,但在各种复杂工况条件下操作挖掘机高效完成施工任务并不是一件简单的工作。不同工作任务具有不同的施工特点,熟练掌握挖掘机作业操作技巧,对提高工作效率、节约生产成本、降低能耗都具有显著的现实意义。本任务主要介绍完成如何操作挖掘机进行有效作业。

任务目标

1.了解使用挖掘机进行作业的条件;

2.明确挖掘作业前的技术准备内容;

3.掌握挖掘机作业分解动作的操作要领;

4.会使用典型挖掘机完成作业操作程序。

一、挖掘机作业使用规范

1. 作业前准备(以 WLY60 型挖掘机作业为例)

(1)选择平坦坚实的停车地面及合适的挖掘路线。必要时对停车地面加以平整。

(2)驶到作业位置后,踏下离合器踏板,将液压泵操纵杆后推至接合位。

(3)拔出左右支腿插销,将其转动到工作位置并插好;放下两支腿,使后轮微微离开地面,以减轻挖掘时对车轮的压力。

注意:车架要放平,使挖掘机回转时平稳,为防止作业时支腿陷入地面,支腿应支撑在坚硬的地面上,必要时可垫较大坚硬的垫板。

(4)拔出转盘定位插销,拧下八芯电缆线插头。

(5)上机后取下车梯,挂在驾驶室左侧壁上。

(6)将转向盘置于作业位置。

(7)放下驻车制动操纵杆。

(8)分别将车轮、闭锁手操纵气开关外扳到工作位置。

(9)挖斗脱架。挖斗脱架时,操作手要注视挖斗挂钩的位置。首先使挖斗前伸离开前护板,再升动臂。然后使斗杆前伸,挖斗即可离开车架。

注意:升动臂要用"微动"方法,稍推动臂操纵杆,使挖斗挂钩离开车架上的凹槽,然后拉回操纵杆停止升臂。动臂不要升得过猛、过高,避免斗齿刮坏前护板。

2. 作业后的工作要求

(1)挖斗挂架。首先将转盘转正、挖斗外伸到最大位置,然后内收斗杆使挖斗接近车架,缓慢下降动臂;如此交替进行,即可将挖斗挂钩平稳地落入车架凹槽内,最后内收挖斗靠在前护板上。

(2)收左右支腿,踏下离合器踏板,分离液压泵操纵杆。

(3)解除悬架液压缸闭锁。

(4)将转向盘置于行驶位置。

(5)取下车梯,挂在驾驶室下框上。

(6)拔出左右支腿的插销,将其转动到行驶位置并插好插销。

(7)插上转盘定位销。

(8)拧上八芯电缆线插头。

二、挖掘机作业安全事项

(1)作业时,在挖掘机活动空间内不得有任何障碍物,禁止人员通过、逗留。多机同时作业,彼此间应留出足够的安全距离。

(2)挖掘作业时,应首先确定挖掘地下没有电缆、光缆,油、水、气管道或其他危险物品,否则应事前处置。

(3)挖掘断崖时,应预先排除险石,以免塌落。在松软地层上挖掘沟坑时,距坑沟边沿要留出足够的安全距离,并注意观察情况,以防崩塌造成挖掘机倾翻。

(4)装车作业时,应合理确定进出路线和停放位置。承装车辆操作人员应离开驾驶室。

挖斗从车厢两侧或后方进入,禁止从驾驶室上通过。挖斗接近车箱时,应尽量放低,翻斗时不得碰撞车箱。

(5)挖斗掘入土层或置于地面时,禁止回转车身(调整回转液压力除外),不得以回转作用力拉动重物,不得以挖斗冲击物体。

(6)停止作业时,不论时间长短,都应将挖斗置于地面。

(7)不得在横坡度大于5°的地面上作业。

(8)一般情况下不得在高压线下作业,必须作业时,工作装置最高点应与高压线保持一定距离。10kV 以上应相距 5m 以上,6kV 以下相距 3m 以上,380V 应距 1.5m 以上。

(9)夜间作业照明设备应完好,应有专人指挥,在危险地段设置明显标志及护栏。

任务实施

一、挖掘机基础作业

挖掘机是循环性作业的机械,每个作业循环由挖土、升大臂、旋转、卸土、回转和降大臂 6 个动作组成。在作业中,其操作过程分断续操作和连贯操作两种方法。断续操作,是将 6 个基本动作分开操作,即做完一个动作后再做下一个动作。连续操作是使挖斗、斗杆、大臂和回转操纵杆的动作能密切协调地配合,在尽量短的时间内,完成一个作业循环,以提高作业效率。

1. 挖土

进行挖土时,要控制好挖斗、大臂、斗杆操纵杆等机构件之间的动作配合。

首先应降下大臂压住挖斗,使挖斗不因挖掘反作用力升起。此时,大臂先导阀操纵杆必须在中立位置。开始挖土后,大臂的压力使挖斗深入土中,由于土壤的阻力使挖斗挖土的速度减慢并有停止的趋势,此时需稍升大臂(不放松挖斗操纵杆),当挖斗挖掘速度稍高后,立即放松大臂操纵杆,使大臂不再上升。土壤较软或挖斗切削土层太薄而不能挖满土时,应稍降大臂,增大挖掘深度。

按以上要领反复操作,挖斗不停地旋转挖掘,在尽量短的时间内装满土料。上述动作配合的关键是大臂的升降时机要及时、准确,不早不晚、不高不低。

挖掘距挖掘机较近的土壤时,首先要收回斗杆;降低大臂,使挖斗插入土中,要注意控制挖斗旋转速度,及时收、伸斗杆;当挖斗旋转速度过快时,挖斗挖掘的土太少,要稍收斗杆;旋转速度过慢时,挖斗挖掘的土壤过多,要及时前伸斗杆,以保证挖斗不停地挖掘土壤。上述动作配合的关键是斗杆的运用要及时准确。

2. 旋转

转盘回转要控制好大臂与转盘回转操纵杆之间的配合。在挖土结束后,立即升大臂,挖斗离开地面时,要立即使转盘旋转,使大臂在旋转中继续升高到需要的高度。这时,操作人员要注意观察挖斗的离地高度和挖斗前方的障碍物,如果目侧挖斗高度不能越过障碍物时,要降低旋转速度或停止转动,使大臂进一步升高后继续旋转。

3. 卸土

卸土要控制好回转操纵杆与挖斗操纵杆之间的配合,其配合过程也是在转盘旋转过程中进行的。这时,操作人员要注视挖斗的位置,待挖斗进入卸土区,立即操纵挖斗操纵杆使之卸土;当挖斗卸土约 1/2 时,开始操纵回转先导阀操纵杆,使转盘回转,可使挖斗在回转中继续卸土,直到卸完为止。工作过程中,操作人员要把注意力放在挖斗卸土上,如果在卸土区内挖斗不能卸完土,要暂停旋转,使挖斗卸完土后再继续旋转。如果挖斗已接触堆土,但斗内的土还未全部卸完,此时应升一下大臂后再卸土,也可边升大臂边卸土。

4.回转

在挖斗内的土料完全卸出后,向挖掘区回转的过程中也要控制好大臂与转盘回转操纵杆之间的配合。应迅速使大臂下降,待挖斗将要对正挖土区时,开始缓推旋转操纵杆,使挖斗平稳地停在挖土位置,并立即下降大臂,使挖斗无冲击地插入土壤中,开始下一循环的挖土作业。

挖掘机在循环作业过程中,两个先导阀操纵杆是密切配合、协调工作的,在某一时间内,两个操纵杆同时工作,从而能使挖掘机工作装置不停地工作,达到了节省时间、减少油料消耗、提高生产率的目的。

二、挖掘机生产作业(JYL200G)

1.挖掘沟渠

(1)直线挖掘。当沟渠宽度和挖斗宽度基本相同时,可将挖掘机置于其挖掘的中心线上,从正面进行直线挖掘;当挖到所要求的深度后,再移动挖掘机,直至全部挖完。

(2)挖掘曲线部位。挖掘沟渠曲线部分时,可使挖掘的第一直线部分超过第二直线部分中心线,然后,调整挖掘方向,使挖斗与先前挖好的壕沟相衔接。这种挖掘成型的沟渠为折线形,转弯处为死角。如果需要缓角时,挖掘机则需按照曲半径中心线不断调整挖掘方向。此种挖掘方法作业率低,一般不应采用。

(3)挖掘结合部位。挖掘沟渠结合部时,可根据地形从两端或一端按标定线开挖,直到纵向不能继续挖掘为止;然后,将挖掘机开出,再呈90°停放在沟渠中心线上,从侧面继续挖掘,如图3-2-1所示。最后,将挖掘机开离沟渠中心线,从后部挖掘剩余部分,如图3-2-2所示。

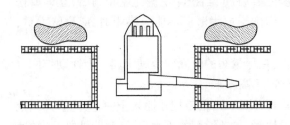 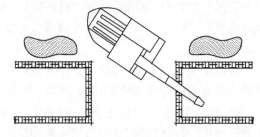

图3-2-1　从侧面挖掘 　　　　　　　　　　图3-2-2　从后部挖掘

2.挖掘建筑地基

1)挖掘小型地基

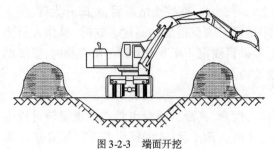

图3-2-3　端面开挖

挖掘小型建筑地基可采用端面挖掘法和侧面挖掘法。

(1)端面挖掘:是在建筑地基的一侧或两侧均可卸土的情况下采用。视地形条件,挖掘机沿建筑地基中心线一端倒进或从另一端开进作业位置,从端面开始挖掘(图3-2-3)。端面挖掘可采用细挖法或粗挖法。

①细挖法:采用两边挖掘,即将挖掘机用倒车的方法停在建筑地基的一侧,车架中心线位于建筑地基一侧标线的内侧,与标线平行,并

有一定距离,能使挖斗外侧紧靠标线。如图 3-2-4 所示,挖掘区域 1 的土壤时以扇形面逐渐向建筑地基中心挖掘,挖出的土壤卸到靠近标线的一侧,一直挖到建筑地基所需深度为止;然后,将挖掘机调到另一侧用同样的方法挖掘 2、3 的土壤;挖完后,再调到第一次挖掘的一侧挖掘 4、5 的土壤。如此多次地调车,将建筑地基挖完。如果建筑地基较窄时,应按照 1、2、3、4 的顺序进行挖掘;如果建筑地基的宽度超过 6m 时,可先挖完一侧,即 1、3、5、7、9,再挖另一侧。此种挖掘法的特点是能将绝大部分的土壤挖出,略经人工修整即可。但由于机械移动频繁,影响作业率。在工程任务不太重和修整人员比较少的情况下,可采用此种挖掘方法。

②粗挖法:将挖掘机停在建筑地基中间,并使车架中心线与建筑地基中心线相重合,成扇形面向两边挖掘,挖出的土壤卸在建筑地基两侧或指定的位置。第一个扇形面挖完后,直线倒车,再挖第二个扇形面,但要注意与第一个扇形面的相接,直到挖完为止,如图 3-2-5 所示。此种挖掘方法能充分发挥机械的作业效率,但坑内余土量大,需要较多的人工修整,在工程任务重而修整人员多的情况下,可采用此种挖掘方法。端面挖掘因地形条件限制只能在一边卸土时,挖掘机可顺着建筑地基中心线靠卸土一侧运行,如图 3-2-6 所示进行挖掘,这样可以增加卸土场地的面积,利于卸土和提高作业效率。

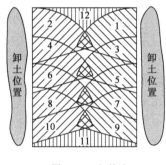

图 3-2-4 细挖法

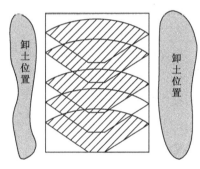

图 3-2-5 粗挖法

(2)侧面挖掘:挖掘机由建筑地基侧面开挖,可在下列情况下采用。

①建筑地基的断面小,挖掘半径能够一次挖掘出建筑地基的断面,且只能一面卸土时采用单侧面挖掘法,如图 3-2-7 所示。

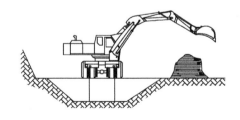

图 3-2-6 一侧卸土端面挖掘

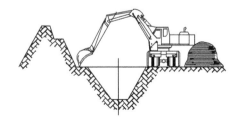

图 3-2-7 单侧面挖掘

②建筑地基断面较宽,超过挖掘机挖掘半径,挖掘机只能沿建筑地基的两侧开挖时采用双侧面挖掘法,如图 3-2-8 所示。

从侧面挖掘建筑地基时,挖掘机应停放在坑的一侧边沿上,机械后轮可垂直于或平行于建筑地基侧面线放置。

2)挖掘中型建筑地基

中型建筑地基的挖掘可采用反铲工作装置按图 3-2-9 所示的方法进行,考虑到挖掘中间第 3 段时卸土有困难,可配合推土机,将挖掘机卸出的土壤推出建筑地基标线以外。或配备翻斗汽车将土壤运出,以不影响第 4 段的挖掘。

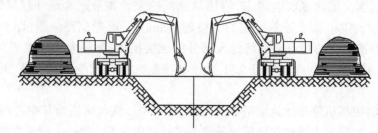

图 3-2-8　双侧面挖掘

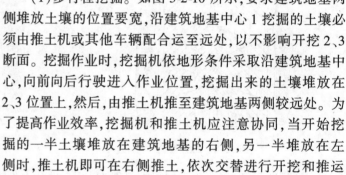

图 3-2-9　中型建筑地基的挖掘

3)挖掘大型建筑地基

大型建筑地基的挖掘,可以根据情况,采用多行程方式和分层挖掘达到所需断面。挖掘时,可以单机作业,也可以多机同时作业,不管是单机或多机同时作业,均需有其他机械车辆配合实施。

(1)多行程挖掘。如图 3-2-10 所示,要求建筑地基两侧堆放土壤的位置要宽,沿建筑地基中心 1 挖掘的土壤必须由推土机或其他车辆配合运至远处,以不影响开挖 2、3 断面。挖掘作业时,挖掘机依地形条件采取沿建筑地基中心,向前向后行驶进入作业位置,挖掘出来的土壤堆放在 2、3 位置上,然后,由推土机推至建筑地基两侧较远处。为了提高作业效率,挖掘机和推土机应注意协同,当开始挖掘的一半土壤堆放在建筑地基的右侧,另一半堆放在左侧时,推土机即可在右侧推土,依次交替进行开挖和推运土壤。此种方法作业,挖掘机始终在 90°范围内循环工作,缩短了工作循环时间,作业率可得到提高。

(2)分层挖掘。当大型建筑地基过深,挖掘机一次挖掘不能达到所需深度时,可采用分层挖掘的方法达到所需深度,如图 3-2-11 所示。

图 3-2-10　多行程挖掘大型建筑地基　　　　图 3-2-11　分层挖掘大型建筑地基

分层挖掘的次数,根据大型建筑地基的深度和挖掘机的挖掘深度而定,一般可分 1～3 层即可满足挖掘建筑地基深度的要求。若是分两层挖掘,第一层按照上述分几个行程的挖掘方法进行。如果坑底需要平整,或由推土机对进出路作业面进行粗略平整时,可根据第二层要开挖的断面,决定分几个行程继续开挖。如果分两个行程挖掘时,挖掘机首先停放在 1、2 之间,自卸车则停在 2、3 之间。挖掘机以一个方向前进,并一次挖到 4 的预定深度和宽度。当沿着 4 纵断面即将挖到所需长度时,挖掘深度应减小,以便构筑斜坡,利于下一步的作业。继续开挖 5 的断面时,挖掘机停放在 2、3 之间,自卸车则停在 4 的位置上。这种作业方法,挖掘机在 90°范围内循环工作,循环时间短,作业效率较高。同时,当挖 5 的断面时,挖斗不需升得很高,即可将土壤装在车内,节省时间,有利于提高作业效率。最后,将 4 的进出路继续挖掘到所需要求。

4)平整建筑地基和修刮侧坡

挖掘大型建筑地基时,为了减少人工作业量和便于机械车辆在坑内通行,往往要求坑底为平坦坚硬的地面,此种工程一般由推土机配合完成;如果没有推土机配合,可用挖掘机平整和压实。

(1)平整和压实:平整建筑地基是一种难度较大的作业,平整的关键是大臂和斗杆的密切配合,保证挖斗能沿地面平行移动,使挖斗既能挖除高于坑底面的土壤,又不破坏较硬的地面。其操作要领是:前伸挖斗下降大臂,使斗齿向下接触地面;回收斗杆和升降大臂,使挖斗水平移动。

回收斗杆的目的,是用挖斗将松散的土壤向挖掘机方向收拢和挖除高于地面的土层。升降大臂的目的,则是保证挖斗能沿平面平行移动。因此,操作人员在平整过程中要时刻注意斗齿的位置,当斗齿不易铲刮土壤时,要及时调整挖斗高度。当发现斗齿向地平面以下伸入时,要及时稍升大臂;如斗齿位置高于所需高度时,要及时稍降大臂,使大臂在平整过程中能随斗杆距地面位置的高低而升降,从而保证挖斗沿地平面平行移动。

在收斗杆过程中,如发现挖斗前方堆积较多的松土或遇到较厚的土层时,要及时收斗挖除,并注意挖掘的深度,不要破坏硬土平面,否则应重新填土压实。

压实土层时,要先收回斗杆使其垂直,并使斗底平面着地,然后下降大臂,借自身的质量压实填土。如填土较厚,要分层填筑分层压实,一次填土厚度一般不大于 30cm。在压实土层时,切忌用冲击的方法夯实。

(2)修刮建筑地基边坡:挖掘大型建筑地基中一项必不可少的作业程序。作业前,操作人员必须熟悉坡度要求,考虑好施工方案,并构筑坡度样板,或预先制作坡度样板尺,以便在施工中随时检查。

修刮边坡,要根据边坡的深浅和挖掘机数量,来选定挖掘机的停放位置。如用单机修刮较深的边坡时,工作装置(挖斗)不能伸到坑底或边坡的上沿,应将挖掘机停放在边坡的上边,先修刮坡的上半部分;然后,移动挖掘机到坑底,再修刮坡的下半部分,并清除流落到坑内的土壤,使坑底平整。如用两台挖掘机修刮同一个较深的边坡时,两台挖掘机要分别放在边坡的上边沿和坑底,先由上边的挖掘机修刮上半部分,下边的挖掘机修刮坡的下半部分,并负责清除坑底内的土壤,保证坑底平整。修刮浅的边坡时,挖斗应能伸到边坡的上边沿,挖掘机要放在坑内,挖斗由上向下刮修。

3. 挖掘装车

挖掘机挖掘装车时,应按挖掘建筑地基的方法进行。挖掘机与自卸车停放位置如图 3-2-12 和图 3-2-13 所示。

挖掘装车时应注意如下事项：

（1）合理安排挖土作业面。如果是一侧装车，挖土宽度过大，会使回转角度相应增加；挖土宽度过小，会使挖掘机移位次数增多。

（2）挖掘的土层厚度要适当。过厚时应采用分层挖掘法；土层太薄时，应用推土机集拢成土堆后再进行装车作业。

（3）注意安全，避免挖掘机与自卸车发生碰撞。

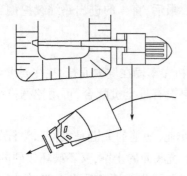

图 3-2-12　端面挖掘装车

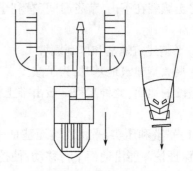

图 3-2-13　侧面挖掘装车

任务三　挖掘机的维护

任务引入

对挖掘机实行定期维护，可以减少机器的故障，延长机器使用寿命；缩短机器的停机时间；提高工作效率，降低作业成本。管理好燃油、润滑油、水和空气，就可减少故障的发生。每日作业前后良好的维护习惯成为职业规范，将会获取事半功倍的效果和长期的社会效益。

任务目标

1. 了解挖掘机日常维护管理的常规内容；

2. 掌握挖掘机日常维护的方法；

3. 了解挖掘机特殊维护的主要内容和维护方法；

4. 掌握典型挖掘机维护检查项目的具体操作方法。

知识准备

一、油品管理

1. 燃油管理

根据不同的环境温度选用不同牌号的柴油（表 3-3-1）；柴油不能混入杂质、灰土与水，否则将使燃油泵过早磨损；劣质燃油中的石蜡与硫的含量高，会对发动机产生损害；每日作业完后燃油箱要加满燃油，防止油箱内壁产生水滴；每日作业前打开燃油箱底的放水阀放水；在发动机燃料用尽或更换滤芯后，须排净管路中的空气。

最低环境温度(℃)	0	-10	-20	-30
柴油牌号	0 号	-10 号	-20 号	-35 号

2. 其他用油的管理

其他用油包括发动机油、液压油、齿轮油等;不同牌号和不同等级的用油不能混用;不同品种挖掘机械用油在生产过程中添加的起化学作用或物理作用的添加剂不同;要保证用油清洁,防止杂物(水、粉尘、颗粒等)混入;根据环境温度和用途选用不同油的标号。环境温度高,应选用黏度大的润滑油,环境温度低应选用黏度小的润滑油;齿轮油的黏度相对较大,以适应较大的传动负载,液压油的黏度相对较小,以减少液体流动阻力。

二、润滑管理

1. 润滑油脂管理

采用润滑油(或凡士林)可以减少运动表面的磨损,防止出现噪声。润滑脂存放保管时,不能混入灰尘、砂粒、水及其他杂质;推荐选用锂基型润滑脂,其抗磨性能好,适用于重载工况;加注时,要尽量将旧油全部挤出并擦干净,防止沙土黏附。

2. 滤芯的维护

滤芯起到过滤油路或气路中杂质的作用,阻止其侵入系统内部而造成故障;各种滤芯要按照操作维护手册的要求定期更换;更换滤芯时,应检查是否有金属附在旧滤芯上,如发现有金属颗粒应及时诊断和采取改善措施;使用符合机器规定的合格滤芯。伪劣滤芯的过滤能力较差,其过滤层的材料质量都不符合要求,会严重影响机器的正常使用。

3. 润滑图表说明

WLY60C 型挖掘机润滑见图 3-3-1 及表 3-3-2。

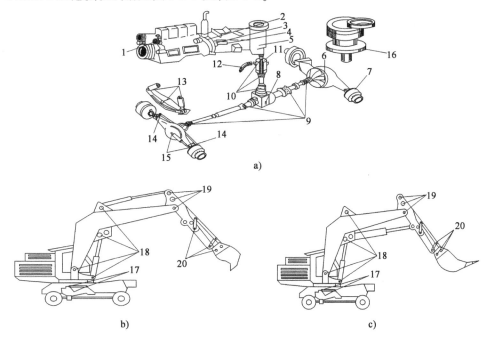

图 3-3-1   WLY60C 型挖掘机润滑图

周期(h)	图号	润滑部位	点数	方 法	润 滑 剂
8	1	空气压缩机曲轴箱	1	检查、加注	夏季:CC-40 号柴油机油 冬季:CC-20 号柴油机油
	2	离合器分离轴承	1	滴注	机油
50	9	前、后传动轴	6	油枪注入	2 号钙基润滑脂
	10	垂直传动轴	3		
	11	中央回转接头			
	13	悬架液压缸铰接点	5		
	14	转向横拉杆	2		
	15	转向液压缸铰接点	2		
	17	左、右支腿液压缸铰接点	10		
	18	动臂液压缸与支座铰点	5		
	19	斗臂及液压缸连接销轴	5		
	20	挖斗连接销轴	7		
	12	转盘齿圈	3		石墨钙基润滑脂
100	4	变速器	1	检查、加注	夏季:18 号双曲线齿轮油 冬季:18 号合成双曲线齿轮油
	5	上传动箱	1		
	8	下传动箱	1		
	3	液压泵传动箱	1		
	16	液压马达减速器	1		
	6	前、后桥壳	2		
	7	轮边减速器	4		
400	1	空气压缩机曲轴箱	1	更换	夏季:CC-40 号柴油机油 冬季:CC-20 号柴油机油
1200	4	变速器	1	必要时过滤沉淀	夏季:18 号双曲线齿轮油 冬季:18 号合成双曲线齿轮油
	5	上传动箱	1		
	8	下传动箱	1		
	3	液压泵传动箱	1		
	16	液压马达减速器	1		
	6	前、后桥壳	2	更换	
	7	轮边减速器	4		

任务实施

一、WLY60C 型挖掘机的维护

1. 常规维护

1) 新车磨合

新车开始使用,为了使各运动机件平稳过渡到最佳运行状态,一般要进行磨合。因此,挖

掘机要在最初的100h左右(工作小时表计上所示时间)进行磨合运转。磨合运转的主要注意事项:

(1)起动后怠速运转5min,进行热机。

(2)避免重载或高速作业。

(3)应避免突然起动、突然加速、不必要的突然停车和突然转向。

(4)请务必遵守相应的安全操作规程。

2)每班维护

(1)检查各部有无异常现象。应无漏油、漏气、异响、异味和温度过高现象。

(2)检查各部件连接固定情况。紧定松动的螺母、螺栓、轴销、锁销和油管、气管接头。

(3)检查轮胎状况。轮胎应三花着地,胎面、胎体无破裂、扎钉现象。

(4)检查离合器工作情况。离合器应接合充分,高速行驶或全负荷作业时不打滑,分离彻底无拖滞。

(5)检查变速器工作情况。各挡位应变换灵活,无打齿、跳挡、乱挡现象。

(6)检查转向系工作情况。转向操作应轻便、灵敏,熄火滑行或拖动时,能实现转向。

(7)检查制动系工作情况。制动气压应保持在0.5~0.6MPa,制动应迅速、确实、不跑偏,驻车制动器应工作良好,手动气开关工作可靠。

(8)检查工作装置工作情况。挖掘、升降、回转、卸土等操作应灵敏、无拖滞和抖动,动臂、斗臂、挖斗、液压缸等部件各铰接处不得松旷或卡滞。

(9)检查电气设备工作情况。照明灯、信号灯、指示灯、报警灯、仪表灯、喇叭、刮水器等应接线可靠,工作良好。

(10)按润滑图表要求加注润滑油脂。

(11)擦拭机械、清理工具。作业(行驶)结束后,放净储气筒内的余气,清除各部泥土、油污,清点、整理随机工具、附件。

3)一级维护(每工作100h进行)

(1)完成每班维护。

(2)检查齿轮油、液压油数量。变速器、上下传动箱、前后桥、轮边减速器、回转马达减速箱、液压泵传动箱和液压油箱内油液数量不足时,按规定加注齿轮油或液压油。

(3)排放离合器壳内的油污。

(4)清洁液压油散热器。用压缩空气吹除散热器上的积尘,用木片剔除散热器上的黏附物,检查有无渗漏。

(5)检查轮胎气压。前轮标准气压为0.37MPa,后轮标准气压为0.35MPa。

(6)检查前桥和悬架接通汽缸的工作情况。两汽缸应保证前桥和悬架液压缸接通可靠、断开确实,否则应调整拉杆长度。

(7)检查调整制动器间隙。放松状态时,制动蹄片与制动鼓的正常间隙,车轮制动器为0.5~0.8mm;驻车制动器为0.5~0.6mm,间隙不当时应调整。

4)二级维护(每工作400h进行)

(1)完成一级维护。

(2)排放齿轮油和液压油沉淀物。挖掘机停放6h后,放出变速器、上传动箱、下传动箱、前桥、后桥、液压泵传动箱、轮边减速器及液压油箱内的沉淀物,按规定加注齿轮油或液压油。

(3)清洗液压油滤清器。放出工作装置液压系统滤油器内的存油,用清洗液洗净滤油器内腔和滤芯,滤芯上的污物应用毛刷洗净或用压缩空气由内向外吹净,装复时应注满液压油。

(4)检查调整离合器踏板行程和放松间隙。离合器踏板的自由行程为 20~30mm,全行程为 125~150mm,放松间隙为 1.5~2mm,中间压盘限位螺钉间隙为 1.25mm。行程或间隙不当应予以调整。

(5)检查调整气体控制阀,清洗过滤器。安全阀控制的气压值为 0.8MPa,调压阀控制的气压值为 0.5~0.6MPa,控制气压值不当应进行调整。

(6)检查调整前束。前束为 5~10mm,前束不当应通过改变转向横拉杆的长度进行调整。

(7)检查调整转向角。其前左右轮标准转向角为 29°。

(8)检查调整系统压力。工作装置液压系统压力为 14MPa,转向系统压力为 7MPa,回转马达过载阀开启压力为 10MPa。不当时应调整。

5)三级维护(每工作 1200h 进行)

(1)完成二级维护。

(2)过滤齿轮油。趁热放净变速器、上下传动箱和前桥、后桥、轮边减速器、液压泵传动箱、液压马达减速器内的齿轮油,清洗各箱后按规定加注过滤沉淀后的齿轮油。

(3)过滤液压油。趁热将工作和转向液压系统的液压油全部放出,用清洗液清洗油箱及箱内滤网,晾干后按规定加注过滤沉淀后的液压油,并排除系统内的空气。

(4)拆检车轮制动器和驻车制动器。分解车轮制动器和驻车制动器,清洁后检查各零件的磨损情况,视情予以修复或更换,清洗清洁后组装,并重新调整制动器间隙。

(5)检查调整轮毂轴承松紧度。轮毂应转动灵活,无摆动和阻滞现象。需调整时,将车轮顶离地面,拧紧调整螺母后再退回 1/6 圈。

(6)进行轮胎换位。按照"前后、左右"互换的原则进行轮胎换位,以保证各轮胎磨损一致。

(7)测试平台回转速度。柴油机在额定转速、挖斗空载且伸至最远状态下,平台回转速度 ≥6r/min,否则,应查明原因予以排除。

(8)测定动臂、斗杆沉降量。挖斗满载,动臂、斗杆升至最高位置,动臂沉降量 ≤10mm/15min,斗杆沉降量 ≤20mm/15min,沉降量过大应查明原因予以排除。

(9)整机修整。补换缺损的螺母、螺钉、轴销、锁销,紧固松动的连接固定部位及线路、管路接头,校正、焊补变形破损的机件,斗齿磨损严重应更换。

2.特殊维护

1)冬季使用维护

冬季必须对挖掘机械采取相应的保护措施,加强维护,确保其正常使用。

(1)冬季对挖掘机械的影响主要表现在以下几方面:

①低温使发动机起动阻力较平时增加 200%,蓄电池容量下降 45%,起动机长时间运转使电气故障频发。其次,低温润滑油黏度大,润滑条件恶劣,使轴瓦、缸套的磨损加剧。据统计,气温在 5℃ 时,每起动一次,汽缸的磨损量相当于机器行驶 30~40km 的磨损量;-18℃ 时,每起动一次,汽缸的磨损量相当于机器行驶 200~250km 的磨损量。由此可见,低温起动会严重降低发动机的使用寿命。

②低温使液压传动系统油液黏度增大,换挡冲击力大,动作迟缓,各液压缸油封冷缩,弹性降低产生渗漏,液压动作缓慢、卡滞甚至失灵,极易造成设备事故。

③对于气压制动的设备,气泵产生的水汽会使各管路、气阀进水冻结,因关闭不严气压上不去将导致制动失灵。

④冬季气候寒冷,金属会遇冷变脆。温度越低,金属韧性越差,设备上的各类刚性结构架、销轴连接处、主要承重部位易发生断裂。

(2)按时更换各种油液。

①低温时,柴油黏度增加使其流动性变差、雾化不良、燃烧恶化,柴油机的起动性、动力性、经济性明显下降。因此,应选用凝点较低的柴油,即所选柴油的凝点一般要比环境温度低。

②润滑油的黏度随温度的下降而增大,低温下流动性变差、摩擦阻力增加,柴油机起动困难,因此,应及时换用黏度较小的润滑油。

③冬季应对装备的液压系统及液力传动系统更换冬季用液压及液力传动油,防止冬季因油液黏度变大,导致工作装置及传动系统工作不良,甚至不能工作。

(3)冷却系统维护。

①为了保证柴油机可靠工作,降低油耗、减少机械磨损,必须做好保温工作,保证机器温度不至过低。

②检查水冷式柴油机节温器,如果柴油机经常处于低温运行,会使机件磨损成倍增加,为使其在冬季快速升温,可采取去掉节温器的做法,但夏季到来之前务必重新装复。

③清除水套内水垢,检查放水开关,清洗水套,防止积垢以免影响散热,同时冬季还应维护放水开关,及时更换。

④加注防冻液,使用防冻液前应对冷却系统进行彻底清洗,并选用优质防冻液,避免因防冻液质次而腐蚀机件。冬季每天加注80℃左右热水起动柴油机,作业完毕必须在放净所有冷却液后并使开关处于打开位置。

(4)电气设备维护。

①检查调整电解液密度,做好蓄电池的保温。冬季可将蓄电池电解液密度调整到1.28～1.29g/cm³,必要时再为其制作一个夹层保温箱,以防止蓄电池冻结,甚至冻裂外壳,影响起动性能,当温度低于 -50℃时,每日作业完毕后,应将蓄电池放于暖室内。

②调高发电机端电压。低温时蓄电池放电量大,应适当调高调节器限额电压,使发电机端电压升高,发电机端电压冬季的应比夏季的高0.6V。

③维护起动机。冬季柴油机起动比较困难,起动机使用频繁,若起动机功率稍显不足,虽然夏季可以使用,但冬季起动会很困难,甚至不能起动。因此冬季前应对起动机进行一次彻底维护,保持其各部件清洁、干燥,特别是电刷与换向器应接触良好。

(5)燃油与配气机构调整。

①调整燃油供给量。适当增大柴油机喷油泵的喷油量,调低喷油压力,使较多的柴油进入汽缸,便于起动,冬季起动柴油机所需油量大约为正常时的2倍。对于装有起动装置的喷油泵,应充分利用其辅助起动装置。

②调整气门间隙。冬季如果气门间隙过小,将使气门关闭不严、汽缸压缩压力不足、起动困难、加剧机件磨损。因此,冬季可适当调大气门间隙。

(6)制动装置维护。

①检查更换制动液。注意选用低温流动性好、吸水性极小的制动液,并防止水分混入,以免冻结使制动失灵。

②检查油水分离器(或气体控制阀)放污开关。放污开关可排出制动系统管路内的水分,防止其冻结,对性能差的须及时更换。

(7)冬季操作要求。

①首先要做好设备的换季维护工作,检测防冻液的冰点,使其比当地最低气温低5℃;使节温器开启温度在82℃左右,将蓄电池电解液密度上调到1.28g/cm³;及时调整机器各部用油,对野外工作的设备要加装保温设施,必要时安装发动机油预热装置,并定时起动发动机,预热各部工作系统。其次,禁止长时间使用起动机,按每起动30s停2~3min的程序进行操作,对于曲轴箱自然通风的发动机,要定期清洗废气滤网,并做保温处理,防止其冻结堵塞使曲轴箱压力升高出现喷机油现象。最后,机器的空调系统应每月起动一次并运行30min,避免因冬季长时间停用造成系统损坏;每日收机后要尽量将柴油箱加满,并及时将储气罐中的积水排净,定时检查机器的刚性连接及主要承重部位。

②正常起动发动机后要有足够的暖机时间,使其在低速轻载下运转,直至发动机、变速器、液压系统和终传动中的油变热。若气温低于-15℃时,发动机起动后不能立即进行作业,而应使发动机以1000~1100r/min运转10~15min,且变速器处于空挡。在液压系统油变热前,不要操作液压系统,否则会损坏液压元件,严重时会产生爆泵事故。

③行驶中要控制好车速,保持车距,避免紧急制动,寒冷季节的制动距离比平时的延长约2倍。禁止急转向,减轻转弯时的冲击力,以防止刚性结构件发生断裂。

④设备在作业时,操作各种装置时要缓慢,禁止加大节气门开度进行冲击、刮、铲和推等动作,重点要求"稳"和"慢"。冬季是事故高发季节,大约占全年总事故的80%,而冬季因操作失误导致的事故达65%以上。因此,应以换季维护为契机、冬季培训为重点,杜绝野蛮操作及操作失误,使操作人员平安,设备安全。

2)封存期维护

(1)存放环境。存放在室内干燥的环境中;如条件上所限只能在室外存放时,应把机器停放在排水良好的水泥地面上。

(2)封存维护。

①为防止液压缸活塞杆生锈,应把工作装置着地放置;整机洗净并干燥后润滑各部位。

②更换液压油和机油。

③液压缸活塞杆外露的金属表面涂一薄层黄油。

④拆下蓄电池的负极接线端子,或将蓄电池卸下单独存放。

⑤根据最低环境温度在冷却液中加入适当比例的防冻液。

⑥每月起动发动机一次并操作机器,以便润滑各运动部件,同时给蓄电池充电;打开空调制冷运转5~10min。

二、55-7挖掘机的常规检修

1. 日常维护

图3-3-2为55-7挖掘机润滑示意图,表3-3-3为其润滑要求说明。

55-7挖掘机润滑维护要求 表3-3-3

维护间隔	序号	项目	维护内容	油品符号	容量(L)	维护点总数
10h或每日	1	液压油油位	检查、添加	HO	70	1
	2	机油油位	检查、添加	EO	9.2	1
	3	散热器冷却液	检查、添加	C	10	1
	4	油水分离器	检查、排放	—	—	1
	5	安全带张力和破损	检查、调节	—	—	1

维护间隔	序号	项目	维护内容	油品符号	容量(L)	维护点总数
50h 或每期	6	工作装置销轴	检查、添加	PGL	—	19
	7	燃油箱滤网	检查、清洁		—	1
	8	回转支承	润滑	PGL	—	1
	9	回转驱动齿轮箱(齿轮油)	检查、添加	GO	1.5	1
	10	回转驱动齿轮箱(黄油)	检查、添加	PGL	0.2	1
	11	履带张紧	检查、调整	PGL	—	2
	20	回转齿轮和小齿轮	检查、添加	PGL	—	1
250h	2	发动机油油位	更换	EO	9.2	1
	12	电瓶(电解液)	检查、添加	—	—	1
	13	液压油回油滤清器	更换	—	—	1
	14	管路滤清器滤芯	更换	—	—	1
	15	透气塞滤芯	更换	—	—	1
	16	机油滤清器	更换	—	—	1
500h	17	空滤器滤芯(外)	清洁	—	—	1
	18	散热器和冷却器片	检查、清洁	—	—	2
	19	燃油滤清器滤芯	更换	—	—	1
1000h	9	回转驱动齿轮箱	更换	GO	1.5	1
	21	行走驱动齿轮箱	更换	GO	1.2	2
2000h	1	液压油油位	更换	HO	70	1
	3	散热器冷却液	更换	C	10	1
	22	液压油回油滤网	检查、清洁	—	—	1
需要时	17	空滤器滤芯(内/外)	检查、清洁	—	—	2
	23	空调滤清器	检查、清洁	—	—	1

注:1.油品符号:参见推荐润滑油以获取其特征。

2. DF-柴油;GO-齿轮油;HO-液压油;C-冷却液;PGL-润滑脂;EO-发动机机油。

2. 常规检查维护示例

1)发动机油面检查方法及注意事项

(1)起动机器前机器置于平地检查油面。

①取出油尺,用干净的抹布除油。

②油尺完全插入孔中再取出检查油位。

(2)如果油位低于油尺最低位,加油后再检查。

(3)如果机油受污或稀释,不管换油周期如何都要换油。

(4)工作后的机器,在发动机停机 15min 后再检查油位。

(5)油位不在正常范围不要操作机器。

2)更换发动机油和机油滤清器

(1)暖机:起动发动机,怠速运转至发动机温度升高到正常工作温度。

(2)打开排油塞盖,连接快换软管,用容积约为 20L 的容器接油(图 3-3-3)。

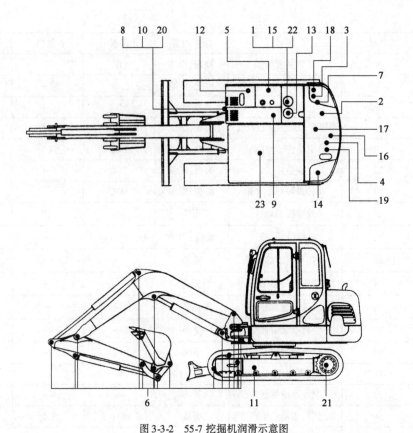

图 3-3-2　55-7 挖掘机润滑示意图

(3)清洗滤清器上部,用扳手卸下滤清器,清洗垫片表面(图 3-3-4,扳手规格:90～95mm)。

油底壳

排油塞

快换软管

图 3-3-3　排放机油示意图

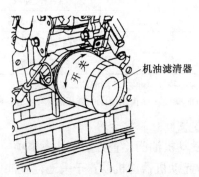

机油滤清器

图 3-3-4　拆卸滤清器

(4)安装滤清器前在垫片密封件表面涂一薄层润滑油(图 3-3-5)。

(5)安装滤清器,卸下快换软管。注意安装时拧紧力的控制,过大的机械拧紧力会损坏螺纹或损伤滤清器滤芯密封。要按照滤清器制造商的规定安装滤清器(图 3-3-6)。

(6)在发动机内注纯净机油至合适油面(图 3-3-7)。

(7)怠速状态下操作发动机,检查滤清器和排油塞是否有泄漏。关闭发动机,用油尺检查机油油位。

3)冷却系统的检查与维护

(1)检查冷却液。

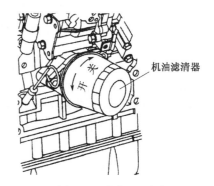

机油滤清器

图 3-3-5　新更换滤清器密封面涂润滑油　　　　　　　图 3-3-6　安装机油滤清器

①检查储液箱中冷却液液位是否在"FULL"与"LOW"之间。

②如果确认储液罐中冷却液低于"LOW",应加注。

③检查散热器帽盖垫片是否损坏,是否需要更换。

注意:发动机未完全冷却打开散热器帽盖,热的冷却液会喷泄,应在发动机冷却后再打开帽盖(图 3-3-8)。

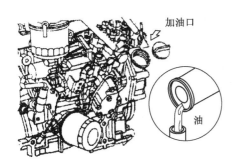

加油口

油

图 3-3-7　加注机油

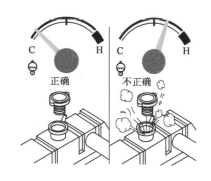

C　　　H　　　　　C　　　H

正确　　　　　　　不正确

图 3-3-8　打开散热器盖

(2)更换冷却液。

①打开水箱盖。冷却液温度未降到50℃以下时,请勿打开水箱盖,以防热冷却液喷出,引起烧伤。

②加注冷却液。加注冷却液时要避免皮肤长时间反复接触防冻液,因其会伤害皮肤或造成其他方面的损害,一旦接触应彻底清洗。

③处理废防冻液。应遵守有关法律规定,使用准许的废水处理设施。

(3)清洗冷却系统。

①在冷却系统中加注碳酸钠和水的混合物(或者等效物)。每 23L 水中加入 0.5kg 碳酸钠。

②冷却液温度高于80℃时,发动机运转 5min。关闭发动机,排放冷却系统。

③冷却系统中加入洁净水。

(4)清洁散热器和油冷器。

①目测散热器叶片是否有堵塞。

②用 60N/cm² 气压把脏东西从叶片中吹掉。

③目测检查散热器叶片是否有弯曲、开裂。

④目测检查散热器滤芯和垫片是否有渗漏。

思考练习题

1.选取挖掘机的依据是什么？园林施工可选用什么种类的挖掘机？举例说明我国挖掘机型号与性能参数的表示与含义。

2.挖掘机起动前应注意哪些问题？如何保证挖掘机起动后正常运行？

3.简述挖掘机驾驶操作的基本要领？在冰雪地面等恶劣环境条件下驾驶挖掘机应注意哪些问题？

4.使用挖掘机进行施工作业,在作业前后应做好哪些工作?

5.现有一处宽0.6m,深0.5m的污水管道沟渠需进行施工,且挖掘过程中需及时清理好施工现场,请设计施工挖掘方案。

6.使用挖掘机挖掘大型建筑工地时,通常可选择那些施工作业方法？各有何特点?

7.燃油性能对挖掘机工作性能会产生哪些影响？如何做好燃油管理？

8.润滑对机械设备具有哪些重要作用？挖掘机的润滑管理应注意哪些事项?

9.挖掘机的日常维护有哪些？在生产设备管理中如何组织实施?

10.冬季作业过程中,如何做好挖掘机的维护工作？

项目四

平地机的使用与维护

平地机是一种以刮刀为主要工作装置,配备其他多种可换作业装置的多功能工程机械,主要用于道路的施工和维修,公路、大型基建场地、机场跑道、农田水利、铁路路基等工程施工。适合不同工作场合的需要,更换不同的作业装置,可进行路基路面的整形、挖沟、推土、松土、除雪、草皮或表面土的剥离、修刮边坡等切削平整作业;可进行松散材料的推移、混合、回填、铺平作业。在机场和交通设施建设中的大面积、高精度的场地平整工作中,是其他工程机械所不能替代的土方施工设备。

平地机的刮刀比推土机的铲刀具有更大的灵活性;它能连续改变刮刀的平面角和倾斜角,并可使刮刀向任意一侧伸出,因此,平地机是一种多用途的连续作业式土方机械。正确地操作平地机的工作装置,利用铲刀升降、侧移、倾斜及回转,松土器升降,铲土角调整、前后轮转向等动作或相互组合动作,可完成平地机的多种作业。

任务一　平地机的操作

任务引入

平地机的传动多为全液压控制方式,了解平地机的基本结构和控制原理,明确各操纵手柄的作用,对熟练掌握操作技巧,训练实际操作技能具有重要作用。本任务主要完成对液压平地机各操作功能部件的认知学习和规范操作的职业技能培养。

任务目标

1. 掌握平地机的基础知识;
2. 明确操作平地机应具备的条件和安全操作要求;
3. 识别平地机各操作装置的名称、功能和用途;
4. 牢记平地机操作注意事项;
5. 规范操作平地机完成基础动作。

一、平地机的种类

平地机的种类繁多,目前使用的平地机按不同分类标准主要有以下几种。

1. 按行走方式分

平地机按照行走方式分为拖式和自行式平地机。拖式平地机因机动性差、操作费力,已逐步被淘汰。

自行式平地机根据车轮数目分为四轮、六轮两种;根据车轮的转向情况分为前轮转向、后轮转向和全轮转向;根据车轮驱动情况分为后轮驱动和全轮驱动。

自行式平地机车轮对数的表示方法是:转向轮对数×驱动轮对数×车轮总对数。共有 5 种形式,即 $1×1×2,1×2×3,2×2×2,1×3×3,3×3×3$。如 $1×2×3$ 表示转向轮 1 对,驱动轮 2 对,车轮总数 3 对。其余依此类推。驱动轮对数越多,在工作中所产生的附着牵引力越大;转向轮对数越多,平地机的转向半径越小。因此,上述 5 种形式中以 $3×3×3$ 型平地机的性能最好,大中型平地机多采用这种形式。$2×2×2$ 和 $2×1×1$ 型均用在轻型平地机中。

目前,前轮装有倾斜装置的平地机得到广泛应用,装设倾斜装置后,在斜坡上工作时,车轮的倾斜可提高平地机工作的稳定性;在平地上转向时能进一步减小转向半径。

2. 按机架结构形式分

平地机按照机架结构形式分为整体机架式和铰接机架式平地机。

整体机架式平地机的机架具有较大的整体刚度,但转向半径大。传统的平地机多采用这种机架。

铰接机架式平地机的优点是转向半径小,一般比整体式机架小 40% 左右,可容易地通过狭窄地段,能快速掉头,在弯道多的路面上作业尤为适宜;可以扩大作业范围,在直角拐弯的角落处,铲刀刮不到的地方较少;在斜坡上作业时,可将前轮置于斜坡上,而后轮和机身可在平坦的地面上行进,提高了机械的稳定性,作业比较安全。因此,目前的平地机采用铰接式机架的越来越多。

3. 按车轮数目分

主要有四轮平地机和六轮平地机两种。

4. 按车轮驱动分

有后轮驱动和全轮驱动两种。

5. 按车轮转向分

有前轮转向和全轮转向两种。

6. 按工作装置的操作方式分

有机械操作和液压操作两种。

7. 按刮刀长度分

有轻型平地机(≤3m),中型平地机(3~3.7m),重型平地机(3.7~4.2m)。

8. 按发动机功率(kW)分

轻型 44~66kW,中型 66~110kW,重型 110~220kW,特大型功率在 220kW 以上。

9. 按传动方式分

机械传动、液力机械传动、全液压传动三种。目前,平地机大多为液力机械传动和全液压传动。

二、平地机的型号表示方法

国产平地机产品分类和型号编制方法见表4-1-1。产品型号按类、组、型分类原则编制,一般由类、组、型、产品名称及代号、主参数几部分组成。

平地机产品型号编制方法(JB/T 9725—1999)　　　　　　表4-1-1

类	组	型	特　性	产品名称及代号	主　参　数	
					名　称	单　位
铲土运输机械	平地机 (P)	自行式 平地机	Y(液) Q(全)	机械式平地机(P) 液力机械式平地机(PY) 全液压式平地机(PQ)	发动机功率	kW×1.341

例如,PY180指自行式液压平地机,发动机功率134.23kW(180马力)。

三、平地机的技术性能参数

平地机的技术参数包括整机质量、铲斗容量、发动机功率在内的基本参数;接地比压、回转半径、回转速度等作业条件参数;牵引力、提升能力等作业能力参数;整机高度、底盘宽度等外形尺寸参数。表4-1-2为几种常用机型的技术性能参数表。

国产自行式平地机的主要技术性能　　　　　　表4-1-2

型　号			PY180	PY180M	CLG418
外形尺寸(长×宽×高)(mm³)标准型			8700×2600×3205	8700×2600×3500	8851×2600×3438
带前推后松型			10330×2740×3205	10960×2740×3500	10570×2600×3438
总质量(带耙子)(kg)			15400	15400	15500
发动机	型号		6110Z-2J	SC8D	康明斯6CTA8.3-C215
	功率(kW)		132	140/190	160
	转速(r/min)		2600	2300	2200
	最大转矩(N·m)		588	678	872
	最大扭矩转速(r/min)		1800	1610	1500
刮刀	铲刀尺寸(长×高)(mm²)		3965×610	3965×650	3960×610
	最大提升高度(mm)		480	480	450
	最大切土深度(mm)		500	500	555
	侧伸距离(mm)		左1270 右2250		左725 右675
	铲土角		36~66°		39°42′~69°42′
	水平回转角		360°	360°	360°
	最大倾斜角(左/右)		90°	90°	90°
松土齿耙	工作装置操纵方式		液压式	液压式	液压式
	松土宽度(mm)		1100	2000	2083
	松土深度(mm)		150	315	304
	提升高度(mm)		405	405	464
	齿数(个)		6	5	5

型　号		PY180	PY180M	CLG418
液压系统	齿轮液压泵型号			泊姆克齿轮泵
	额定压力(MPa)	18.0	18.0	18.0
	系统工作压力(kPa)			18.0
传动系统	传动系统形式	液力机械	液力机械	液力机械
	液力变矩器变矩系数			2.15
	液力变矩器传动比			
行驶速度	前进挡(km/h)	0~39.4		0~42.8
	倒退挡(km/h)	0~15.1		0~26.2
车轮及轮距	车轮形式	3×2×3	3×2×3	3×2×3
	轮胎总数	6	6	6
	转向轮数	6	6	6
	轮胎规格	17.5~25		17.5~25
	前轮倾斜角	±17°		
	前轮充气压力(MPa)			0.3±0.01
	后轮充气压力(MPa)			0.3±0.01
	轮距(mm)	2150	2150	2150
	轴距(前后桥)(mm)	6216	5985	6230
	轴距(中后桥)	1542		1639
	驱动轮数	4	4	4
	最小离地间隙(mm)	630		
推土板	宽×高(mm²)	2740×820	2450×820	
	至前桥距离	1735	1550	
	最大入地深度	205	205	
制动系统	制动泵			泊姆克齿轮泵
	行车制动(驻车制动)	全液压蹄式制动	全液压蹄式制动	全液压蹄式制动
	制动油压			(10±0.3)MPa
	行车制动低压报警压力	低于1.0MPa		1.0MPa
	最小转弯半径(mm)	7800	7500	8234
	爬坡能力	20°	20°	25°

(1)整机总质量:平地机主参数。平地机的级别参数,决定了平地机作业时轮胎对地面的附着力。如果平地机总质量与发动机功率不匹配,在切削土壤时,平地机机身后部将出现向负荷大的一侧甩尾和打滑现象,影响平地机在施工作业中的平整度和平直度。

(2)发动机功率:动力装置的做功能力,单位为马力或 kW。

(3)发动机转速:表示发动机每分钟转多少转。

(4)最大切土深度:表示平地机铲斗(刮刀)的最大切土深度,单位为 mm。

(5)铲土角:指平地机铲斗(刮刀)刀片与地面的夹角。

(6)水平回转角:指平地机铲斗(刮刀)在水平面所能回转的角度。

四、平地机的基本构造

1. 平地机总体结构

平地机主要由发动机、传动系统、行驶系统、转向系统、制动系统、工作装置、液压操作系统、电气设备和驾驶室等组成。图4-1-1 所示为 PY180 型平地机基本结构图。

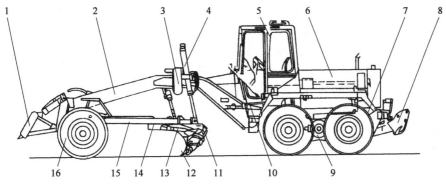

图 4-1-1　PY180 型平地机结构图

1-前推土板；2-前机架；3-摆架；4-刮刀升降油缸；5-驾驶室；6-发动机；7-后机架；8-后松土器；9-后桥；10-铰接转向油缸；
11-松土耙；12-刮刀；13-铲土角变换油缸；14-转盘齿圈；15-牵引架；16-转向轮

（1）发动机。发动机为整机的动力源，多采用涡轮增压型水冷柴油发动机。柴油发动机具有很高的可靠性和燃油经济性。

（2）传动系。图4-1-2 为 PY180 型平地机传动系统原理图。PY180 型平地机传动系统为液力机械传动式，主要由离合器、液力变矩器、动力变速器、万向传动装置、中后驱动桥和平衡箱等组成。

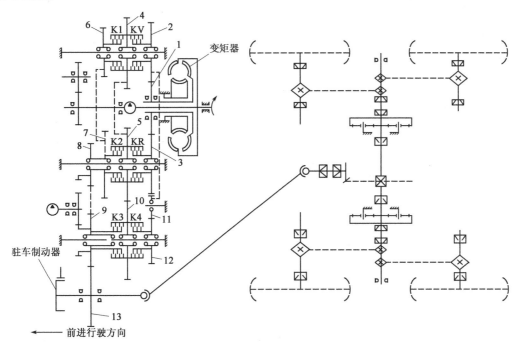

图 4-1-2　PY180 型平地机传动系统示意图

1-蜗轮轴齿轮；2～13-常啮合传动齿轮；KV、K1、K2、K3、K4-换挡离合器；KR-换向离合器

发动机输出的动力经液力变矩器,进入动力换挡变速器,变速器输出轴输出动力,经万向节传动轴输入三段型驱动桥的中央传动。中央传动设有自动闭锁差速器,左右半轴分别与左右行星减速装置的太阳轮相连,动力由齿圈输出,然后输入左右平衡箱及轮边减速装置,通过重型滚子链轮减速增矩,再经车轮轴驱动左右驱动轮。驱动轮可随地面起伏,迫使左右平衡箱做上下摆动,均衡前后驱动轮的载荷,提高平地机的附着牵引性能。

(3)行驶系。行驶系包括机架和车轮。

PY180型平地机机架为箱形整体式(图4-1-1),是一个弓形的焊接结构。前端弓形纵梁为箱形断面的单桁梁,工作装置及其操纵机构悬挂或安装在此梁上。机架后部由2根纵梁和1根后横梁组成。机架上面安装发动机、传动机构和驾驶室。机架后部通过导板、托架与后桥壳铰接,前鼻则以钢座支承在前桥上。

(4)转向系。转向系统包括前轮转向系统和后桥转向液压系统。

前轮转向系统主要由液压泵、流量控制阀、全液压转向器、转向油缸等组成。

该液压转向系统能够按照转向油路的要求,优先向转向油路分配压力油,无论负荷大小、压力高低,无论转向盘转速高低,均能保证转向系统供油充足。因此,平地机转向时,动作平滑可靠。该系统液压泵输出的油液,除供给转向油路以维持转向机构正常工作外,剩余部分的油全部供给工作装置液压系统,功率损失少、效率高。

后桥转向使用较少,一般只在狭窄地段或需要斜行时才使用。后桥转向液压系统与工作装置液压系统为一个系统,其操作由操纵杆控制。

(5)制动系。制动系包括行车制动装置和驻车制动装置。

行车制动装置的制动器采用液压张开、自动增力蹄式制动器。制动传动机构采用的是双管路气压液压式(从制动总泵分成两路,分别到中后轮)。

驻车制动装置的制动器为凸轮张开、自动增力蹄式制动器,制动传动机构采用机械式。

(6)电气设备。电气设备由蓄电池、发电机及调节器、起动机、仪表及照明装置等组成。电路采用单线制,负极搭铁,额定电压为24V。

2. 平地机的工作装置

平地机的工作装置主要包括刮土装置、推土装置和松土器。

(1)刮土装置。刮土装置主要由刮刀、牵引架、回转圈等组成,如图4-1-3所示。刮刀由刀体和刀片组成;牵引架的前端是个球形铰,与机架前端铰接,因而牵引架可以绕球铰在任意方向转动和摆动。回转圈支承在牵引架上,可在回转驱动装置的驱动下绕牵引架转动,从而带动刮刀在360°内任意回转。刮刀的背面有上下两条滑轨支承在两侧角位器的滑槽上,可以在刮刀侧移油缸的推动下侧向滑动。角位器与回转圈耳板下端铰接,上端用螺母固定;当松开螺母时,可以调整铲土角。

作业装置操作系统可以控制刮刀做如下六种形式的动作。

①刮刀左侧提升与下降。

②刮刀右侧提升与下降。

③刮刀回转。

④刮刀侧移(相对于回转圈左移和右移)。

⑤刮刀随回转圈一起侧移,即牵引架引出。

⑥刮刀切削角的改变。

其中①②④⑤一般通过油缸控制,③采用液压马达或油缸控制,而⑥一般为人工调节或通过油缸调节,调好后再用螺母锁定。

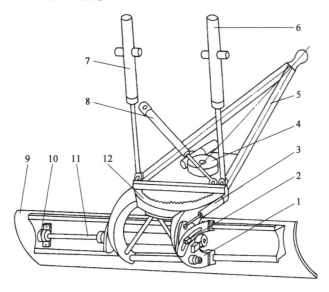

图 4-1-3 刮土工作装置

1-角位器;2-角位器紧固螺母;3-切削角调节油缸;4-回转驱动装置;5-牵引架;6-右升降油缸;7-左升降油缸;8-牵引架引出油缸;9-刮刀;10-油缸头铰接支座;11-刮刀侧移油缸;12-回转圈

(2)牵引架。各种平地机的牵引架结构都大同小异。图 4-1-4 和图 4-1-5 分别是 PY160 型平地机牵引架和 PY180 型平地机牵引架。

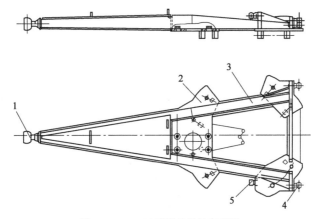

图 4-1-4 PY160 型平地机的牵引架

1-牵引架铰接球头;2-底板;3-牵引架体;4-铲刀升降油缸铰接球头;5-铲刀摆动油缸铰接球头

牵引架在结构形式上可分为 A 型和 T 型两种。A 型与 T 型是指从上向下看牵引杆的形状。A 型牵引架(图 4-1-4)为箱形截面三角形钢架,其前端通过球铰 1 与弓形前机架前端铰接,后端横梁两端通过球头 4 与刮刀提升油缸活塞杆铰接,并通过两侧刮刀提升油缸悬挂在前架上。牵引架前端和后端下部焊有底板,前底板中部伸出部分可安装转盘驱动小齿轮。

(3)转盘。转盘用来安装刮刀,它是一个带内齿的大环轮,左右两边各焊有一个弯臂,通过托板悬挂在牵引架下面,可左右回转,以调整回转角。

铲土角的调整机构一般有两种方式,一种是刮刀支撑架铰于弯臂下端,刮刀与支撑架之间通过滑轨连接,图4-1-6所示的P90型平地机的两侧有两个梳齿板焊于左右弯臂上,其上有弧形槽,刮刀支撑架通过固定螺栓和小齿块固定于梳齿板上不同的位置从而改变铲土角。

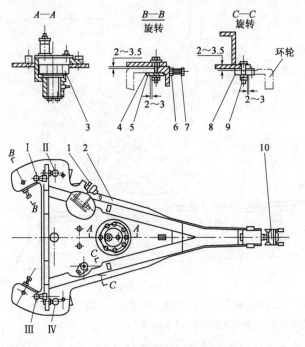

图4-1-5　PY18型平地机的牵引架
1-锁紧齿板;2-牵引架;3-驱动小齿轮;4、8-垫片;5-托板;6-螺母;7-螺钉;9-螺栓;10-球铰
Ⅰ、Ⅲ-左右升降球铰头;Ⅱ、Ⅳ-横梁的左右机外倾斜球头

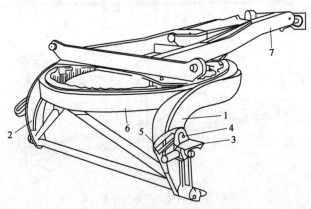

图4-1-6　P90型平地机的牵引架及转盘
1-弯臂;2-衬板;3-刮刀支撑架;4-固定螺栓;5-梳齿板;6-转盘;7-牵引架

　　图4-1-7所示为PY160型平地机转盘结构图。其左、右弯臂的下端焊有滑槽Ⅰ,刮刀背面的下滑轨即套在该槽内。刮刀左、右支撑板为两块三角形板,其下前端开有滑槽Ⅱ,刮刀背面的上滑轨就套在该槽内。支撑板的下边开有长槽(图中A—A处),板即通过其长槽用销轴(螺栓)装于弯臂上。板的上角与铲土角调整油缸的活塞杆铰接,油缸的缸体铰接在弯臂上。因此,拧松支撑板安装销轴上的螺母,使油缸的活塞杆伸缩,支撑板的下边就可沿销轴前后移动,从而带动刮刀绕下滑轨摆动,以改变刮刀的铲土角。

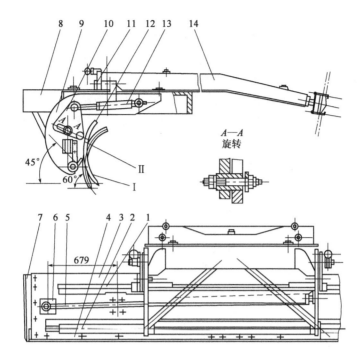

图 4-1-7　PY160 型平地机的转盘及刮刀

1-上滑轨;2-下滑轨;3-刀身(背面);4-切削刀片;5-刮刀侧伸油缸的活塞杆;6-球座;7-侧刀片;8-带内齿的转盘;9-弯臂;
10-刮刀支撑板;11-回转齿圈;12-刮刀;13-铲土角调整油缸;14-牵引架;Ⅰ-切削角大;Ⅱ-切削角小

图 4-1-8 为 PY180 型平地机的转盘,两侧焊有弯臂,左侧弯臂外侧可安装铲刀液压角位器,角位器的弧形导槽套装在弯臂的液压角位器定位销上,上端与铲土角变换油缸活塞杆铰接,铲刀背面的下铰座安装在弯臂下端的铲刀摆动铰销上,铲刀可相对弯臂摆动以调整铲土角。

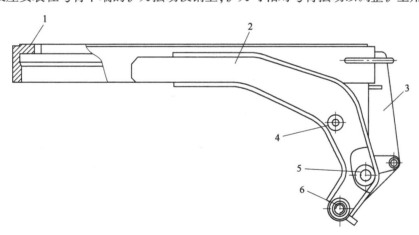

图 4-1-8　PY180 型平地机的转盘

1-带内齿的转盘;2-弯臂;3-松土耙支承架;4-刮刀摆动铰销;5-松土耙安全杆;6-液压角位器定位销

回转支承装置:回转圈在牵引架的滑道上回转,由于滑道易磨损,滑道与转圈之间有滑动配合间隙且便于调节。图 4-1-9 所示的回转支承装置为大部分平地机所采用的结构形式。这种结构的滑动性能和耐磨性能比较好,不需要更换支承垫块。

回转齿圈的上滑面与青铜合金衬片 6 接触,衬片 6 上有两个凸圆块卡在牵引架底板上;青铜合金衬片7有两个凸方块卡在支承垫块上,通过调整垫片来调节上下配合间隙。回转齿圈在轨道内的上下间隙一般为1~3mm。用调整螺栓调节径向间隙(一般值为1.5~3mm),用三个紧固螺栓固定,支承整个回转齿圈和刮土装置的质量和作业负荷。该结构简单易调、成本低、应用广泛。

(4)推土工作装置。推土工作装置是平地机主要的辅助作业装置之一,装在车架前端的顶推板上。推土铲刀的宽度应大于前轮外侧宽度,铲刀体多为箱形截面,有较好的抗扭刚度。铲刀的升降机构有单连杆式和双连杆式。双连杆式机构为近似平行四边形机构,铲刀升降时铲土角基本保持不变;单连杆式结构较简单。由于平地机上装置的推土铲不同于推土机上的,它主要是完成一些辅助性作业,一般不进行大切削深度的推土作业。因此,单连杆机构可以满足平地机推土铲作业的需要,图4-1-10所示为平地机上的单连杆推土工作装置。

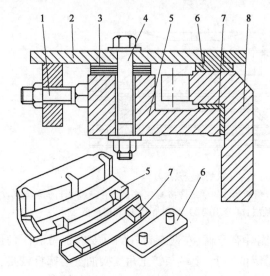
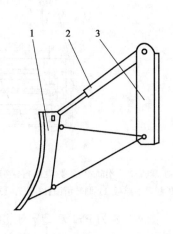

图 4-1-9　回转支承装置图
1-调节螺栓;2-本引架;3-垫片;4-紧固螺栓;5-支承垫块;6、7-衬片;8-回转齿圈

图 4-1-10　推土工作装置
1-推土铲刀;2-油缸;3-支架

推土铲主要用来切削较硬一些的土壤、填沟以及刮刀无法够到的边角地带的刮平作业。

(5)松土工作装置。松土工作装置主要用于疏松比较坚硬的土壤,对于不能用刮刀直接切削的地面,可先用松土装置疏松,然后再用刮刀切削。松土工作装置按作业负荷程度分为耙土器和松土器。由于负荷大小不同,松土器和耙土器在平地机上安装的位置是有差别的。耙土器负荷比较小,一般采用前置布置方式,即布置在刮刀和前轮之间。松土器负荷较大,采用后置布置方式,布置在平地机尾部,安装位置离驱动轮近,车架刚度大,允许进行负荷松土作业。图4-1-11为松土器的结构形式。

五、平地机安全操作规范

1. 平地机驾驶规范

(1)为提高平地机的使用效率,降低使用成本,设备必须做到定人、定机、定岗位,明确职责。

(2)作业前,检查平地机四周有无障碍物及其他危及安全的因素,并要求无关人员离开作业区。

(3)检查各仪表、灯光、喇叭等信号装置是否正常。液压系统有无泄漏,转向装置和制动装置是否灵活可靠。

(4)下坡时必须挂挡,禁止空挡滑行。在坡道停放时,应使车头向下坡方向,并将刀片或松土器压入土中。

（5）在平坦的道路上行驶可用高速挡,在较差的道路或坡道行驶时宜用低速挡。作业时均采用低速挡。

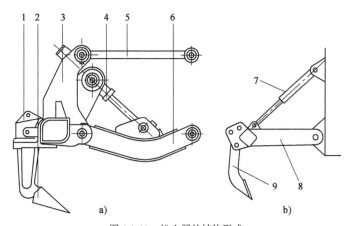

图 4-1-11　松土器的结构形式

a)双连杆式松土器;b)单连杆式松土器

1、9-松土器;2-齿套;3、8-松土器架;4-控制油缸;5-连杆;6-下连杆;7 油缸耙土器

（6）行驶时,一般使用前轮转向,在场地特别狭窄的地方,可同时采用后轮转向,但小于平地机最小转半径的地段,不得勉强转弯。

（7）制动时,应先踏下离合器踏板。在变矩器处于刚性封锁状态时,不能使用制动器。

（8）刮刀的回转与铲土角的调整都必须在停机时进行。作业中,刮刀升降量不得过大。

（9）遇到坚硬土质需要齿耙翻松时,应缓慢下齿。不易使用齿耙翻松坚硬旧路面。

（10）停机后,必须将铰接式平地机的铰接转向机构锁定,应将平地机停放在平坦安全的地方,不得停放在坑洼有水的地方或斜坡上。

（11）平地机在倒车时必须减速行驶,注意避让周围作业的人员和机械,严防铲刀伸出机身部分。

（12）每天完成作业后,清除附留在机身上的泥土、杂物,并进行例行的日常维护工作。

2. 平地机安全驾驶守则

（1）驾驶平地机必须持有机动车驾驶执照和本机种职业资格上岗证,严禁非本机操作手驾驶。

（2）行驶前需将工作装置置于行驶状态。

（3）在道路行驶时,要遵守交通信号和交通标志,严格遵守交通规则。

（4）转向、制动性能不好时,不准出车,气压低于 0.4MPa 不得起步。

（5）驾驶中不准吸烟、饮食和闲聊,严禁酒后驾驶。

（6）下坡时严禁将发动机熄火和空挡滑行。

（7）平地机机身较长,转弯时应小心并提前减速或鸣喇叭示意,转弯半径要大。

（8）平地机行驶中铰接车架必须锁定,刮刀、推土板、松土器必须提到最高处,刮刀斜置、刮刀两端不得超出车轮外侧,转盘两侧不准站立人员。

（9）行驶中,应根据道路和气候等情况,适当掌握速度、转向和制动,避免频繁制动和紧急制动。

（10）在泥泞或冰雪道路上行驶时,应采取防滑措施(如戴防滑链等)。

（11）经过桥梁(涵洞)时,必须预先了解桥梁(涵洞)的载重量,禁止超限通过。

（12）在道路上行驶时,应尽量靠右侧,人员应一律从右侧上下机械。

(13)通过铁路时,必须看清信号和道路两端的情况,在交通指挥哨的指挥下,迅速通过。

(14)行驶时,一般只用前轮转向,在场地特别狭窄的地方可同时采用后轮转向,但小于平地机最小转弯半径的地段,不得勉强转弯。

任务实施 •

一、识别平地机操纵装置及仪表

1. PY190平地机操纵位置及仪表

操纵驾驶前应结合使用说明书明确各种按键和操纵手柄的位置及具体用途。图4-1-12和表4-1-3为PY190平地机各操纵杆、仪表和开关的布置情况、功用与使用方法。

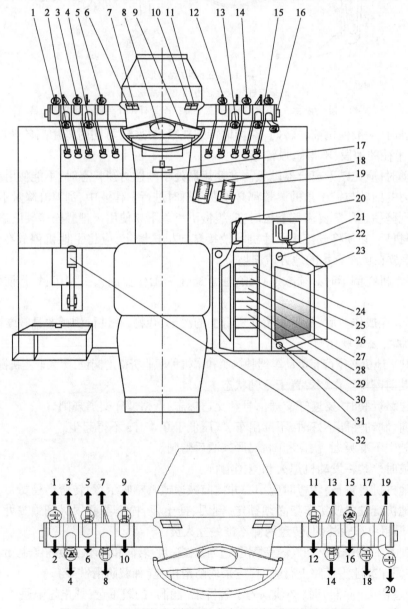

图4-1-12　PY190平地机各操纵杆、仪表和开关的布置情况示意图

PY190型全液压挖掘机操纵杆、仪表和开关名称、功用、使用方法　　　表 4-1-3

图号	名　称	功　用	使　用　方　法
1	铲刀引出操纵杆	铲刀左右侧伸	前推-左侧伸,中间-固定,后拉-右侧伸
2	铲刀摆动操纵杆	铲刀左右摆动	前推-左摆动,中间-固定,后拉-右摆动
3	车架铰接转向操纵杆	控制铰接转向	前推-左转向,中间-固定,后拉-右转向
4	后松土器操纵杆	控制后松土器的升降	前推-下降,中间-固定,后拉-收起
5	前轮倾斜操纵杆	控制左右前轮倾斜	前推-左倾斜,中间-固定,后拉-右倾斜
6	预热起动开关	控制冬季发动机起动前预热	按下-预热,放松-电路断开
7	前照灯开关	控制前照灯开闭	按钮按下,工作灯-通电,放松-电路断开
8	喇叭	鸣号警示	按钮按下,喇叭鸣响,松开钮按即停
9	转向盘	控制平地机的行驶方向	顺时针转-右转弯,逆时针转-左转弯
10	工作灯开关	控制工作灯电路开关	按钮按下工作灯-通电,放松-电路断开
11	后照灯开关	控制后照灯开关	按钮按下工作灯-通电,放松-电路断开
12	推土板的推土板操纵杆	控制推土板的升降	前推-下降,中间-固定,后拉-提起
13	铲刀铲土角变换操纵杆	控制铲刀铲土角	前推-铲土角大,中间-固定,后拉-铲土角小
14	铲刀回转操纵杆	控制转盘左右回转	前推-左回转,中间-固定,后拉-右回转
15	铲刀升降操纵杆(右)	控制右侧铲刀升降	前推-下降,中间-固定,后拉-提起
16	铲刀升降操纵杆(左)	控制左侧铲刀升降	前推-下降,中间-固定,后拉-提起
17	操纵台倾斜控制开关	控制操纵台倾斜开关	前扳-解锁,后扳-锁定
18	制动踏板	使平地机减速或停车	踏下-制动,松开-解除制动
19	加速踏板	控制发动机的转速	踏下-转速升高,松开-转速降低
20	节气门操纵杆	控制发动机的转速	前推-发动机转速下降,后拉-发动机转速升高
21	变速操纵杆	变换平地机的行驶速度或方向	换挡操纵为电液控制,左侧为 6 个前进挡,中间 N 为空挡,右侧为 3 个后退挡,前进 1、2、3 挡为作业挡,4、5、6 挡为行驶挡
22	电源、点火开关	控制全车电源	0 位-无电压,1 位-通电,2 位-空挡,3 位-点火起动
23	电子监控器	监控机械运行情况	
24	插销油缸开关	控制摆架插销油缸	按钮按下-通电,放松-电路断开
25	停车警示灯开关	控制停车警示灯	灯亮-没拉驻车制动
26	牌照灯开关	控制牌照灯电路	按钮按下-通电,放松-电路断开
27	洗涤器开关	控制洗涤器电路	按钮按下-通电,放松-电路断开
28	前刮水器开关	控制前雨刮器电路	按钮按下-通电,放松-电路断开
29	后刮水器开关	控制后雨刮器电路	按钮按下-通电,放松-电路断开
30	空调冷暖转换开关	控制空调电路	上面按下-制冷;下面按下-制热;
31	预留开关(点烟器)	点烟用	按下钮,当点烟器可使用时,按钮会稍微向上弹完后,放回原位
32	驻车制动操纵装置	用于坡道停车和紧急制动	上拉-实施制动,放下-解除制动

2. PJK—4A 平地机电子监控部件

本部件采用了先进的微电子技术,对机器的工况(包括空滤器和液压油滤清器的通畅情况、机油压力、制动压力、冷却液温度、变矩器油压、变矩器油温、燃油位)进行实时监测,实行声光三级报警,模拟量参数在面板上呈动态显示。同时,对机器制动、计时防盗、预热、转向、空挡等重要操纵部件的状态进行指示。图 4-1-13 和表 4-1-4 为电子监控器面板示意图和功能表。

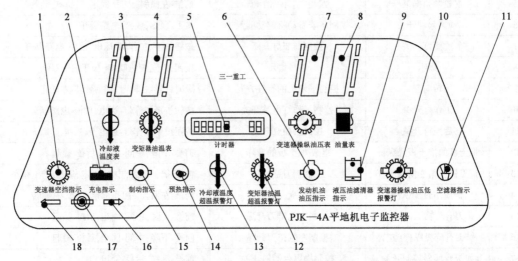

图 4-1-13 PJK—4A 平地机电子监控器面板布置图

PJK—4A 平地机电子监控器功能表   表 4-1-4

序 号	名 称	功 能 说 明
1	变速器空挡指示	变速器换空挡时,此指示灯亮(绿色),操作人员能够起动机器;当变速器换上挡时,操作人员不能够起动机器,也起动不了机器,因为此时点火回路已被切断
2	充电指示	当发动机起动成功,发电机正常发电时,充电指示灯亮(绿色)。如果指示灯不亮,说明发电机有故障或者发动机没有起动,应及时检修,排除故障
3	冷却液温度显示	分白、绿、红三段 LED 显示。白区显示表示液温在 40℃以下;绿区显示表示液温在正常工作范围内;红区显示表示液温≥(108 ±3)℃,超过了警界点,报警蜂鸣器报警,需及时处理故障
4	变矩器油温显示	分白、绿、红三段 LED 显示。白段显示表示油温在 50℃以下;绿段显示表示油温在正常工作区;红段显示表示油温≥(115 ±3)℃,超过了设定的正常工作油温,报警蜂鸣器报警,需及时处理故障
5	计时器	计时器为三级防盗计时器,当计时器开始计时,停机后能保持数据,下次开机累计计时。为机器的保修、维修提供了依据,为机器的安全增加了保障
6	发动机油压力指示	当发动机油压力≤(0.05 ±0.1)MPa 时,此指示灯亮(红色),报警蜂鸣器报警。说明机油压力过低,应及时处理
7	变速器操纵油压显示	分红、绿两段 LED 显示。绿段显示表示油压在正常工作区,LED 柱长短亦表示油压高低;红段显示表示变速器油压小于 1.6MPa,油压过低,报警蜂鸣器报警。操作人员要及时处理故障

序号	名 称	功 能 说 明
8	燃油位指示	分红、绿两段 LED 显示。绿段显示表示油位正常,高低亦表示剩油多少;红段显示表示剩油不多,大概可工作1h,操作人员要适时加油
9	液压油滤清器指示	当液压油滤清器油道堵塞,压力传感器会给出一个低电平信号,此指示灯亮(红色),报警蜂鸣器报警。要及时疏通油道
10	变速器操纵油压低报警灯	变速器操纵油压低报警
11	空滤器指示	当空气滤清器风道被堵塞时,此指示灯亮(红色),报警蜂鸣器报警。要及时疏通风道
12	变矩器油温超温报警灯	变矩器油温超温报警
13	液温超温报警灯	液温过高报警
14	预热指示	当钥匙开关从 0 位顺时针旋到 1 位时,预热控制器将自动检测是否需要预热,需要时,系统自动进入预热状态,预热指示灯亮(绿色),此时不能起动机器,预热完毕,预热指示灯熄灭,此时可以起动机器
15	制动指示	当操作人员制动时,如果此系统运行正常,压力传感器将给出一个高电平,此指示灯亮(绿色);如果指示灯不亮,说明制动系统有故障,操作人员要及时检修
16	右转向指示	当转向开关打到右转向时,此指示灯与右转向灯同频率闪烁(绿色),指示灯不亮,说明开关或闪光继电器或保险有故障,要尽快处理
17	制动压力指示	当制动压力≤10MPa 时,压力传感器将给出一个低电平信号,此指示灯亮(红色),操作人员应立刻停车排除故障,以防安全事故发生
18	左转向指示	当转向开关打到左转向时,此指示灯与左转向灯同频率闪烁(绿色),指示灯不亮,说明开关或闪光继电器或保险有故障,要尽快处理

3. 空调控制面板的认识

(1)控制旋钮功能(图 4-1-14)。

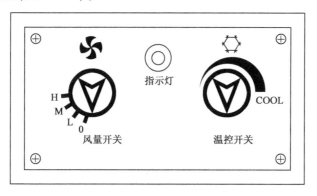

图 4-1-14 空调控制面板

①温控开关:调节制冷时驾驶室内温度。

②风量开关:控制蒸发器风机的转速,以便选择合适的风量。

③指示灯:灯亮表示压缩机起动,制冷系统处于工作状态。

（2）使用说明。

首先根据需要进行制冷、制热选择。制冷系统首次使用,发动机起动后将风量开关旋至高挡,运行大约5min后,将温控开关转至 COOL 位置。此时,驾驶室内温度开始下降,当降至所需要的温度时将温控开关逆时针方向缓慢旋转,直至指示灯熄灭,压缩机停止工作。此时,驾驶室内温度即为所设定温度。当驾驶室内温度高于此温度时,指示灯亮,压缩机自动起动,系统开始制冷。当驾驶室内温度低于此温度时,指示灯熄灭,系统停止工作。

使用空调时,请勿将温控开关转至 COOL 位置而将风量开关旋至低挡,以免蒸发器结霜,影响制冷效果。

采暖温度控制:当温升至所需要温度时,关闭风量开关;当室内温度低于所需要温度时,重新起动风量开关。

调整风口角度,可改变冷、热风吹出的角度和方向;调节风量开关,可获得高、中、低三个挡位的出风量。

注意:因供暖系统与发动机水箱相通,当环境温度低于0℃而发动机长时间不工作时,应将发动机水箱放空,或在水箱中加注防冻液,以免供暖系统散热器冻裂。

二、平地机的基础驾驶

1. 起步

（1）将铲刀、推土板、松土器置于行驶状态。

（2）左手握转向盘,右手握住变速器杆推向低挡位置。将变速器杆置于"前进"或"后退"上的第1或第2挡位置。

（3）鸣笛,释放驻车制动,检查驻车制动指示灯是否熄灭,踩加速器踏板,平地机开始缓慢起步。

2. 行驶

（1）行驶前清除平地机上的泥土。

（2）检查制动器、转向系统、轮胎和灯是否正常。

（3）调整铰接转向,即前后轮必须在一条直线上(图 4-1-15)。

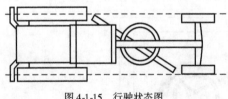

（4）检查前轮倾斜,将前轮调整垂直。

（5）将铲刀置于行驶位置,并尽量提高其高度。

（6）将推土板、松土器完全升起。

（7）必须注意,在行驶中,铲刀和推土板位置决不能过低,应根据需要将其提起。

图 4-1-15　行驶状态图

（8）行驶时必须观察下列仪表、指示灯,机油压力为红色指示灯,机油粗滤为红色指示灯,制动工作压力为红色指示灯,都不应亮。

（9）平地机在行驶作业时,操作人员应注意观察变矩器油温指示,变矩器油温应在绿色段(50～115℃),如温度达到红色段(≥115℃)时,应立即抬起加速踏板,变换挡位,减速行驶。待温度下降后,再恢复原行驶作业速度。

（10）直线行驶,平地机在行驶中,由于路面凹凸和倾斜等原因,使平地机偏离原来的行驶方向,为此必须随时注意修正平地机的行驶方向,才能使其直线行驶。如果车头向左(右)偏转时,应立即将转向盘向右(左)转动,等车头将要对正所需要方向时,应逐渐回转转向盘至原来位置。其操作要领是少打少回,及时打及时回;切忌猛打猛回,造成平地机"画龙"行驶。

3．换挡

1）加挡

（1）将加速踏板踏下，以提高机速。

（2）放松加速踏板；将变速杆高低挡操纵杆置于空挡位置；同时将变速杆或高低挡操纵杆置于所需挡位；同时踏下加速踏板。

2）减挡

（1）减挡前除将发动机减速外，还可用行车制动器配合减速。

（2）放松加速踏板，使行驶速度降低。

（3）将变速杆置于空挡位置。

（4）踏一下加速踏板；将变速杆置入低挡位置；同时踏下加速踏板。

4．转向

（1）左手握转向盘，右手打开转向灯开关。

（2）两手握转向盘，根据行车需要，按照转向盘的操纵方法修正行驶方向。

（3）关闭转向灯开关。

注意：转向前视道路情况降低行驶速度，必要时换入低速挡。转弯时，要根据道路弯度，大把转动方向盘使前轮按弯道行驶；当前轮接近新方向时即开始回轮，回轮的速度要适合弯道需要。转向灯开关使用要正确，防止只开不关。

5．制动

制动方法与推土机制动相似，亦分为预见性制动和紧急制动。在行驶中操作手应正确选用，保障行驶安全。

1）预见性制动

在行驶中，操作手预计到可能出现的复杂局面而有目的地采取减速或停车措施，称为预见性制动。

预见性制动不但能保证行驶安全，而且还可以避免机件、轮胎的损伤，是一种经常采用的制动方法。预见性制动操作方法有减速制动和停车制动两种。

（1）减速制动是在变速杆处于工作位置时，主要通过降低发动机转速限制平地机的行驶速度，一般用在停车前、换低挡前下坡和通过凸凹不平地段时使用。

其方法是：发现情况后，先放松加速踏板，利用发动机低速牵制行驶速度，使平地机减速并视情况持续或间断地轻踏制动踏板使平地机进一步降低速度。

（2）停车制动用于停车前的制动。

操作方法：放松加速踏板，当平地机行驶速度降到一定程度时，轻踏制动踏板，使其平稳地停车。

2）紧急制动

平地机在行驶中遇到紧急情况时，操作人员迅速使用制动器，在最短的距离内将平地机停住，称为紧急制动。

紧急制动对设备机件和轮胎会造成较大的损伤，且由于左右车轮制动力矩不一致，或左右车轮与路面的附着力有差异，会造成"跑偏""侧滑"，失去方向控制。紧急制动只有在不得已的情况下才可使用。

操作方法：握稳转向盘，迅速放松加速踏板，用力踏下制动踏板，同时使用驻车制动，充分发挥制动器的最大制动能力，使其立即停驶。

6. 停车

(1)放松加速踏板,使平地机减速。

(2)踏下离合器踏板。

(3)根据停车距离踏动制动踏板,使平地机停在指定地点。

(4)将变速杆置于空挡位置。

(5)将驻车制动操纵杆拉到制动位置。

注意:坡道停车时,除及时拉紧驻车制动操纵杆外,上坡停车还应将变速杆置于前进1挡,下坡停车置入倒挡,将工作装置落地,以防止溜车。

7. 倒车

倒车是平地机行驶、作业过程中经常遇到的工况之一,倒车操作应根据车辆操作要领和路况情况并严格遵循规范要领进行。

倒车需在平地机完全停驶后开始进行,其起步、转向和制动的操作方法与前进时相同。

任务二　平地机的作业

任务引入

平地机的作业主要是铲土侧移、推土、挖沟和刮坡。在作业前应根据作业要求,通过操纵杆的配合动作调整铲刀的铲土角、平面角、倾斜角以及铲刀的侧伸倾斜等,以适应不同工况的需要,操作平地机高效完成施工任务并不是一件简单的工作。不同工作任务具有不同的施工方法,熟练掌握平地机作业操作技巧,对提高工作效率、节约生产成本、降低能耗都具有显著的现实意义。本任务主要完成如何使用平地机进行有效作业。

任务目标

1. 了解使用平地机进行作业的条件;

2. 明确平地机作业前技术准备工作的内容;

3. 掌握平地机作业操作的分解动作要领;

4. 会使用平地机完成基础作业。

知识准备

一、平地机作业规范

1. 作业准备

(1)详细了解作业内容和施工技术要求,仔细检查作业区内各种桩号的位置。

(2)检查平地机四周有无障碍物及危及安全的因素,请无关人员离开作业区。

(3)检查各连接部件的紧固情况,特别注意车轮轮毂、传动轴等处的连接螺栓有无松动。

(4)操纵手柄、变速器操纵杆必须置于空挡位置,其他各操纵杆均置于中间位置。

(5)检查转向装置和制动装置是否灵活可靠。

(6)检查各仪表、灯光、喇叭等信号装置是否正常。

(7)检查液压系统是否完好。

（8）将刮刀、齿耙等作业装置置于运输状态，并检查其是否完好。

（9）铰接式平地机，检查其铰接转向装置是否完好，并在运输前将前后轮调整在一条直线上。

（10）检查轮胎是否完好，气压是否符合规定标准。

2. 作业与行驶

（1）平地机发动后，先换低速挡轻踩加速踏板缓驶，待确认一切正常后方可升挡行驶。

（2）在平坦道路上行驶用高速挡；在条件较差的道路或坡道行驶时，用低速挡；作业均用低速挡。

（3）平地机掉头或转弯时，使用最低速度。

（4）平地机在低速行驶或改变行驶方向时，一般应停车换挡，高速行驶可在行进中换挡。

（5）下坡时必须挂挡，禁止空挡滑行。

（6）行驶时，必须将刮刀与齿耙升到最高处，并将刮刀斜置，刮刀两端不得超出后轮外侧。

（7）行驶时，一般只用前轮转向，在场地特别狭窄的地方可同时采用后轮转向，但小于平地机最小转弯半径的地段，不得勉强转弯。

（8）制动时要先踩下离合器踏板，在变矩器处于刚性闭锁状态时，不能用制动器。

（9）不论作业或行驶，都应随时注意各仪表的读数是否正常，变矩器油温超过120℃时，应及时停车，待油温下降后再继续运行。

（10）以推土作业为主时，应用较小的铲土角。

（11）摊铺及平整作业时，应用较大的铲土角。

（12）操纵刮刀引出杆，可以将刮刀引出，对机器侧边较远的地方加以平整。

（13）在曲折的工线上，可以利用全轮转向，机动灵活地进行工作。

（14）将刮刀斜置，用刮刀前端着地即可进行挖沟作业。

（15）修边坡时，应根据边坡坡度调整刮刀倾斜度。

（16）用齿耙破碎旧路基、摊铺石子等作业，遇到较大阻力时，可以减少齿数。

3. 作业后要求

（1）应将平地机停放在平坦安全的地方，不得停放在坑洼有水的地方或斜坡上。

（2）停放时，应将所有作业装置落地或刚性固定。

（3）停机后，如需升起作业装置进行维修作业，该装置必须被牢固固定。

（4）停机后，必须将铰接式平地机的铰接转向机构锁定。

（5）每天完成作业后，清除附留在机身上的泥土、杂物，并进行例行维护工作。

二、平地机作业参数选择与调整

1. 摆架转动调整

通常情况下，摆架锁定在水平位置3（图4-2-1所示），坐在驾驶室内就可以看到其位置。
安装在电控箱上的八个翘板开关为控制灯开关（图4-2-2所示）。
通过下列步骤调整可将摆架固定在1或2（图4-2-3a、b）以及4到6（图4-2-3c、d、e）的位置。

（1）使用升降油缸将铲刀放置在地上（液压系统没有负载）。

（2）按下插销油缸按钮开关1（图4-2-2），开关指示灯亮，插销完全拔出。

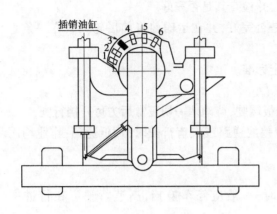

图 4-2-1　摆架锁定在水平位置示意图

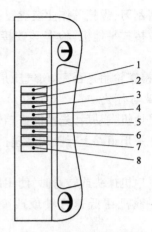

图 4-2-2　控制开关示意图

1-插销油缸开关;2-停车警示灯开关;3-牌照灯开关;4-洗涤器开关;5-前刮水器开关;6-后刮水器开关;7-空调冷、热转换开关;8-空(预留)

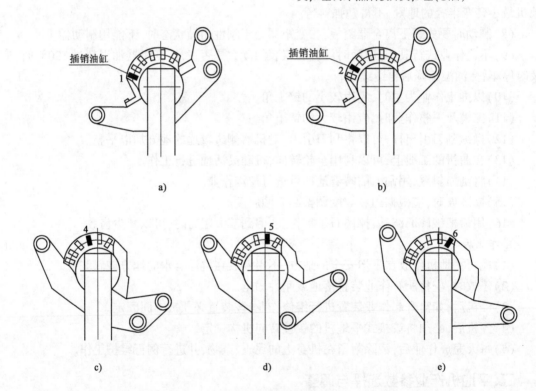

图 4-2-3　摆架的变位示意图

(3)要转到 1 或 2 位置时(图 4-2-3)将摆动油缸相应伸长,左铲刀升降油缸逐渐缩短,右铲刀升降油缸逐渐伸长。按回插销油缸按钮开关,开关指示灯灭,插销插入 2 或 3 孔。

(4)要转到 4 至 6 位置时(图 4-2-3)将摆架油缸相应缩短。左铲刀升降油缸逐渐伸长,右铲刀升降油缸逐渐缩短。按回插销油缸按钮开关,开关指示灯灭,插销插入 2 或 3 孔。

调整摆架位置的目的是为使铲刀升降油缸与摆架中心保持在最大距离附近,即两升降油缸支座的连线与油缸基本垂直。

2. 铲土角的选择与调整

铲土角即切削角，是指铲刀(刮刀)切削刃与地面的角。如图 4-2-4 所示为平地机刀具几何参数和工作参数示意图。铲刀铲土角的大小一般依作业类型来确定，一般平地机铲土角都有一定的调整范围以适应不同的作业要求。中等的切削角(60°左右)适用于通常的平地作业。当切削、剥离土壤时，例如剥离草皮、刮平凸缘、切削路边沟等，需要较小的铲土角，以降低切削阻力。当进行摊铺、混合物料作业时，应选用较大的切削角，这样可以避免大物料对铲刀的推挤力，大粒料较容易从刮刀下滚过去，由于铲土角大，刮刀载料减少，使物料滚动混合作用加强。

铲刀(刮刀)切削角的调整有两种方式：人工调整和液压缸调整(图 4-2-5a、b)。油缸调整时，首先松开紧固螺母，然后操纵液压缸，使角位器绕下铰点转动，使切削角改变，调好后将螺母锁紧。人工调节的方式在小型平地机上被广泛应用。

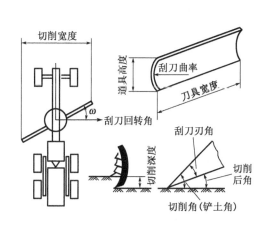

图 4-2-4　平地机工作参数示意图

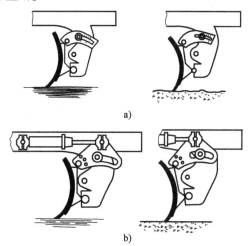

图 4-2-5　(铲刀)刮刀切削角的调整方式
a)人工调整;b)液压缸调整

PY180、PY190 平地机装备有液压角位器，在驾驶室内操作控制手柄，即可实现铲土角的调整，适应工作的需要。

3. 刮刀(铲刀)平面回转角的选择与调整

刮刀回转角如图 4-2-6 所示。回转角的大小视具体工况要求来确定。当回转角增大时，工作宽度减小，但物料的侧移输送能力提高，刮刀单位切削宽度上的切削力提高。对于剥离、摊铺、混合作业及硬土切削作业，回转角可取 30°~50°;对于推土摊铺或进行最后一道作业刮平以及进行松软或轻质土刮整作业时，回转角可取 0°~30°。

铲刀在回转蜗轮箱内小齿轮的驱动下，可以做 360°回转。平面角、倾斜角是根据作业的需要，通过操纵铲刀回转或铲刀升降来改变的。回

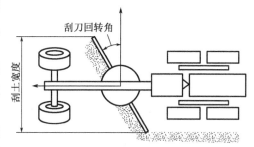

图 4-2-6　刮刀(平面角)回转角示意图

转铲刀时，应注意不要碰撞轮胎、变速器、车架、梯子、梯形拉杆和护板等部件，以免损坏机件。平面角和倾斜角在各种土壤条件下的合理使用范围参见表 4-2-1。

工作条件	安装角	铲土角(°)	平面角(°)	倾斜角(°)
铲土	经犁松的土	~40	~30	~11
	经松土器耙松的土	~40	30~35	~11
	未松的Ⅰ、Ⅱ级土	~35	40~45	~15
运土	重土质	~35	40~50	~11
	轻土质	40	35~45	~13
整修路基	削平	40	45~55	~18
	摊平并拌和压实	40~60	55~90	~30

4.前轮倾斜的运用

平地机作业时,由于刮刀有一定的回转角,或刮刀在伸出机外刮边坡,使机器受到一个侧向力的作用,常会迫使机器前轮发生侧移以致偏离行驶方向,导致轮胎的磨损加剧,同时对前轮的转向销轴产生很大的力矩,使转动前轮的阻力增大,通过前轮倾斜的运用,能有效地抵消这种阻力。具体方法:当刮刀以大回转角作业时,物料流向左侧,前轮应向左侧倾斜(图4-2-7a)。当刮坡作业时,轮子的倾斜方向取决于坡土的性质:

(1)当土壤为软黏土时,刮刀受到一个切进力的作用,此时操纵轮子向离开坡道的方向倾斜,如图4-2-7a)所示,这样可以防止刮刀啃入土内。

(2)当土壤为硬质土时,操纵前轮向坡道一侧倾斜如图4-2-7b)所示。

5.铲刀左(右)侧伸的调整

(1)升起铲刀,操纵牵引架液压缸,使牵引架向左(右)移动。

(2)操纵铲刀侧伸操纵杆,使铲刀向左(右)伸出。

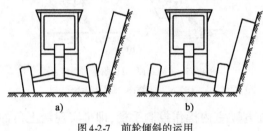

图4-2-7 前轮倾斜的运用

6.铲刀向右侧伸倾斜

(1)按铲刀侧伸的方法将铲刀向右伸出。

(2)拔出环形架定位销。

(3)操纵牵引架移动操纵杆,带动环形架转动,使其轴销孔对正导架左销孔,并插入定位轴销。

(4)升起铲刀,使右液压缸活塞杆缩短,左液压缸活塞杆伸长。

(5)操纵牵引架移动液压缸,使牵引架继续向右移动,把铲刀移到机架右侧。

(6)操纵铲刀回转操纵杆,使铲刀竖起(刮边坡用)。

7.松土器调整

(1)松土器齿耙的调整与应用。当需要松土器工作时,将弹簧销拆下,把耙齿轴拉出,便可改变耙齿的工作位置。耙齿放下,再把定位杆推回。如需减少耙齿数量时,耙齿之间需放置间隔套以防耙齿左右移动。松土作业时,利用铲刀升降液压缸,使松土器得到合适的入土深度,其最大入土深度为150mm,如图4-2-8所示。

(2)后松土器调整与应用。后松土器有5个齿,一般用3个齿在坚硬的地面上工作,各个齿要对称使用,即用中间1个齿或外侧2个齿,或3个齿在一起使用。

①耙齿的调整。耙齿可以有两个位置,如图4-2-8所示。

a.取下弹簧销1(图4-2-9)。

b.拔出销轴2(图4-2-9),可以将每个齿置于预定的位置,然后推进销轴,插上弹簧销。

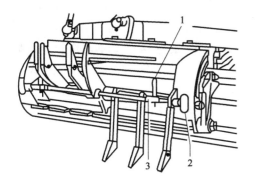

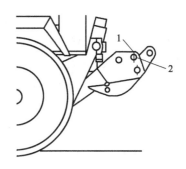

图4-2-8　松土器齿耙的调整
1-弹簧销;2-齿耙轴;3-支架

图4-2-9　后松土器齿的调整
1-弹簧销;2-销轴

②松土。控制杆7、8(图4-2-10a)控制着后松土器升降,土地的软硬程度决定松土的齿数、齿入土的深度,以及行驶速度。

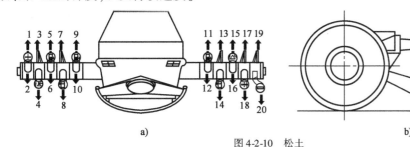

图4-2-10　松土
a)后松土器操作杆位置;b)后松土器松土示意图

注意:在平地机转弯和向后倒车之前,要将后松土器提起。

8.回转圈间隙的调整

回转圈经过长时间的使用,会因为磨损而使配合间隙增大;如果发现径向跳动,其间隙超过3mm,或轴向间隙超过2.5mm时,需要调节回转齿圈导板,如图4-2-11所示。

(1)轴向间隙调整:拧下螺母,取下4个导板,增减调整垫片即可调整其轴向间隙,保证正常间隙为1mm。间隙调好后,重新装好导板。

(2)径向间隙调整:拧松固定螺母4和5(图4-2-11),拧动调整螺母来调整导板径向间隙,使其达到0.5mm。调整后把所有螺母拧紧,螺母的紧固力矩为590N·m。

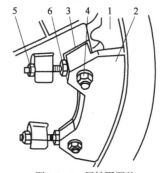

图4-2-11　回转圈调整
1-回转圈;2-导板;3-调整垫片;4-固定螺母;
5-锁紧螺母;6-调整螺母

任务实施

一、平地机基础作业

平地机是一种铲刀(刮刀)为主,配以其他多种可换作业装置连续作业的机械。每个作业循环由铲土、运土、混合、回填、摊铺等连续工序组成的土方机械。在作业中可利用铲刀的左、右升降油缸使铲刀左、右升降;回转齿圈液压马达使铲刀左、右回转;铲刀引出油缸可使铲刀左、右引出;铲刀摆动油缸可使铲刀左、右摆动;铲土角调整油缸改变铲土角的大小;前推土板油缸可使推土板升降;松土器升降油缸可使松土器齿耙升降等 14 个作业动作组成。在作业中,其操作过程分断续操作和连贯操作两种方法。断续操作,是将 14 个基本动作分开操作,即做完一个动作后再做下一个动作。连续操作是使铲刀升降、铲刀回转操纵杆的动作能密切协调地配合,尽量在短的时间内完成操作,以提高作业效率。

平地机基本作业方法有刀角铲土侧移、刮土直移、刮土侧移、机外刮土、斜行作业五种操作方法。

1. 刀角铲土侧移法

这种作业方法适用于刮路边多余土埂或开挖边沟和侧移物料堆的摊铺。根据土壤性质调整好刮刀铲土角和刮土角,平地机以低速度前进,让刮刀铲土端下降切土,卸土端接触地面,被刮刀刮出的土层就侧卸于左右车轮内侧,随着刮土阻力大小可随时调整,但不要一次调整过多,以免造成土层的波浪形,而影响下一行程工作。

为了便于掌握方向,刮刀的铲土端与前轮对齐之后。遇有特殊情况(例如行驶路线有障碍物)也可将刮刀的前置端侧伸于机外,再下降刮土,但必须注意,此时所卸土壤也应处于车轮的内侧,不被驱动后轮所压上,以免影响平地机的牵引力。平地机刀角铲土侧移示意,如图4-2-12所示。

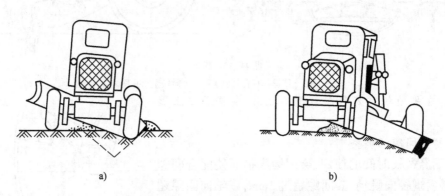

a)　　　　　　　　　　　　　b)

图 4-2-12　平地机刀角铲土侧移示意图

2. 刮土直移

该方法用于场地较小的地段,作为整修路型时的基本平整作业,以及铺摊物料作业。先将刮刀铲土角调到 40°~50°,然后将刮刀平面置于刮土角 90°,平地机以低速挡速度前进,刮刀两端同时下降,少量切土,被刮起的土壤堆积于刀前,大部分物料向前推送,少量溢于两侧,对于溢出的少量土壤,可留在最后用刮刀切入地表面并使用 2 挡快速前进的方法,就可将它全部摊开。平地机刮土直移示意,如图 4-2-13 所示。

3. 刮土侧移

这种操作方法适用于移土修整路基、平整场地、铺散或路拌路面材料等作业。先根据施工对象的要求和土壤性质调整好刮刀的刮土角(一般为 60°~70°)和铲土角约 45°,以机械 1 挡,使刮刀的左右端同时放下并切入土中,于是被刮起的土料就沿着刀面侧移卸于一侧留成土埂,此土埂可能处于车轮外侧或车轮内侧。主要任务是调整平地机刮土角和侧伸及刮刀左右升降度。

不论土壤卸于机外侧或机内侧,都不应让卸下的土壤处于平地机后轮的行驶轨迹上,否则会影响平地机的牵引力。

平地机的刮刀刮土侧移(图4-2-14),用于场地的平整作业,使用不同的刮刀侧移一定角度,来回刮几个行程就能使场地基本平整。

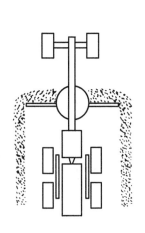

图4-2-13 平地机刮土直移示意图

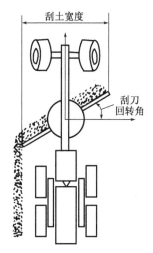

图4-2-14 平地机的刮刀刮土侧移

全轮转向的平地机,特别在连续弯道作业,前后轮可按弯道情况配合转向,这样可提高作业效率,如图4-2-15所示。

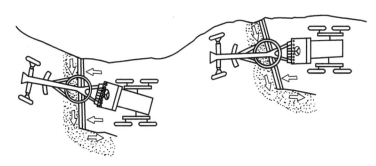

图4-2-15 全轮转向平地机在连续弯道作业图

对于刮刀全回转的平地机,将刮刀回转180°,使刮刀处于平地机行驶相反方向置,让平地机倒退进行刮土作业。这种方法适用于狭窄地段作业,可以提高生产率,因为这种刮刀的回转操作时间消耗要比平地机掉头的时间少得多,可提高工作效率,如图4-2-16所示。

刮刀横移平地机作业时,可以操纵刮刀,使其横向移动(即侧移),这样可以让平地机在前进或后退时,使刮刀有效地避开障碍物。图4-2-17为刮刀横移避开障碍物。

4.机外刮土

这种作业方法用于修整路基的边坡。先将刮刀倾斜于机外,然后在其上端朝前,机械以1挡速度前进放刀切土,于是被刮下的物料就顺刀卸于左右车轮之间,以后再将此物料移走。平地机机外刮土示意,如图4-2-18所示。

5.斜行作业

利用车架铰接或全轮转向的特点,平地机可以进行斜行作业,如图4-2-19所示。

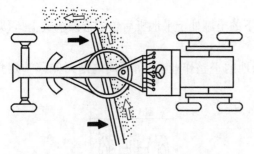

图 4-2-16 刮刀全回转的平地机倒退刮土作业图

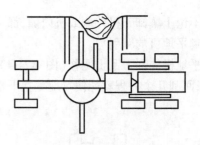

图 4-2-17 刮刀横移避开障碍物

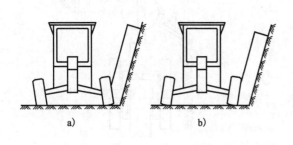

a)　　　　　b)

图 4-2-18 平地机机外刮土示意图

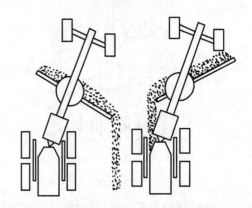

图 4-2-19 斜行作业示意图

采用斜行作业的方法如图 4-2-19 所示,可以使车轮有效地避开料堆,可以让后轮有选择地在路面行驶,前轮在坡道或土丘上走,而机身放在平坦的地面上以保持机器工作的稳定。这种工作方式还便于机器的操作和刮刀的调节。

二、平地机生产作业

1. 修筑路基

平地机修筑路基作业就是按路基规定的横断面图的要求开挖边沟,并将边沟内所挖出的土移送到路基上,然后修成路拱。

平地机修筑路基作业的施工程序通常是从路的一侧开始前进,到达预设标定点后,掉头又从另一侧驶回,这样一去一回叫作一个行程。

如图 4-2-20 所示为平地机修筑路基时的施工程序。首先平地机以较小的铲土角用刀角铲土侧移实施挖沟作业;然后以较大的铲土角,用侧移法将松土自两边铲送到路中心;最后以平刀或较大斜刀将中心的小土堆刮散或刮向路边,使之达到设计要求。铲土和送土需要多少行程,应视路基宽度和边沟大小以及土壤的性质而定。最后平整一般只需 2~3 个行程。

由于从边沟挖出的土壤是松散的,平地机驶过后必然会压成一条条凹槽,这样当平地机在第二层刮送土壤填铺路拱横坡时,就很难掌握正确的标准,而且还不容易把凹槽刮平。为了使平地机运送的土壤摊平,刮送第一层时,就将前后轮都转向,让车身侧置,前后轮正好错开位置。此时,平地机轮胎在一次行程的刮送工作中,就可将前一行程的大部分碾压一遍,这样大大有利于第二层的刮送,并易于掌握路拱坡度的标准。

2. 开挖路槽

在铺筑砾石路、碎石路、沥青路以及改善土路时,可用平地机开挖路槽。

根据设计要求不同,开挖路槽方式有3种:

一种是把路基中间的土壤铲出挖成路槽,土壤就地抛弃;另一种是在路基两侧堆起两条路肩筑成中间一条路槽,使用这种方法可以与修整路型同时进行,可以利用整型的余土或预留余土来堆填,这种方法比第一种经济;第三种方法是开挖路槽到一半深度时,再把挖起的土壤做成路肩,挖填土方量相等,这比上述两种方法更经济合理,施工工序如图4-2-21所示。

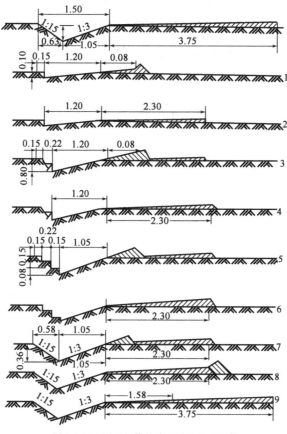

图 4-2-20 平地机修筑路基时的施工程序

3. 拌和及摊平改善路面材料

在改善路面材料时,可用平地机将改善材料与路基上的土壤拌和,其基本方法有3种,如图4-2-22所示。

1) 修筑石灰路面时,土壤和石灰在路基上的拌和作业

修筑石灰路面施工作业的程序如图4-2-22a) 所示。在经过耙松及刮平的土层上,先用铲刀铺一层掺和料(石灰或沙子等),然后与土壤一起拌和。先将料向外刮,第一行程用斜铲沿路的一侧铲入,深度到硬土层为止,此时被铲出的土壤与掺和料就在路肩上形成一条料堤;然后向路中侧移机进行第二行程,再把土壤与掺和料刮堆到路肩一侧,形成第二条料堤。

初次拌和,所需铲刮次数视路宽而定。

第二次拌和是将料堤依次铲向路中心,以后各次拌和依此类推,至拌和均匀后摊平并修成路拱即可。

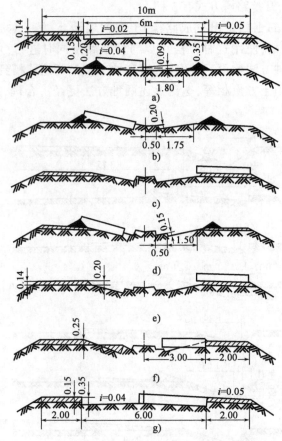

图 4-2-21 开挖路槽工序示意图

a)第 1 次挖土;b)第 2 次挖土;c)第 3 次摊土于路肩;d)第 4 次挖土;e)第 5 次摊土于路肩;f)第 6 次挖路槽侧部;g)第 7 次挖路槽侧部并刮平底部

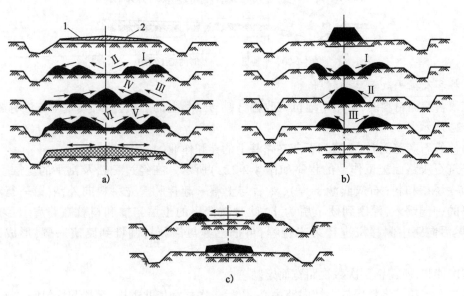

图 4-2-22 拌和摊平路面材料示意图

1-料层;2-路基土;Ⅰ、Ⅱ、Ⅲ、Ⅳ、Ⅴ、Ⅵ-平地机铲刀内外拌和次序

2）掺和材料堆置在路基中线上修筑路面的拌和作业

先把掺和材料堆置在经过翻松的路基中心线上，如图4-2-22b）所示，然后将料堆路基土一起向两边铲刮，完成初次拌和。经过反复铲刮拌和直至拌匀为止，最后铺成路面，修好路拱。

3）掺和材料堆置在路基两侧路肩上进行修筑路面的作业

如掺和材料堆在路基两侧的路肩上，如图4-2-22c）所示。在这种情况下，应先将两侧的料堆向路中铲刮并加以铺平，最后按在路基上拌和土壤与掺和材料的方法进行拌和。

4）养护道路

养护土路和砾石路的主要工作是及时刮平车辙，这个工作用平地机进行最为有效。其作业方法通常是从路肩上铲土，将车辙填平。土壤不够时，可从边沟挖取补充，如图4-2-23所示。为保持土路、砾石路长期完好状况，在日常养护中，应利用平地机在规定周期内进行有计划的刮削平整，并清除路肩上的草皮。

5）清除积雪

一般情况下，用平地机清除道路上的积雪是很有效的。作业时，清除宽度不大且积雪厚度在30cm以下时，平地机可从路中心依次向外推运，如图4-2-24所示；而当清除宽度较大和积雪较厚时，应从两侧开始推运，以免形成大的雪垄而无法推运。作业时的平面角应调为40°～50°，倾斜角不应超过3°。当积雪较厚时，平地机应安装扫雪装置进行作业。

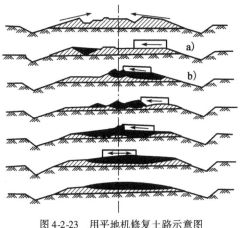

图4-2-23　用平地机修复土路示意图
a）边沟两侧取土补充；b）刮送填铺路拱

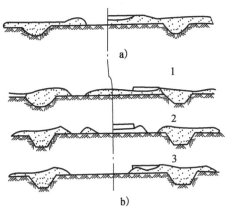

图4-2-24　平地机清除积雪作业
a）中心清除法；b）两侧清除法

任务三　平地机的维护

任务引入

对平地机实行定期维护，可以减少机器的故障，延长机器使用寿命；缩短机器的停机时间；提高工作效率，降低作业成本。管理好燃油、润滑油、水和空气的用量，就可减少故障的发生。每日作业前后良好的维护习惯成为职业规范，将会获取事半功倍的效果和长期的社会效益。这是一个合格操作人员的基本要求，也是一个操作人员应该具备的素质。

任务目标

1. 了解平地机日常维护的常规项目内容；

2.掌握平地机日常维护的方法;

3.掌握平地机典型部件的维护检查方法。

知识准备

一、平地机日常维护

1. 常规清洁与检查

(1)清洁平地机:清除平地机表面堆积的尘土和粘砂;清除发动机、液压元件和各部件表面上的尘土油垢。切莫将污物弄进各加油口和空气滤清器内。

(2)检查机车各零部件的连接和紧固情况,特别要注意检查机架与后桥的连接螺栓、驱动轮的轮辋连接螺栓是否松动或断裂,对松动或断裂者予以紧固或更换。

(3)检查和排除机车各部位的渗漏油现象。

(4)检查发动机油、燃油及液压油油量并按规定加入新油至规定的油标指示刻度。

2. 常规润滑维护

向各润滑油嘴加注锂基润滑脂(图4-3-1)。

(1)使用的最初200工作小时,应每天(10h)检查2次发动机油量。

(2)给传动轴加润滑油时,只能用低的压力加注,避免强力推压加注及加油过多。油脂加至排出新油。

(3)在多尘土情况下工作,要经常清洗水箱及所有油散热器的叶片,清洗次数应多于润滑图规定次数。

(4)首次加油,过滤器的更换和维护,按表4-3-1规定进行。

首 次 更 换 项 目 表4-3-1

工 作 小 时	应进行的工作
50h 以后	发动机换油 换发动机滤油器滤芯 拧紧发动机油箱上的紧固螺栓 拧紧缸盖上的吸油排油导管固定卡 拧紧发动机装置的松动部件 检查阀的间隙,必要时进行调整
100h 第一次检查	变矩器变速器换油 后桥换油 平衡箱换油 铲刀回转蜗轮箱换油 换变速器滤油器滤芯 清洗变速器吸油滤网 换液压油回油滤油器滤芯
500h	液压油箱换油

①润滑油及润滑脂。

使用合适的润滑剂对于平地机的效率和使用寿命是极其重要的,并有明显的效果,因此建议使用下列高质量的润滑油和润滑脂,见表4-3-2。

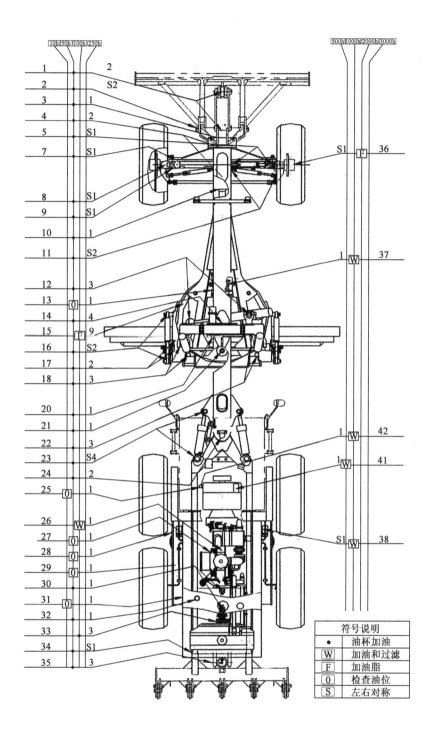

图 4-3-1　PY190 平地机润滑图

1-推土板油缸轴承;2-推土板轴承;3-推土板油缸轴承;4-前桥轴承;5-前轮倾斜油缸轴承;7-前轮倾斜拉杆;8-前轮转向节;9-前轮倾斜关节;10-牵引架轴承;11-前轮转向油缸;12-摆动油缸轴承;13-涡轮箱油位窗;14-摆架轴承;15-回转圈;16-油缸轴承;17-铲刀导轨;18-铲刀升降油缸轴承;20-摆架插销;21-回转接头;22-铲刀升降油缸轴承;23-铰接油缸轴承;24-铰接轴承;25-变速器油位;26-发动机加油口;27-发动机油标尺;28-平衡箱油位窗;29-后桥油位窗;30-万向传动轴;31-液压油箱油位窗;32-液压油箱滤油器;33-风扇、张紧轮、驱动轴轴承;34-松土器轴承;35-油缸轴承;36-前轮轴承;37-回转圈涡轮箱加油口;38-平衡箱加油口;41-变速器精滤器;42-变速器加油口

分　　类	润　滑　剂
油杯和油脂注油处	美孚润滑脂 EP2
发动机	夏季:15W/40 CD 级柴油机润滑油 冬季:10W/30 CD 级柴油机润滑油
变矩器和变速器	美孚黑霸王 HD 15W-40
后桥平衡箱和蜗轮箱	SAE 85W-140 或 API GL-5 齿轮油
作业液压系统和转向系统	AW46 抗磨液压油 寒区:N32 低凝抗磨液压油

②容量表见表4-3-3。

容　量　表 表4-3-3

部　　件	近似容量	润滑油或燃油
燃油箱	238L	柴油 GB 252—77 冬季 –10 ~ –35 号,夏季0 或 10 号
液压系统第一次加油 换油	138L 80L	AW46 抗磨液压油 寒区:N32 低凝抗磨液压油
发动机换油并过滤	18L	夏季:15W/40 CD 级柴油机润滑油 冬季:10W/30 CD 级柴油机润滑油
变矩器第一次加油换油 变速器	26L 21L	美孚黑霸王 HD15W-40
后桥	28L	SAE 85W-140 或 API GL-5 齿轮油
平衡箱	50L(每侧)	SAE 85W-140 或 API GL-5 齿轮油
蜗轮箱	2.5L	SAE 85W-140 或 API GL-5 齿轮油

注:所给的容量是近似值,以观察玻璃或控制口上的油标为准。

二、平地机周期性维护

1. 平地机 50h 磨合后的技术维护

在投入使用之前,平地机应进行 50h 试运行,否则不得投入正式使用。50h 磨合运行,按发动机使用说明书中有关规范进行。磨合试运转结束后,须按以下规定进行技术维护:

(1)重复日常技术维护的全部项目。

(2)检查轮胎气压,检查车轮螺母(用力矩扳手,力矩 450N·m)。

(3)更换发动机油。热车时放尽旧机油,然后注入新机油,经短期运行后检查机油油位是否在规定高度。

(4)检查液压油油位,加液压油至规定量。

(5)检查发动机冷却液位,加冷却液至规定量。

(6)后桥及液压系统是否有渗漏现象,有则必须消除,并加液压油至规定量。

(7)发动机每工作 50h,必须清理空气滤清器一次。

2. 平地机每工作 100h 技术维护

(1)重复日常技术维护的全部项目。

(2)更换后桥润滑油。热车时放尽旧润滑油,然后注入新润滑油。

(3)清洗机油滤清器。

(4)清洗柴油滤清器。

(5)检查进气系统和排气系统的情况,确保接头连接紧固。必要时清洗进气、排气管道。

(6)按发动机使用说明书中100h技术维护项目进行发动机的维护。

(7)检查驻车制动系统,必要时进行调节。

(8)检查转向机构的连接有无松动,包括转向杆的槽形螺母,有则拧紧。

(9)检查铲刀导向间隙,必要时调整。

(10)拧紧车轮螺母(用力矩扳手,力矩450N·m)。

(11)检查平衡箱链条张紧度,松时给予张紧。

3. 平地机工作250h技术维护

(1)重复100h技术维护全部项目。

(2)按发动机使用说明书中250h技术维护项目进行发动机的维护。

(3)清洗燃油箱输油泵滤网及管道。

(4)后桥各部油位检查或加油维护。

(5)用压缩空气吹去发电机内的积尘,并检查各部位有无异常,有则排除掉。

(6)检查回转圈导向间隙,必要时调整。

4. 平地机每工作500h技术维护

(1)重复250h技术维护全部项目。

(2)按发动机使用说明书中250h技术维护项目进行柴油机的维护。

(3)检查轮边制动器衬垫,厚度小于3mm时更换。

(4)更换变速器精滤器。

(5)检查开关、操纵监控装置的电气线路是否正常。如有损坏则需立即修复。

(6)检查变速器至后桥、发动机至作业泵的传动轴,万向节传动轴的间隙是否过大。

5. 平地机每工作1000h及寒冷季节开始以前技术维护

(1)重复500h技术维护全部项目。

(2)按发动机使用说明书中500h技术维护项目进行发动机的维护。

(3)更换液压油滤清器的滤芯。

(4)检查风扇传动轴轴承及皮带张紧轮轴承的磨损情况。

(5)在温度低于5℃时,发动机须给予特别维护。

①必须使用冬季燃油并特别注意燃油中的含水率,以免堵塞油路。

②冷却系统最好加注防冻液,否则停车后待温度降至40~50℃时,将冷却液放净。

③在严冬季节和地区,平地机最好不露天停放,否则起动时须将冷却液加热以预热机体。

6. 平地机每工作2000h技术维护

(1)重复1000h技术维护全部项目。

(2)更换前桥轮毂中的润滑脂,调整前轮轴承间隙。

(3)检查后桥主传动小齿轮轴向间隙,若大于0.05mm必须重新调整。

7. 平地机每工作3000h技术维护

(1)重复1000h技术维护全部项目。

(2)清洗冷却系统。

（3）清洗机油冷却器。

（4）检查水泵内部水封,加注新润滑脂。

（5）更换空气滤清器滤芯。

任务实施

PY190 平地机典型部件维护

1. 变速器的维护

注意:检查油位,按润滑图表换油,换滤清器,清洗冷却器,放油时要防止烫伤。

1）检查油位 1（图 4-3-2）

（1）每日都要检查油位,检查时变速器应升温至 80~90℃,发动机和变速器处在空挡。

（2）如果油量不足,需要把油加足。

2）更换滤清器滤芯

（1）取下旧滤清器扔掉（图 4-3-3）。

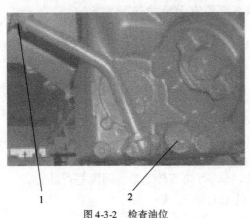

图 4-3-2　检查油位　　　　　　　　　　图 4-3-3　更换滤清器

1-油尺;2-放油螺塞

（2）换上新的滤清器。

注意:要使用的密封件一定要装好。

3）换油

（1）取下放油塞 2（图 4-3-2）把油排入容器,油排放干净后,才能堵上。

（2）清洗放油塞 2（图 4-3-2）,薄薄地涂上一层密封胶,然后拧紧。

（3）将油加满后,将换挡齿轮换到空挡,起动发动机并在慢速下运转,当发动机升温至 80~90℃时,油位应在油尺的高低刻度之间。

2. 后桥的维护

1）换油油位的检查和换油都要按照润滑图（图 4-3-1）进行换油

（1）取下放油塞 1（图 4-3-4）把油放入容器,为有助于放油,要把加油口 2 的螺纹拧开（图 4-3-4）,油放净后再堵上。

（2）清洗放油塞 1（图 4-3-4）用新的密封环重新装上并拧紧。

（3）在加油口 2（图 4-3-4）处向桥体加新油,达到油位指示器 3（图 4-3-4）的中间为止。重新拧上加油口螺塞并紧固,容量:约28L,要求达到油位指示器的中间。

2)检查油位

(1)油位必须在油位指示器3(图4-3-4)的中间。

(2)需要时,要在加油口2(图4-3-4)处再补充油。

3.平衡箱的维护

1)换油

(1)拧下螺塞1(图4-3-5)(每个平衡箱有2个),把油放进容器,直至放净。

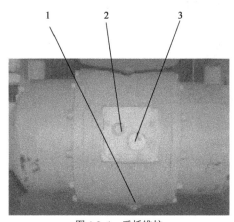

图4-3-4　后桥维护

1-放油塞;2-加油口;3-油位指示器

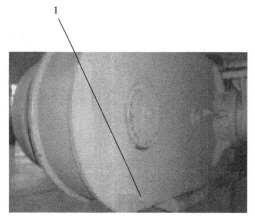

图4-3-5　平衡箱放油

1-螺塞

(2)清洗螺塞1(图4-3-5)换上新的密封环再装入并拧紧螺塞。

(3)拧下通气帽1(图4-3-6),把新油加到油位指示器1(图4-3-7)的中部,即最高油位。

(4)装上通气帽1(图4-3-6)并拧紧,容量:每个平衡箱约23L。要求到油位指示器中部。

2)油位检查

(1)油位必须在油位指示器1(图4-3-7的中间,即最高油位)。

(2)如果必需,取下通气帽1(图4-3-6)再加油。

图4-3-6　通气帽

1-通气帽

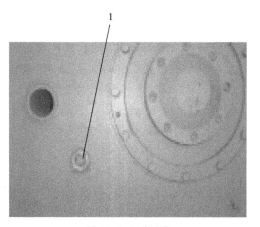

图4-3-7　平衡油窗

1-油位指示器

3)检查链条的松紧度(图4-3-8)

注意:每个平衡箱里有两根链条,总是两根链条一起检查的。

(1)拆下平衡箱的两个盖板。

(2)支起平衡箱,使车轮离地。

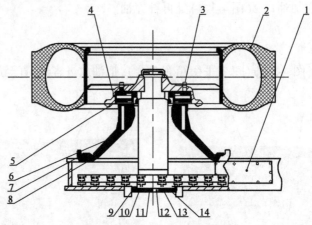

图4-3-8　平衡箱链条张紧

1-平衡箱盖板;2-车轮;3-轮毂螺栓;4-制动鼓;5-制动盘;6-轴连接盘;7-螺栓;8、9-O形密封圈;10-螺栓;11-车轮轴;12-螺塞;13-轴承盖;14-圆锥滚子轴承

(3)当链条受拉后,伸长量增加。如果链条碰上平衡箱,就要把链条重新张紧。链条的张紧度是由转动偏心轴承盖来实现的。

注意:链条的张紧只应由专业人员去做。

4)重新张紧链条(图4-3-8)

(1)支撑起平衡箱,使车轮离地并把油放出。

(2)拆下车轮2、制动鼓4。

(3)松开制动管路、拆下制动盘5。

(4)取下螺塞12,在原处换上一个螺栓10,把它向车轮轴11的螺孔中拧几圈。

注意:这个螺栓可以防止车轮轴11从圆锥滚子轴承14中滑出来。

(5)拆去轴链接盘6上的螺栓7和轴承盖13上的螺栓10。

(6)把轴连接盘6、轴承盖13同方向转动相同的孔距,直到链条张紧为止。

注意:

1.6和13上的标记"0"的位置要相对一致。

2.转动轴连接盘6和轴承盖13时,要特别当心,以免损坏O形圈8和9。

(7)用六角螺栓7和10分别把13和6重新装好,要对面交叉地依次拧紧螺栓。

(8)在轴承盖13上拆去装入的螺栓,换上螺塞12。

(9)装上制动盘,连接制动管路。

(10)装上制动鼓和车轮。

(11)给平衡箱充油,重装盖板1。

(12)调整好制动系统,给系统放气,以便使用。

4.作业及转向液压系统的维护

(1)检查作业液压系统中泵、缸、阀、管路及接头是否渗漏。

(2)作业液压系统的工作压力,在整个液压系统中,所有的溢流阀都已调定了正确的工作压力,并且这些装置已被密封,如因故障需要重新调节压力,应由专业维修人员进行调定。

（3）更换液压油。使用到规定的工作小时（图4-3-1）后换油。此外，还有两种特殊情况必须换油，即修理或污染环境严重时取一滴样品滴在过滤纸或吸墨纸上，若几小时以后周围留下明显的黑斑，此时，若不换油就会损害液压系统。

①铲刀落地，推土板升到顶。

②熄灭发动机，扳动操纵杆将推土板落地。

③把油箱底部的放油螺塞5（图4-3-9）拧下，使油流入一个容器中，待油流尽后拧紧螺塞。

④打开回油滤清器盖1（图4-3-9），加入规定的液压油，油位应达到油位指示器2的中位（图4-3-10）。

⑤装上回油滤清器1盖（图4-3-9）。

⑥起动发动机，操作所有作业装置的操纵杆，使操纵杆大距离反复运动，这样就可以给液压系统充满液压油并排掉气体，同时将液压系统全部充满。

⑦将所有作业装置置于地面，熄灭发动机，给油箱放气。

⑧如有必要，再从回油滤清器口1（图4-3-9）加油，使油位升至油位指示器2中位（图4-3-9）。

注意：应特别注意过滤器口的密封性，必要时，更新密封圈。为防止过滤器盖的细牙螺纹的损坏，装盖时请小心。

容量：在油位指示器处约为80L。

（4）油位检查。

①发动机熄火，作业装置落地时，油位必须在油位指示器2中位（图4-3-9）。

②必要时，添加规定的液压油。

注意：油量损耗时，检查漏损和密封情况。

（5）更换或修理作业泵、转向泵。

①将球阀关闭。

②更换或修理作业泵、转向泵。

③修理后重新打开球阀。

（6）更换回油过滤器滤芯。

①拆下回油滤清器1盖（图4-3-9）。

②整个取出过滤器芯扔掉。

③换新滤芯，按相反程序重新装好。

注意：将整个过滤器重装进油箱时，必须小心不得损伤支座的密封圈。细心地拧紧回油滤清器1盖（图4-3-9）。

（7）定期检查转向系统的功能是否正常，检查液压转向系统的泵、缸、管路和接头密封情况，及时排除渗漏现象。

（8）检查转向梯形拉杆和转向缸的螺母和螺栓安装是否正常，必要时拧紧。

注意：万一液压转向系统发生故障，应停止工作，并通知专业人员进行修理。

5.制动系统的维护

1）检查制动衬片

按照周期维护500h检查制动衬片的厚度，当剩余厚度不足3mm时，要换新的制动衬片。

2）更换制动衬片

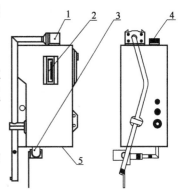

图4-3-9 液压油箱
1-回油滤清器；2-油位指示器；3-球阀；
4-空滤器；5-放油螺塞

制动衬片的更新只能由专业人员去做。

所更换的制动衬片,必须经过与制动鼓的配磨和修整,以保证必需的接触面积,此外,为避免制动力的不平衡,对面车轮的衬片总是一起更换的。

3)调整制动踏板

更换带衬片的制动器时,平衡箱的全部车轮都应进行调整。一个制动器的两个制动蹄总要一起调整,而先后次序没有什么关系。调整必须由两个人来进行,一个人转动车轮,同时另一个人调整制动器。调整方法如下:

(1)用铲刀撑地的方法,使平地机一边抬起,直至车轮离地。

(2)支住平衡箱,放松驻车制动器。

(3)用手转动车轮并按(图4-3-10)所示的"张紧"方向用22mm的扳手调整直到车轮锁住为止。此时,两个制动蹄与制动鼓接触。

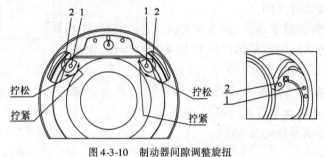

图4-3-10　制动器间隙调整旋扭
1-调整螺栓;2-凸轮板

(4)不要给调整螺栓1(图4-3-10)以太大的力,否则会使里面焊接的凸轮板2(图4-3-11)受力过大。

(5)按照"松开"方向把调整螺栓1(图4-3-10)拧松约30°,这样,两制动蹄与制动鼓的间隙就放松到大约0.75mm。

(6)调整另一制动器,注意调整螺栓1(图4-3-10)的旋转方向是相反的。

4)液压制动系统的放气

液压油箱换油以后、管路中接头松动或在修理之后,液压系统必须放气。在发动机运转中,液压油箱应充满油后即可进行制动液压系统放气。

放气必须由两个人进行,所有的轮边制动器放气部位都必须放气。操作如下:

(1)取下放气螺栓1(图4-3-11)的胶帽。

(2)把软管2(图4-3-11)放到放气螺栓上,另一端放到一个清洁的容器里3(图4-3-12)。

(3)拧松放气螺栓1(图4-3-11)半圈,并踏下制动板。当有油从放气嘴流出时,就立即拧紧放气螺栓,放松踏板。

注意:油从放气嘴流出只是一瞬间,所以要使放气动作配合得非常协调才行。

(4)此外,别的制动轮缸也要按规定放气。

5)驻车制动器

(1)调整驻车制动器。

注意:调整驻车制动时,将手柄1(图4-3-12)拉到最大位置,即达到最大制动力矩。

①把锁紧螺母2(图4-3-12)拧松几圈。

②拆去销子4(图4-3-12)。

③使接叉3(图4-3-12)与制动杆6(图4-3-12)分开,并拧几圈。

④把接叉3(图4-3-12)放到制动杆6(图4-3-12)上,装好销子4(图4-3-12)再拧紧。

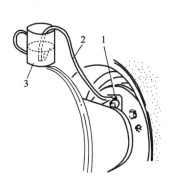

图4-3-11　制动系统放气

1-放气螺栓;2-软管;3-清洁容器

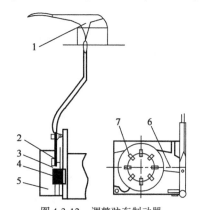

图4-3-12　调整驻车制动器

1-手柄;2-锁紧螺母;3-接叉;4-销子;5-制动鼓;6-制动杆;7-制动鼓连接螺栓

⑤装好锁紧螺母2(图4-3-12)。

(2)更换驻车制动器衬片。

①拆下制动鼓连接螺栓7(图4-3-12),将制动鼓5拆下(图4-3-12)。

②拆下驻车制动器衬片。

③换上新的制动器衬片。

注意:更换时,两个衬片要同时更换。

6.前轮轴承的润滑和调整

1)润滑脂参数

(1)润滑脂用量,每车轮约280g。

(2)润滑脂:2号极压锂基润滑脂。

2)加注润滑脂

(1)顶起前桥,拆下前轮。

(2)检查轮毂1(图4-3-13)的间隙。

(3)松开六角螺栓2(图4-3-13)和内六角螺栓3(图4-3-13)。

(4)拆下盖4(图4-3-13)。

(5)数清调整垫片5(图4-3-13)的数量。

(6)用工具把轮毂1(图4-3-13)拆下,清洗轮毂、转向节轴、轴承和盖,如已损坏,更换新的盖上用的密封圈和轴承。

(7)加适量的新润滑脂。

(8)安装轮毂。

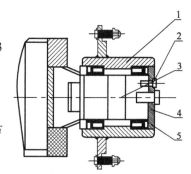

图4-3-13　前轮轴承

1-轮毂;2-六角螺栓;3-内六角螺栓;4-轴承盖;5-调整垫片

3)轴承间隙检查与调整

(1)检查轴承间隙,如果间隙过大,应调整垫片5数量(图4-3-13)。

(2)安装轴承盖4(图4-3-13),按规定的力矩拧紧内六角螺栓3(图4-3-13),内六角螺栓要对面交叉地依次拧紧。

(3)转动轮毂1(图4-3-13),应能不费力地转动且没有振跳和振动间隙。

7. 铲刀的调整

如果平地机铲刀的晃动过大,就要更换导板和衬套,要成双地更换导板和衬套,及时消除导轨上的粗糙不平缺陷,可降低磨损程度。

1)更换衬套(图4-3-14)

(1)将铲刀放在两块木头上。

(2)拆下挡板2(图4-3-14)。

(3)铲刀滑动拆下,然后拆下衬套1(图4-3-14)。

(4)安装上新衬套,紧固挡板。

2)更换导板(图4-3-15)

(1)将铲刀放在两块木头上。

(2)拧松紧固螺栓1(图4-3-15)。

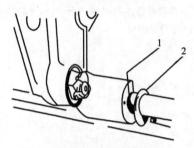

图4-3-14　铲刀衬套
1-衬套;2-挡板

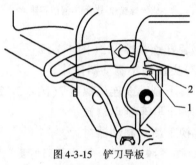

图4-3-15　铲刀导板
1-紧固螺栓;2-导板

(3)拆下导板2(图4-3-15)。

(4)装上新导板,用螺栓拧紧。

3)调整整铲刀回转齿圈

如果径向跳动超过3mm、轴向间隙超过2.5mm,必须调节回转圈导板。

(1)导板的轴向调节。

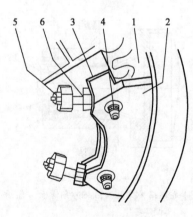

图4-3-16　回转齿圈导板
1-齿圈;2-导板;3-间隙;4、5-螺母;6-螺栓

①用塞尺测量齿圈1(图4-3-16)和4块导板2(图4-3-16)之间的轴向间隙,保证间隙3为0.6~0.8mm(图4-3-16)。

②拧下螺母4后(图4-3-16)取下4个调节导板。

③导板增减垫片(图4-3-16),使间隙符合要求,重新装好导板。

(2)回转圈的径向调节。

①拧松螺母4(图4-3-16)和螺母5(图4-3-16),拧动螺栓6(图4-3-16)。

②将所有的螺母拧紧,螺母的拧紧力矩为(图4-3-16)590N·m。

③回转试验,回转圈必须能自由旋转360°。

8. 车轮的维护

1)轮胎维护

(1)要每天检查轮胎有无割伤、裂纹或可能刺入外胎的尖东西,立即除去所有外来的异物。

（2）轮胎必须防止燃油、机油和润滑脂的侵蚀。

（3）充气阀必须装上网帽，以防污物进入。

（4）漏气的阀芯应当换新的。

（5）定期检查轮胎气压，过低或过高的轮胎气压都会导致过大的或单边的磨损。

注意：正确的轮胎气压在决定轮胎的效能和寿命方面是非常重要的，表4-3-4所规定的气压是指冷态的轮胎而言的（既开始运转时）。行驶时，轮胎的挠曲将使其温度升高，导致气压增高，但这种气压的增高是有保护作用的，一定不要靠放气来降压。

轮　胎　参　数　表

表4-3-4

轮　　　胎	层　　级	前轮气压（巴）	后轮气压（巴）
17.5～25	14	2.0	2.5

2）车轮的紧固和更换

（1）车轮的紧固。在起初的100工作小时之内，轮辋螺母必须每天检查，如果必要，就要拧紧，而后每50工作小时拧紧一次，紧固力矩450N·m。因为轮辋螺栓和轮辋螺母以及轮辋的油漆涂层都需要相当长的时间才能达到紧固的状态，所以必须按规定拧紧，当行驶过程中有某个车轮松动，螺栓孔受到损坏，严重时将会影响行驶。

为了紧固、检查安装妥当以及重新紧固轮辋螺母，总是要使用力矩扳手以确保螺栓达到所规定的紧固力矩。

（2）更换车轮。换车轮之前，要拉紧驻车制动器。顶起平地机之前，要先把轮辋螺母松开约一圈。为了更换后轮，可以把平地机一侧靠液压撑起。为此，要把铲刀的端角置于必须支起的平衡箱车轮的前面，然后用所要更换车轮的那一侧的升降油缸把平地机撑起来。

用推土板或铲刀撑地，可以使前轮支起。拆缺车轮之前，必须把平地机稳固地支撑好。拧松轮辋螺母，拆去车轮。

注意：

1. 在拆装车轮的时候，一定不要损伤轮辋螺栓的螺纹。

2. 在装上车轮之后，要对面交叉地拧紧轮辋螺母。

3. 在每个车轮更换以后的100工作小时之内，轮辋螺母都要每天重新拧紧，规定的拧紧力矩为450N·m。

（3）轮胎花纹的方向。装轮胎时，要注意胎面花纹的方向，一般来说，驱动轮的轮胎花纹要按照图4-3-17所示的方向安装，这样可以使其在行驶的前进方向（见箭头）得到最大的牵引力。

非驱动的前轮安装，其花纹方向要与后轮相反。

图4-3-17　轮胎

思考练习题

1. 驾驶平地机时，应注意哪些事项？

2. 平地机起动前，应注意哪些问题？如何保证平地机起动后正常运行？

3. 平地机发动机油油位检查步骤是怎样的？

4. 平地机的刮刀有几个调整动作？调整的目的是什么？怎样进行调节？

5. 使用平地机进行施工作业，其作业前后应做好那些工作？

6. 简述平地机变速器油位检查步骤。

7. 什么是日常维护？日常（台班）维护包含哪些项目？

8. 叙述平地机的用途、类型及型号表示方法。举例说明。

9. 平地机的前轮倾斜、铰接转向的作用是什么？在什么情况下使用？

10. 更换机油、空气、燃油滤清器的依据是什么？注意事项是什么？

项目五

压路机的使用与维护

压路机是利用机械自重或借助振动载荷,对被压实材料重复加载,排除其内部的空气和水分,使之达到一定密实度和平整度的工程机械。主要用于各类土石方填方和路面铺筑材料的压实施工作业,在我国工程机械行业各大类产品中占有重要的地位。实践证明:对于路基等工程基础,密实度每提高1%,其承载能力可提高10%。对于沥青混凝土路面,密实度每提高1%,路面的承载能力和使用寿命能增加10%~15%。近年来,随着我国国民经济的快速发展,公路、铁路行车密度与负荷量急剧增加,对工程建设的质量也同时提出了更高的要求,这促使对压实机械作业质量和压路机的性能提出了更高的要求。

任务一　压路机的操作

任务引入

压路机主要用于各种公路、铁路的路基路床工程、路面工程、水电工程、港口工程、机场工程、停车场和货运场工程、体育运动场或操练场工程、市政工程、国防工程以及各种民用建筑基础工程中的压实作业。熟练掌握压路机的操作技巧和基本要求对正确安全操作压路机具有重要意义。本任务主要讲解压路机的基本知识和操作压路机的基本要领。

任务目标

1.掌握压路机的基础知识;

2.了解压路机操作人员应具备的条件及操作安全要求;

3.能识别压路机各操作装置,掌握其操作方法;

4.熟悉压路机操作注意事项;

5.能完成压路机的基础操作。

知识准备

一、压路机的分类

1.按压路机用途分类

按用途不同可分为以下几种。

（1）路面用压路机。压实路面用的压路机要求有光整封层作用，不破坏铺层材料中的粗集料，并且不粘接沥青混合料。

（2）基础用压路机。基础用压路机要求压实能力强、牵引力大、越野性能好。基础用压路机应取大吨位的重型或超重型压路机，压路机横向稳定性要好，并且应有带锁止机构的差速器。

（3）沟槽用压路机和斜坡用压路机。对堤坝和河槽斜坡压实，可用拖式或自行式振动压路机施工，还可选用专用斜坡压路机。对于管道或电缆埋设沟槽填土，可用专门的沟槽压路机。

2. 按压路机结构形式分类

按压实滚轮，即碾轮表面形状不同，可分光面碾压路机、槽纹碾压路机、羊足碾压路机和轮胎碾压路机等多种。不同的碾压轮表面形状如图 5-1-1 所示。

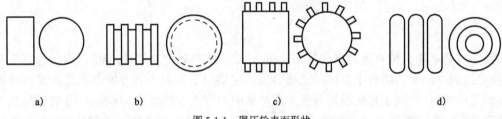

图 5-1-1　碾压轮表面形状
a) 光面碾；b) 槽纹碾；c) 羊足碾；d) 轮胎碾

3. 按压路机压实原理分类

压路机作业的目的是对作业对象施加压力将其压实，但压实的原理各不相同，常见的压实原理如图 5-1-2 所示。

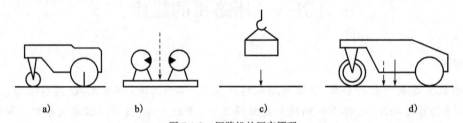

图 5-1-2　压路机的压实原理
a) 静作用式；b) 振动式；c) 冲击式；d) 组合式

按压实原理的不同，压路机可以分为静作用压路机、振动压路机和冲击式压路机三大系列，见表 5-1-1。

（1）静力式压路机。静力式压路机是靠碾压轮的自重及荷重所产生的静压力直接作用于铺筑层上，使土壤或材料的固体颗粒相互靠紧，形成具有一定强度和稳定性的整体结构。具有结构简单、维修方便、制造容易、寿命长和可靠性好等优点。

（2）振动式压路机。振动式压路机是靠振动机构所产生的高频振动和激振力的共同作用，使铺筑层土壤或材料的固体颗粒产生相对运动、重新排列，并在激振力的作用下相互嵌紧，形成密实稳定的整体结构。振动式压路机结构质量较小，压实厚度大，作业效率高，压实层密实度较均匀。

（3）冲击式压路机。冲击式压路机利用重物冲击土壤，使其在动载荷作用下产生永久变形而密实，例如各种形式的夯实机。这种机械加载时间短，适用于黏性较低的土壤，如砂土、亚砂土等的压实以及机场跑道基础的夯实。在沟槽复土、桥涵旁的填土等工作面比较狭窄的地方应用较多。这种机械的生产率不及其他压实机械高，因而使用不太广泛。

分 类		主要结构形式	规格(t)
静作用压路机	三轮静碾压路机	偏转轮转向,铰接转向	10 ~ 25
	两轮静碾压路机	偏转轮转向,铰接转向	4 ~ 16
	拖式静碾压路机	拖式光轮,拖式羊脚轮	6 ~ 20
	自行式轮胎压路机	偏转轮转向,铰接转向	12 ~ 40
	拖式轮胎压路机	拖式,半拖式	12.5 ~ 100
振动压路机	轮胎驱动单轮振动压路机	光轮振动,凸块轮振动	2 ~ 25
	串联式振动压路机	单轮振动,双轮振动	12.5 ~ 18
	组合式振动压路机	光面轮胎,光轮振动	6 ~ 12
	手扶式振动压路机	双轮振动,单轮振动	0.4 ~ 1.4
	拖式振动压路机	光轮振动,凸块轮振动	2 ~ 18
	斜坡振动压实机	拖式爬坡,自行爬坡	
	沟槽振动压实机	沉入或伸入式振动	
冲击式压路机	冲击式方滚压路机	拖式	
	振冲式多棱压路机	自行式	

二、压路机的型号

1. 压路机的型号表示(图 5-1-3)

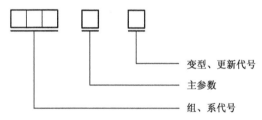

变型、更新代号
主参数
组、系代号

图 5-1-3 压路机的型号表示

2. 压路机的型号表示中各代号含义(表 5-1-2)

压路机的型号表示及代号含义 表 5-1-2

种 别	形 式	特 征	代 号	代 号 含 义	主 参 数	
					名称	单位
光轮压路机 (Y)	拖式		Y	拖式压路机	加载后质量	t
	两轮自行式		2Y	两轮压路机	总质量	t
		Y(液)	2YY	液压压路机	总质量	t
	三轮自行式		3Y	三轮压路机	总质量	t
		Y(液)	3YY	三轮液压压路机	总质量	t
羊脚压路机	拖式	T	YJT	拖式羊脚压路机	加载总质量	t
	自行式		YJ	自行式羊脚压路机	加载总质量	t
轮胎压路机	拖式		YLT	拖式轮胎压路机	加载总质量	t
	自行式		YL	自行式轮胎压路机	加载总质量	t

种　别	形　式	特　征	代　号	代号含义	主　参　数	
					名称	单位
振动压路机（YZ）	拖式	Z	YZZ	拖式振动羊脚压路机	加载总质量	t
	拖式	T	YZT	拖式振动压路机		t
	自行式		YZ	自行式振动压路机		t
	B（摆）		YZB	摆振压路机	结构质量	t
	J（铰）		YZJ	铰接式振动压路机		t
				手扶式振动压路机		kg

三、压路机的技术性能参数

图 5-1-4　YZ18C 型振动压路机

YZ18C 型振动压路机如图 5-1-4 所示。YZ18C 型振动压路机为轮胎光轮全驱动振动压路机,适合于压实道路沥青混凝土、砂石混合料和干硬性水泥混凝土,是公路、市政道路、停车场和工业场碾压平整的通用施工设备。

主要特点:采用静液压行走传动,四挡无级变速,防滑驱动。双频双幅振动,达到理想的压实效果。机器各关键部位采用电子元件监控。操纵台按人机工程学原理设计,驾驶室宽敞舒适。

YZ18C 型双钢轮振动压路机的性能参数见表 5-1-3。

YZ18C 型振动压路机主要技术参数表　　　　　表 5-1-3

参　数	值
工作质量	18800kg
前轮分配质量	12500kg
后轮分配质量	6300kg
静线压力	576N/cm
振幅	9/0.95mm
振动频率	29/35Hz
激振力	380/260kN
工作速度Ⅰ,Ⅱ	0~6.5/0~8.6km/h
行驶速度Ⅲ,Ⅳ	0~10.2/0~12.5km/h
外侧转弯直径	12600mm
转向角度	±35°
摆动角度	±15°
理论爬坡能力	48%
发动机	DEUTZBF6M1013C 涡轮增压水冷发动机

参　数	值
额定功率	133kW
额定转速	2300r/min
燃油箱容积	300L
电气系统	24V 直流,负极搭铁,800CCA 自动电预热
驱动液压系统	变量柱塞泵 + 双变量柱塞马达
振动液压系统	变量柱塞泵 + 定量柱塞马达
转向液压系统	定量齿轮泵 + 全液压转向器

YZ18C 型振动压路机属于振动压路机标准型中的超重型压路机,适用于高等级公路及铁路路基、机场、大坝、码头等高标准工程的压实工作。本机包括振动轮部分和驱动车部分,为了提高该压路机的通过性能和机动性,两者之间通过中心铰接架铰接在一起,采用铰接转向方式。

四、压路机基本构造

振动压路机随机型的不同,其总体结构也有一些差异。自行式振动压路机总体构造一般由发动机、传动系统、操纵系统、行走装置(振动轮和驱动轮)以及车架(整体式和铰接式)等总成组成,如图 5-1-5 所示。

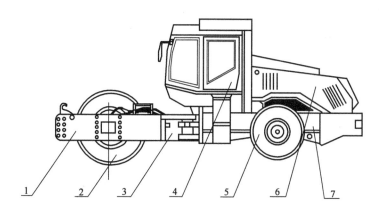

图 5-1-5　YZ18C 压路机

1-前车架;2-振动轮;3-中心铰接架;4-驾驶室;5-驱动轮;6-动力装置;7-后车架

1. 发动机

发动机是一种能够把其他形式的能转化为另一种能的机器,通常是把化学能转化为机械能。动力装置是机器的心脏,向行走驱动及振动等提供动力,由柴油机及其附件组成。

2. 传动系统

由发动机到起重作业装置和回转装置的传动机构,包括液压系统、传动系统、电气系统、操纵机构等。

3. 操纵系统

驾驶室与操纵装置是机器的神经中枢,是操作人员工作的地方。要求有舒适的工作条件及能够保证操作人员正确、方便地操纵机器。

4. 行走装置

行走与传动系统的作用是最终用来驱动机器前进与后退。采用由油泵与油马达组成的液压传动系统、全轮驱动。后轮由一个液压马达通过驱动桥把动力分传给左右驱动轮;前轮则由液压马达经减速器直接驱动钢轮。

振动轮是压路机的压实工作装置,能产生两种幅度的振动,利用自身的质量或加上钢轮振动的激振力对作业对象进行压实。

5. 车架

车架是机器的骨架,它把机器的所有部件联成一个整体。采用铰接机架使机器转向灵活、转弯半径小,操纵方便,并具有一定的隔振能力。

五、压路机安全操作基本要求

压路机操作人员上岗前应进行专业理论、专业技能和安全操作规程等方面的培训。培训的内容主要包括下述各项内容。

1. 专业理论

(1)压路机的系列类别和规格型号。

(2)所使用的压路机的基本结构及各个部件总成的工作原理。

(3)压路机操纵机构的动作和各种仪表的正常读数范围。

(4)正确选择压路机的工作参数和压实工艺方法。

2. 专业技能

(1)有关压路机的驾驶知识,压路机如何起动与工作。

(2)压路机的技术维护方法及其在维护过程中应注意的事项。

(3)根据不同的气候条件合理选用压路机运行所使用的材料。

3. 安全操作规程

(1)掌握驾驶设备的基本知识和技能。

(2)熟记和遵守安全操作规程。

(3)在压路机的操作使用和维修维护过程中,都应时刻注意人、机及环境的安全。

4. 机械操作人员的职责

(1)压路机驾驶操作人员要获得资格认证。经过正规机构的培训后,须获得国家有关部门的资格许可和认证。

(2)熟悉所操纵机械的技术性能和结构、工作原理。做到"四会",即会操作、会检查、会维护、会排除常见故障。

(3)严格遵守操作规程和技术安全规则,坚守岗位。

(4)熟悉作业方法和要求,正确使用机械,保证作业质量,节约配件、油料和材料。

(5)如遇多班轮换作业,坚持交接班制度,严格交接手续。做到"五交",即交技术状况、交机械作业任务和维护情况、交工具和附件器材、交注意事项、交领导指示。

(6)及时、准确填写各种记录,定期汇报机械的技术状况。

(7)行驶机械的操作人员应严格遵守交通规则,服从交通管理人员的指挥和检查,自觉维护交通秩序,确保交通安全。

(8)工作时必须携带有关证件。证件不得转借、涂改、伪造,不得操作驾驶与证件不相符的机械,严禁酒后驾驶和作业。

一、识别压路机操作装置及仪表

1.操纵装置的识别和应用

压路机所有操纵机件都布置在驾驶座椅附近,图 5-1-6 为 YZ18C 型压路机操纵装置。图 5-1-7 为 YZ18C 型压路机操作面板。

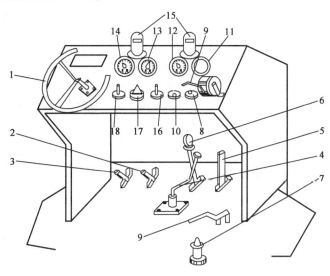

图 5-1-6　YZ18C 型压路机操纵装置

1-转向盘;2-制动踏板;3-离合器踏板;4-变速杆;5-驻车制动杆;6-换向操纵杆;7-熄火拉钮;8-起动按钮;9-节气门操纵手柄;10-电锁;11-电流表;12-油温表;13-油压表;14-冷却液温度表;15-仪表灯;16-仪表灯和前后灯开关;17-喇叭按钮;18-电扇开关

图 5-1-7　YZ18C 型压路机操作面板

(1)踏下离合器踏板,离合器分离,发动机动力被切断;松开踏板,离合器接合,发动机动力传给变速器。

(2)转向盘逆时针转动,压路机左转弯;顺时针转动,压路机右转弯。

(3)驻车制动踏板用于制动压路机,踏下踏板制动,放松踏板解除制动。

(4)节气门开度操作手柄向上提,供油量减少;手柄向下压,供油量增加。

（5）换向操纵杆用于压路机前进和后退。向前推,压路机前进;向后拉,压路机后退;中间位置为空挡。

（6）变速杆用于变换压路机的行驶速度。

（7）驻车制动杆用于停车制动,向后拉紧制动、向前放松到底解除制动。

（8）起振手柄向上拉起起振,向下按到底解除起振。

（9）差速联锁操纵杆用于差速联锁装置接合与离开。

2. 仪表及开关的认知识别和应用

压路机的仪表、开关和按钮都安装在仪表板上。根据各仪表的指示读数,可判断压路机的工作情况,根据需要可选择开关的开启和关闭。仪表指示如图5-1-8所示。

图5-1-8　仪表指示灯

（1）电锁为电路开关,将钥匙插入顺时针旋转,接通线路。

（2）转向指示灯。向左转向时,左指示灯亮;向右转向时,右指示灯亮。

（3）仪表灯开关向上拉,仪表灯亮。

（4）前工作灯开关向上拉,前工作灯亮;后工作灯开关向上拉,后工作灯亮。

（5）顶灯、风扇开关向上拉出 I 挡顶灯亮,拉出 II 挡接通风扇线路。

（6）熄火拉钮拉出发动机熄火,熄火后推入。

（7）油温表用于指示发动机润滑油的温度,正常温度为 $80 \sim 85℃$。

（8）油压表用于指示发动机润滑系的润滑油压力,正常值为 $58.8 \sim 64kPa$,急速时,最低压力不能低于 $49kPa$。

（9）电流表用于指示蓄电池充放电,指针右摆为充电,左摆为放电,中间为不充不放。

（10）冷却液温度表用于指示发动机冷却系的温度,正常值为 $75 \sim 85℃$,最高不应超过 $90℃$。

（11）仪表灯用于夜间仪表的照明。

3. 操纵装置及仪表开关的使用方法（表5-1-4）

操纵杆、仪表和开关的名称、功用、使用方法　　　　　　　　　表5-1-4

图　号	名　称	功　用	使 用 方 法
1	转向盘	控制压路机的行驶方向	顺时针转-右转弯,逆时针转-左转弯
2	制动踏板	使压路机减速或停车	踏下-制动,松开-解除制动
3	离合器踏板	控制离合器分离与接合	踏下-分离,松开-接合
4	变速杆	控制压路机的行驶速度	右前-I挡,右后-II挡,中间-空挡,左前-III挡

图　号	名　称	功　用	使　用　方　法
5	驻车制动操纵杆	压路机停车制动	上拉-实施制动,放下-解除制动
6	换向操纵杆	压路机前进和后退	前推-前进,后拉-后退,中间-空挡
7	熄火拉钮	控制发动机熄火	拉出-发动机熄火
8	起动按钮	控制起动机起动电路	按下-起动机转动,松开-起动机停转
9	节气门操纵手柄	控制发动机的转速	后拉-转速升高,前推-转速降低
10	电锁	控制起动电路接通或断开	顺时针转-接通,反时针转-断开
11	电流表	指示蓄电池充放电情况	指向" + "-充电,指向" – "-放电
12	油温表	指示发动机油温度	正常值为45～90℃
13	油压表	指示发动机油压力	正常值为0.16～0.3MPa
14	冷却液温度表	指示发动机冷却液温度	正常值为55～90℃
15	仪表灯	夜间行驶和作业时仪表照明	
16	仪表灯、前后灯开关	控制仪表灯前后灯电路通断	外拉:Ⅰ挡-仪表灯亮,Ⅱ挡-仪表灯、前后灯均亮
17	喇叭按钮	鸣号,警示	按下-喇叭响
18	电扇开关	控制电扇电路通断	拉出-电扇工作,推进-停止工作
19	起振手柄	控制振动轮振动	上拉-起振,下压-解除振动

4. 主要驾驶操纵装置的使用方法

1)转向盘

(1)两手分别位于转向盘轮缘左、右两侧,左手稍上,右手稍下,拇指向前自然伸直并靠住轮缘,四指由外向里握住轮缘,如图5-1-9所示。

(2)直线行驶时,两手握住转向盘,避免不必要的晃动,并注意及时修正方向。

(3)转向时,以左手为主,右手为辅,互相配合,当右手操纵其他机件时,左手进行左、右转向。

(4)急转弯时,两手交替操纵转向盘。向右转弯时,左手向右推送,右手顺势下拉,视需要停止。向左转弯反之。

2)离合器踏板

操纵时用左脚掌踏在离合器踏板上,以膝关节和踝关节的伸屈动做踏下或放松,如图5-1-10所示。踏下时,动作要迅速,一次踏实到底,松抬时,快慢要有层次。完全接合后,应迅速将脚从踏板上移开,放在踏板的左下方。

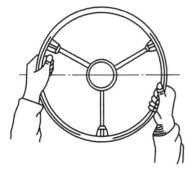

图5-1-9　手握转向盘的方法

图5-1-10　踏离合器踏板的方法

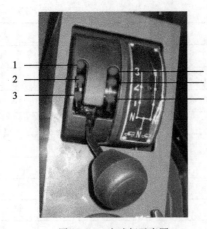

图 5-1-11　变速杆示意图

1-前进3挡；2-前进1挡；3-前进1挡；4-倒退3挡；
5-倒退2挡；6-倒退1挡

在踏下或松抬离合器踏板过程中，离合器从动盘在压盘、飞轮之间，既传递转矩，又有滑动现象，称为离合器"半联动"。"半联动"只能在起步等情况下做短时间使用，禁止长时间使用，以免损坏离合器。

3）变速杆

变速杆的位置如图 5-1-11 所示。

正确操纵变速杆，可以使换挡动作迅速、准确。

（1）以掌心贴住球头，手指指向手心，将球头自然地握在掌心，如图 5-1-12a) 所示。

（2）操纵变速杆时，两眼注视前方，左手握住转向盘，右手准确地推入或拉出某一选定的挡位。图 5-1-12b)、c) 为不正确握法。

（3）操纵制动踏板时，以膝关节的伸屈动作踏下或放松。踏下制动踏板的行程和速度，应视制动距离的要求和具体情况而定，不制动时脚不能放在制动踏板上。

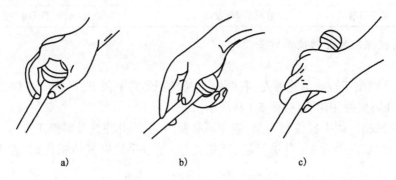

a)　　　　　　　　b)　　　　　　　　c)

图 5-1-12　手握变速杆的方法

（4）驻车制动操纵杆，四指并拢、虎口抵住锁扣手柄，将杆向后拉紧，即起制动作用。放松时，先将杆向后拉，同时虎口抵住锁扣手柄合拢操纵杆，再将杆向前推送到底。

（5）换向离合器操纵杆，用右手握住操纵杆的上端，向前推或向后拉，使换向离合器平稳接合或分离。

（6）差速联锁操纵杆，用右手握住操纵杆上端，踏下主离合器踏板，向前推或向后拉，使差速器联锁装置接合或离开。

二、压路机的操作

1. 发动机的起动与熄火

1）发动机起动前的检查

（1）检查燃油箱、液压油箱、曲轴箱、传动齿轮箱内的油是否充足，必要时添加，如图 5-1-13、图 5-1-14 所示。

（2）检查并加满冷却系内的冷却液或防冻液；如图 5-1-15、图 5-1-16 所示，分别为加水口和冷却液加注口。

（3）检查各连接部位是否有松动;油管、气管、水管是否有渗漏。

（4）检查传动带的松紧度是否合乎要求。

（5）检查蓄电池极桩与接线是否牢靠;电解液液面高度是否正常。

（6）检查各操纵杆是否扳动灵活、连接可靠,是否置于相应位置。

（7）将变速杆置于空挡、换向杆置于中间位置。

（8）检查轮胎气压是否符合要求。

图5-1-13　加油口

图5-1-14　液压油油位最低线

图5-1-15　加水口

图5-1-16　冷却液加注点

2）发动机的起动步骤

（1）接通电路总开关。

（2）踏下离合器踏板。

（3）将手动节气门置于中速位置。

（4）打开起动开关后,按下起动按钮,使发动机起动。如一次不能起动成功,可停30s后再进行第二次起动,但每次起动的时间不应超过15s,如果三次仍不能起动,应检查不能起动的原因,排除故障后再起动。

（5）起动后立即松开起动按钮。慢慢放松离合器踏板,并使发动机在中速800～1000 r/min空转3～5min,使发动机冷却液温度达到40%以上。

3）起动后的检查

（1）查看各仪表指数是否正常;如图5-1-17a）所示。

（2）检查发动机在各种转速下运转是否平稳,排烟、声响是否正常;如图5-1-17b）所示。

（3）各操纵杆、转向盘、踏板操纵是否轻便灵活。

（4）各部连接是否可靠,有无漏油、漏液;如图5-1-17c）所示。

（5）电路系统工作是否良好,如图5-1-17d）所示。

4)发动机熄火

发动机熄火前,应将节气门置于怠速位置运转几分钟,待冷却液温度下降后,将熄火拉钮置于熄火位置使发动机熄火,切断电源总开关。

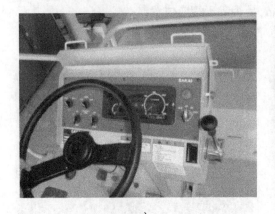
a)

b)

c)

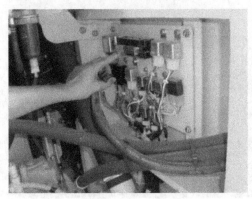
d)

图 5-1-17　起动后的检查

a)检查各仪表指数;b)检查发动机运转是否正常;c)检查有无漏油、漏液;d)检查各个线路

2.压路机的驾驶

1)出车前的检查和行驶中的观察

(1)出车前的检查。

①检查各连接、紧固件是否有松动现象。

②检查变速器、内燃机曲轴箱油位油尺,润滑油面是否在要求刻度线内。

③检查液压油箱液压油油量。

④检查副齿轮箱、差速器油量;检查各润滑部位的润滑情况。

⑤根据作业情况,轮内可加配料。

⑥如用刮泥板时,应从拉钩上放下,并调整弹簧,使其紧贴轮面,但不宜过紧。

⑦检查差速连销装置,看它是否已经脱开。

⑧检查行车制动是否可靠;检查驻车制动是否可靠。

⑨检查灯光、信号是否良好。

⑩检查 YZ18C 型压路机振动轮两油腔中的润滑油量是否符合要求。

⑪YZ18C型压路机的轮胎气压是否正常。

(2)行驶中的观察。压路机行驶时,操作人员应目视前方,观察路面情况,注意行人、来往车辆及交通标志;留意各仪表指数是否正常,倾听发动机及其他部位有无不正常的响声。

2)起步

(1)起步(主离合器起步)。

①将手动节气门置于怠速位置。

②踩下主离合器踏板,使离合器处于完全分离状态。

③根据需要,将变速操纵杆置于所需挡位。

④将换向操纵杆置于所需位置。

⑤放松驻车制动操纵杆;放松主离合器踏板的同时,加大节气门开度。

(2)起步注意事项。

①使用换向离合器起步时,向前推或向后拉操纵杆,动作要平稳迅速,不能用力过猛。

②避免离合器在"半联动"状态下长时间工作。

③采用齿轮换向离合器的压路机起步时,不能用换向离合器起步,必须用主离合器起步。

3)停车

(1)停车步骤。

①将换向操纵杆放在中间位置。

②将手动节气门置于怠速位置。

③踩下制动踏板,使压路机停稳。

④拉紧驻车制动杆。

⑤踩下主离合器踏板,将变速操纵杆置于空挡后,放松主离合器踏板。

(2)停车注意事项。

①YZ18C型压路机停车前首先停止振动。

②采用齿轮换向离合器的压路机停车时与采用摩擦片换向离合器的压路机不同,必须首先踩下主离合器,然后将换向杆和变速杆放置于中间位置和空挡位置。

③如停车时间较长,应将发动机熄火。

4)换挡和换向

(1)换挡步骤。

①减小节气门开度,降低车速。

②踩下主离合器踏板,必要时踩下制动踏板使压路机停车。

③压路机停稳后,将变速杆置于所需的挡位。

④在放松主离合器踏板的同时逐渐加大节气门开度。

(2)换向步骤。

①减小节气门开度。

②将换向操纵杆置于中间位置。

③压路机停稳后,在加大节气门开度的同时将换向操纵杆置于新的位置。

(3)换挡、换向注意事项。

①换挡和换向必须在压路机停稳后进行。

②路况好时,可选用高速挡,路况差(或上坡)时,选用低速挡。

③采用齿轮离合器的压路机换向时,必须踩下主离合器踏板。

5)转向和制动

（1）转向。

①转向要领。转弯时，一手拉动转向盘，一手辅助推送，相互配合，快慢适当。缓弯时，应早打慢回，少打少回；转急弯时，应两手交替操作，快速转动转向盘，做到快打快回。

②转向注意事项。

a. 转弯时应降低压路机的速度。

b. 转向后要注意及时回正方向。

c. 转弯时应尽量避免使用制动，尤其是紧急制动。

（2）制动。

制动方式。制动方式有发动机制动和行车制动两种形式。

a. 发动机制动。将节气门操纵杆放到怠速供油位置，用发动机的低速牵阻作用使压路机减速。在压路机减速较小时使用。

b. 行车制动器制动。减小节气门开度，踩下制动踏板，踩下多少，视车速大小而定。行车制动器在压路机需迅速、减速或停车时使用。

c. 紧急制动时，握紧转向盘，迅速用力踩下制动踏板，同时拉紧驻车制动操纵杆，使压路机立即停车。在遇到危险情况需紧急停车时使用。

（3）制动注意事项。制动应有预见性，尽量避免紧急制动，踩下制动踏板用力先轻后重，使压路机平稳减速。

任务二　压路机的作业

任务引入 •————————————————————————————————————

压路机在工程机械中属于道路路面设备，广泛用于高等级公路、铁路、机场跑道、大坝、体育场等大型工程项目的填方压实作业。操作压路机完成各种压实作业属于特种作业操作，要求从业人员在操作过程中必须熟悉相应特殊工种作业的安全知识，建立防范各种意外事故的意识。本任务主要培养操作人员掌握压路机作业规范和使用压路机进行作业操作的能力。

任务目标 •————————————————————————————————————

1. 了解压路机作业的基本条件；

2. 掌握压路机作业操作的分解动作操作要领；

3. 能使用典型压路机完成基础作业操作。

知识准备 •————————————————————————————————————

如何合理地选择、评价和使用压路机，是实现工程压实目标的关键所在。在不同工程领域和施工场合，为了科学合理地选择压路机，发挥其最佳作业效益，除了需要充分了解压路机的类型及其使用特点外，还需要结合具体施工条件和要求，充分考虑下列各种因素。

一、压实机械的选用要素

1. 工程项目的质量控制要求

对于高等级公路，除了应保证路基与路面的刚度、强度和稳定性之外，还要有好的平整度、抗滑性和抗渗透性能。使用全驱动重型振动压路机压实,可获得一个平坦而坚实的路面基础;用串联振动压路机压实路面及用轮胎压路机封层,可获得平整且稳定性好的路面结构。为了提高路面的压实质量,除选择合适吨位的振动压路机外,还应选择较大的压轮直径,以控制其接触应力不大于被压实材料的许用应力值。

2. 工程材料的类型与干湿程度

被压材料不同,其压实特性也不同,必须选用合适的压路机,才能获得理想的压实效果。被压材料的种类及成分也是选择振动压路机最佳振动频率和振幅的主要因素。根据土壤或填筑材料的不同,可按表5-2-1所示内容进行粗略选择压路机。如对岩石填方的压实,应选用大吨位压路机进行碾压,以使大型块料产生位移,并使中小型石料嵌紧在其间。

根据土壤或填筑材料类型选择压路机种类 表5-2-1

压路机种类	土壤或材料类型					
	黏土	砂土	砾土	混合土	碎石	块石
静光轮	—	ǀ	+	+	ǀ	—
轮胎轮	ǀ	ǀ	+	+	—	—
振动轮	ǀ	—	+	+	+	+
凸块轮	+				ǀ	

注:效果理想(+),效果一般(ǀ),效果不理想(—)。

砂土和粉土粘接性较差,水易侵入,不易被压实。此类土必须掺入黏土或其他材料进行改良处理,并选用压实功率大的静压式压路机压实。此类改良土铺筑路基,不宜采用振动压路机和凸块式碾碴进行碾压。

对于黏土,由于粘接性能好,内摩擦阻力大,含水较多,压实时需要提供较大的作用力和较长的有效作用时间,以利排除空气和多余水分,增大密实度。一般运用凸块压路机和轮胎式压路机压实黏性土铺筑的路基,可获得较好的压实效果。如果铺层较薄,则可选用超重型静压式光轮压路机,以较低的速度碾压,效果更佳。黏性土路基一般不采用振动压实,因为振动压路机易使土中的水分析出,形成"弹簧"土,难以彻底压实。对于砂土和黏土之间的各种砂土性土、混合土有较好的压实特性,采用各种压路机进行压实均能获得理想的压实效果。

选用振动压路机压实这类混合土则具有更强的压实功能和更高的作业效率。对于碎石、砾石的铺筑层,选用振动压路机碾压,可使石料和粒料之间更好地嵌紧,形成稳定性较好的整体。由于沥青有一定的润滑作用,且铺筑层一般较薄,可选用中、重型静力压路机;对于沥青混合料,由于沥青有一定的润滑作用,且铺筑层一般较薄,可选用中、重型静力压路机,也可选用振动压路机压实,以便大小颗粒掺和均匀,提高压实质量。为了提高沥青路面的平整度,应选用光面碾碴压路机碾压。

在选用压路机时,还应考虑被压材料的抗压强度。终压时,如果被压材料所承受的压力为抗压强度的80%~90%,则可获得最佳压实效果。如果终压时接触应力大于被压材料的抗压强度极限时,上层将出现松散现象,集料将进一步被压碎,铺筑层反而被破坏。如果受机型的限制,压路机的单位压力过大或过小时,则应合理控制碾压遍数,以免影响压实效果。

对于匀质砂土,则选用轮胎式压路机较好,因轮胎在碾压过程中可与土壤同时变形,压实力作用时间长,接触面大,揉合性好,密实度均匀。

被压材料的含水率是影响压路机压实效果的重要因素。工程材料及其含水率的不同,因其孔隙率大小与力学性能的不同而影响压实效果。而机械对材料实施压实能量的方法,以及施加能量的大小,也使压实效果大不相同。被压层只有在最佳含水率状态下,才能得到最佳压实效果。若含水率过大,压实到一定程度时,水分将聚集在土体固体颗粒之间的孔隙内,吸收和消耗大部分碾压能,衰减了碾压作用力的传递。即使增加压实质量和碾压遍数也不可能将土壤压实,反而会使被压层出现反弹现象;若含水率过小,土颗粒之间的润滑作用减小,其内摩擦阻力将随之增大,可选用重型压路机进行压实,或适当增加碾压遍数。含水率过高,可采用翻晒等措施,使其含水率降低,达到压实规范的要求。一般当实际含水率比最佳含水率高2%～3%时,就不宜选用振动压路机进行压实。

当土壤或被压材料的实际含水率低于最佳含水率3%～5%以上时,应在施工现场洒水,以补充水分。如果现场难于补充水分,则可选用超重型静压式压路机,或选用重型压路机进行压实,并适当增加碾压遍数。

3.压实机械的类型及其适用范围

对于压实机械的适应性而言,各种不同类型、不同规格的机械对各种施工条件的适应也各不相同,掌握这些设备的适应性,是合理选购压实机械的重要依据。重型静碾光轮压路机常用于路机垫层和路基的施工之中,而中型的多用于路面施工,轻型的仅用于小型工程及路面养护工程。静碾光轮压路机对黏性薄层土壤的压实尚为有效,但对含水率高的黏土或黏度均匀的砂土压实效果不佳。

凸块式压路机常用来做路基或基坑回填土的底层压实,特别是对含水率较大、粒度大小不等的黏性土及结块、爆破岩石填方压实效果较好,而对表层及砂土的压实则完全不适用。轮胎压路机能适用各种土质条件的压实工作,特别是能使铺筑层获得均匀的压实度,用于压实沥青混凝土路面效果也较好。振动压路机能适应各种工况的压实,特别是对砂质土壤压实效果最好。大型振动压路机对深层的压实效果是其他机型无法比拟的。小型振动压路机和夯实机械适用于小规模工程和狭窄场合的压实,对构筑物的回填土压实效果也较好。

4.机械化水平与压实作业内容

工程项目的机械化施工程度也是压路机选型应考虑的因素。通常,机械化程度高的施工项目,机械化配套的程度高,施工效率也高,工程进度快,则应选用压实能力强、作业效率高的压路机;而机械化程度较低的施工项目,则可选用经济型的压路机,高性能的压路机在此类工程中难以充分发挥其压实功能;对于小型压实作业项目,一般选用静力式光面钢轮压路机进行压实。

压实作业内容不同,选用的压路机的种类和规格也应不同。

工程压实作业的对象基本上决定了铺筑材料、填土规模、机械施力情况及牵引条件等对压实机械机型的限制。一般来说,路基和底基压实多选用压实功率大的重型和超重型静压式压路机、振动式压路机和凸块式压路机。这类重型压实设备的压实效果好,能有效排除铺层中的空气和多余的水分,将被压层的固体颗粒嵌合楔紧,形成坚固稳定的整体,为上层打下高强度的基础。进行路面压实作业时,则多选用中型静压式或振动压路机,也可选用轮胎式压路机。这类中型压实机械既可获得表层的高密实度,又可达到路面平整度的要求。对于路肩、桥涵填方、人行道、园林道路压实作业和小面积路面修补,则可选用轻型、小型振动压路机或夯实机械,以防路缘崩塌,毁坏构筑物。振动压路机也可对干硬性水泥混凝土进行有效压实。对于一般的土石填方工程,可以选用重型以上的各种压路机;沥青混凝土路面压实工程,常选用串联式振动压路机或串联式静碾压路机,并使用轮胎压路机封层压实;狭窄道路需选用小型自行式振动压路机或手扶振动压路机压实;对于管道电缆埋设沟槽工程,可使用沟槽压路机或手扶振动式压路机压实;港口码头的深层填土应选用重型振动压路机或冲击式压路机进行反复碾压。一般可按表5-2-2所提供的作业内容进行压路机的选择。

按作业内容选定压实机械作业 表 5-2-2

作 业 内 容	使 用 机 械	说 明
道路填土、江河筑堤、填筑堤坝等的压实	轮胎压路机、凸块压路机、轮胎驱动振动压路机	适用于大面积较厚的填土层的压实。振动压路机在砂质成分多的地方使用效果较好,凸块压路机适用于黏性土质多的地方
填土坡面的压实	夯实机、振捣棒、拖式振动压路机、专用斜坡压路机	沿着坡面进行压实时使用,规模小的时候使用夯
桥、涵的里填侧沟等基础压实	夯实机、振捣棒	在面积受到限制的地方用来压实
沥青路表层的压实	静碾两轮压路机、轮胎压路机、双钢轮振动压路机	大规模铺路工程,先用轮胎压路机进行精压,然后用光轮压路机进行碾压,最后用轮胎压路机封层,简易铺路等小规模作业时,只用振动压路机来进行碾压
道路基层与稳定土	振动压路机、三轮压路机、冲击式压路机	填土层深,含水率大,有开阔的作业面积,用履带式牵引车配合施工
港口、码头及深层填方	拖式振动压路机、冲击式压路机	填土层深,含水率大,有开阔的作业面积用履带式牵引车配合施工
人行园林小道边角及小面积修补	冲击夯、振动平板夯、小型振动压路机	小规模压实作业

5. 压实技术工艺及设备配套要求

对于重大的筑路工程,正确地拟定压实工艺和选择适宜的压实机械,是保证工程质量与节约开支的关键。例如,压实基础层时,采用光轮压路机预压,用振动压路机进行压实,采用轮胎压路机封层,可以获得满意的压实质量,并能适当减少设备的投资费用。另一种规范的做法是,当用一台10t级自行式振动压路机压实道路基层之前,可以用相同型号的凸块式振动压路机压实黏土路基,用具有同样结构的带洒水装置的改型压路机碾压沥青混合料。这种规范化配套,有利于备件的供应和技术服务工作。与压路机配套施工的运输、搅拌及布料设备在很大程度上决定了填方铺层的厚度。用推土机布料时,岩石填方的铺层厚度为0.5~2m,而对土壤铺层一般为0.3~1.2m。若用铲运机搬运,可铺成0.15~4m厚,然后用平地机刮平。对于大铺层厚度的填方,应使用振动轮分配质量10t以上的自行式或拖式振动压路机压实。摊铺机或特殊集料撒布机适应于基础层和底基层材料底的布料,用振动轮分配质量5t的振动压路机,通常能把铺层300mm的混合料压实到规定的压实度。正确地配套和合理地选择振动压路机,可以更好地发挥施工设备的整体能力。

6. 施工现场水文地质及气候条件

冬季施工应加大铺层厚度、摊铺宽度与压实速度。厚铺层采用履带式推土机倾斜摊铺的方法布料,用大吨位的自行式振动压路机进行压实。凸块式振动压路机能够压碎冰冻团块,特别是在压实粒状铺层方面,能取得良好的压实效果。在寒冷季节施工,应选用带风冷发动机的振动压路机,并使用适合于低温的燃油、液压油和润滑油,以防冰冻和增强发动机的起动性能。在高原地区施工的压路机,应选用带增压器的发动机。

此外,还需要考虑压路机的可维修性要求、技术服务要求、企业技术储备以及竞争发展要求等因素。

二、压实机械作业参数的选择

为了提高压实质量,获得最佳压实效果和最佳作业效率,除了根据上述影响因素选定压路机外,还应根据施工组织形式、对工程质量和技术的要求以及作业内容、压路机的性能,正确选择和确定压路机的压实作业参数。

这些压实作业参数包括压路机的单位线压力、平均接地比压、碾压速度、碾压遍数、压实厚度、轮胎式压路机的轮胎气压和振动压路机的振频、振幅和激振力等。这些压实作业参数应在作业前预先确定好。

确定压路机的压实作业参数时,应围绕如何提高作业生产率进行。压路机的生产率是指每小时所完成的土石填方压实的体积。影响压实机械面积生产率的主要因素有碾滚的宽度、碾压速度和碾压遍数等。为了加快施工进度、缩短工期,可以考虑适当提高压路机的吨位,选用大吨位压路机进行碾压,以减少碾压遍数,或适当增加铺层厚度,提高压实生产率。

1. 碾压速度

碾压速度取决于土壤和被压材料的压实特性、压路机的压实性能与功能、对工程质量的要求以及压层的厚度和作业效率等。例如,黏性土变形滞后现象比较明显,故碾压速度不宜过高。对新铺层的压实,由于初压铺层变形量大,压路机的滚动阻力亦大,碾压速度低则有利于碾压作用力向深处传递。碾压速度高,虽然作业效率高,在一般情况下往往会降低压实质量;碾压速度低,压实厚度增大,压实质量提高,但作业效率低。通常,压路机进行初压作业时,可按表5-2-3 推荐的作业速度范围进行碾压。

压路机碾压作业速度范围   表5-2-3

压路机类型	作业速度(km/h)
静压式光轮压路机	1.5 ~ 2,可增加到 2 ~ 4
胎式压路机	2.5 ~ 3,可增至 3 ~ 5
振动压路机	3 ~ 4,可增加至 3 ~ 6

总之,压路机的碾压速度既不能过高,也不宜过低。碾压速度过低,会降低生产效率、增加施工成本。

2. 碾压遍数

所谓碾压遍数,是指压路机依次将铺筑层全宽压完一遍(相邻碾压轮迹应重叠 0.2 ~ 0.3m),在同一地点碾压的往返次数。

碾压遍数的确定,应以正式施工前试验路段确定的遍数为基础,达到规定的压实度为准。一般情况,压实路基和路面基层,碾压遍数为6 ~ 8 遍;压实石料铺筑层为 6 ~ 10 遍;压实沥青混合料路面为8 ~ 12 遍。如采用振动压机进行碾压,碾压遍数则可相应减少。

轮胎压路机的碾压遍数不仅与土质有关,还与轮胎的气压有关。智能型压路机则可通过机载压实度检测仪进行随机检测,并将数据输入微机,确定还需要碾压的遍数。必要时,可将各项检测数随时打印出来,供操作工人和施工技术人员参考。

3. 压实厚度

压实厚度是指铺筑层压实后的实际厚度。压实厚度是靠铺筑层松铺厚度来保证的,其厚度关系为：
$$松铺厚度＝松铺系数×压实厚度$$
其中，松铺系数为压实干密度与松铺干密度的比值。

根据土壤特性和施工作业方式，土壤的松铺系数一般为1.3～1.6。压实厚度的确定与压路机的压实能力和作用力的影响深度有关。由压路机作用力的最佳作用深度决定的各种类型压路机适宜的压实厚度、碾压遍数及土壤见表5-2-4。

压路机适宜的压实厚度、碾压遍数及土壤　　　　　　表5-2-4

压路机类型	适宜的压实厚度(cm)	碾 压 遍 数	适 应 土 壤
8～10t 静光轮压路机	15～20	8～12	非黏性土
12～20t 静光轮压路机	20～25	6～8	非黏性土
9～20t 静轮胎压路机	20～30	6～8	亚黏性土、非黏性土
30～50t 拖式轮胎压路机	30～50	4～8	各类土壤
2～6t 拖式羊足碾压路机	20～30	6～10	黏性土
10～14t 振动压路机	50～120	4～8	非黏性土

4. 振频和振幅

振动压路机的最佳压实效果主要依赖于振动轮产生的振动波，迫使土壤产生共振，此时，土颗粒处于高频振动状态，被称为土壤的"液化现象"。土壤处于"液化"状态，土颗粒将向低位能方向流动，从而为压实创造了最有利的条件。

振频和振幅是振动压路机压实作业的重要性能参数。振动轮在单位时间内振动的次数称为振动压路机的振频。振幅是激振时振动轮跳离地面的高度，振频高，被压层的表面平整度较好，振幅大，激振力就越大，压力波传播的深度也越大。振动时，振频和振幅必须合理组合协调工作，才能获得最佳的压实效果。实践证明：压实厚铺层路基，选择低振频（25～30Hz）和高振幅（1.5～2mm），可获得较大的振力和压实作用深度，提高作业效率。对薄铺层路面进行振动碾压，则应选择高振频（33～50Hz）和低振幅（0.4～0.8mm）组合，这样可以提高单位长度上的冲击次数，提高压实质量。碾压沥青路面时，若铺层厚度小于60mm，采用2～6t 的中小型振动压路机，其振幅控制在0.35～0.6mm 范围内效果更佳。这样可以避免混合料出现堆料、起波、粉碎集料等现象。如果沥青混合料铺层的压实厚度超过100mm，则应选用高振幅（1.0mm）压实。为了防止沥青混合料过冷，错过最佳压实时间，应在摊铺作业后紧随进行碾压。

通常，在单位线压力相同的情况下，如果碾压轮的直径小，则单位作用压力大；而碾压轮直径大，则不容易使压实表层产生波浪和裂纹。同吨级的压路机，三轮压路机的单位线压力比两轮压路机要大，压实功能也稍高一些。在其他条件相同的情况下，采用全轮驱动的压路机进行碾压。由于驱动轮前的被压材料在驱动力作用下不断被楔紧在碾压轮下方，因而有效地增大了压实作用力，进一步提高了压实质量。另外，路基和路面施工对密实度的均匀性、路面的平整度、抗弯强度、排水性能都有一定的要求；选用轮胎式压路机可提高密实度的均匀性；选用重型和超重型压路机（包括振动压路机）可获得高密度，提高路基的强度；要提高路面的平整度，还必须选用全轮驱动的压路机进行碾压，这样可以消除由于从动轮向前挤压路面而形成的微型波浪。

1.压路机基本作业方法

压路机的作业是通过本身质量和振动力,在进退行走中使经过地段受到碾压,而形成一定的密实度。压路机的行走和作业是统一的。压路机的作业方法有穿梭法和环行法,可根据作业地段的情况具体选择。

(1)穿梭法。穿梭法是压路机依次并适当重叠地对作业地面来回进行碾压。它适用于压实地段较小的场地,如路基、路面等。

(2)环行法。环行法是压路机依次并适当重叠地对作业地面进行环绕碾压。它适用于碾压较宽阔的场地,如广场、操场等。

2.压路机作业规范

1)作业要领

(1)压实路基、路面时,不论是新填土路基或路面,都应从路基或路面两侧开始,逐次向路中心碾压,直至压轮压到中心线为止。YZ12型压路机碾压重叠宽度为200~400mm。

(2)当新填土较厚时,压路机应从填土边缘内300mm处开始碾压,以免机械侧滑。在山腹上构筑半挖半填的道路时,必须由里侧向外侧碾压。碾压时,离路基外缘保持1m以上的距离,并随时注意路基边缘发生的变化,以防塌陷发生翻机事故。

(3)对新填土进行碾压时,应首先用1挡进行碾压,而后可适当提高碾压速度,最后两次碾压时,再改为1挡进行。

(4)为提高压实效果,对于压路机上的配重填料,通常分两次加填,一次是在压实松土层后加一半填料;第二次是在整个压实过程的中间时期,将填料完全加上。

(5)适当提高行驶速度可提高机械作业率,但在高速碾压时,压路机对土壤的碾压时间减少,从而减少了压实厚度,尤其是压实黏性土壤时更为明显。

(6)碾压行程数和压实效果不是等比例关系,并不是碾压次数越多,压实的效果就越好。据试验,在最初2~4个行程,压实作业最为显著,之后便急剧降低。当超过6~8个行程后,大量增加碾压次数也只能使压实厚度有很微小的增加。

(7)压路机三速作业压实时,不能进行振动作业。

(8)振动作业时,先将发动机调至中速起振,起振后再调至高速。

2)作业注意事项

(1)柔和平顺地操作设备。作业时应避免粗暴,否则必然产生冲击负荷,使工程机械故障频发,大大缩短其使用寿命。作业时产生的冲击负荷,一方面会使工程机械结构早期磨损、断裂、破碎,另一方面又使液压系统中产生冲击压力,冲击压力又会使液压元件损坏、油封和高压油管接头与胶管的压合处过早失效漏油或爆管、溢流阀频繁动作使油温上升。要有效地避免产生冲击负荷,必须严格执行操作规程;液压阀开、闭不能过猛、过快;操作人员要保持稳定。

(2)要注意气蚀和溢流噪声。作业中,要时刻注意液压泵和溢流阀的声音,如果液压泵出现气蚀噪声,应查明原因排除故障后再使用。如果某执行元件在没有负荷时动作缓慢,并伴有溢流阀溢流声响,应立即停机检修。

3)交接班制度

交班操作人员停放工程机械时,要保证接班操作人员检查时的安全和检查方便。检查内容有,液压系统是否渗漏、连接是否松动、活塞杆和液压胶管是否撞伤、液压泵的低压进油管连接是否可靠、液压油箱油位是否正确等。此外,常压式液压油箱还要检查并清洁通气孔,保持其畅通,以防气孔堵塞造成液压油箱内出现一定的真空度,致使液压油泵吸油困难或损坏。

3. 压路机路面作业技术要求

由于铺筑路面所用材料和铺筑方法不同而对压路机有不同的要求,因此在完成压实任务时应该选用适合的压路机。

1)石料路基路面

压路机的碾压作用决定于压轮的线压力(即在每1cm长度内所产生的压力),而线压力的选用,应根据铺砌层在修筑时所用石料强度和碾压后所应达到的承载力而定。石料强度和压路机线压力的关系见表5-2-5。

石料强度和压路机线压力的关系 表5-2-5

石料性质	软	中　等	硬	极　硬
石料名称	石灰岩、砂岩	石灰岩、砂岩粗粒花岗岩	细粒花岗岩 正长岩、闪绿岩	辉绿岩、玄武岩 闪长岩、辉长岩
极限强度(9.8Pa)	300~600	400~1000	1000~2000	2000以上
压路机线压力 $(9.8 \times 10^4 \text{Pa})$	60~70	70~80	80~100	100~125

从路面铺砌层碾压施工方法的要求出发,初压到以后各阶段所用压路机应先轻后重,速度应由低到高,最后两次压实再改用低速。这是由于,在初压阶段,材料中各颗粒尚呈松散状态,低速碾压则可使材料各个颗粒得到较好的嵌入,压路机本身行驶亦较稳定。至于以后各阶段,铺砌层上颗粒已不滑动,表面亦逐渐平滑,因此压路机本身质量也可重一些,速度也可快一些,压路机碾压的工作速度一般为1.5~4km/h。

2)稳定土路基路面

稳定土主要有水泥稳定土和石灰稳定土两类,石灰稳定土的密实度对其强度影响的程度大于水泥稳定土,密实度越高,强度增长越明显,其抗冻性与水稳性也越好,因此对石灰稳定土基层必须充分压实。石灰稳定土从拌和到压实,允许有较长的时间(对其密实度和强度影响甚微),因此有充足的时间进行拌和与压实。对石灰稳定土的强度和耐久性产生影响的因素还有养生条件,养生温度高,强度也高;环境温度过低,则强度增长缓慢。其施工方法可采用路拌法,也可采用中心站集中拌和法(即厂拌法)。其中,稳定土路基路拌施工的施工程序为:摊铺集料→洒水闷料→水泥卸料、摊铺→路面干拌→洒水和湿拌→整形→碾压→养生。

当混合料的含水率为最佳含水率(最多不超过最佳含水率的1%~2%)时,正常压实必须碾压6遍以上才能达到密实度的要求,即基层的压实度应不小于98%,底基层应不小于96%。

基层的碾压顺序与路基相同,直线段由路肩向中心线碾压,曲线段(弯道)由内侧路肩向外侧路肩碾压。碾压时应有重叠度,稳定层的边部和路肩应多压2~3遍。碾压速度应先慢后快:前两遍为低速(1.55~1.7km/h),后为快速(2.5~25km/h)。在碾压过程中,压路机不能在已碾压或正在碾压的路段上掉头、紧急制动,以免损伤基层表面。终压时,要达到表面平整度的要求。

YZ12型压路机振动驱动轮,恰当利用压路机的变幅振动,对提高基层和底基层的压实质量具有重要的意义。大振幅能有效地压实铺层底部,压过几遍之后改用小振幅,可提高表层的密实度。因为铺层材料压实度提高后有硬化的趋势,如果仍使用大振幅会使振动轮"弹跳",

不利于表层压实。振动轮自我驱动压路机与振动轮被动的压路机相比,前者作用于面层材料的水平推力小,因此所引起的材料平移和龟裂趋势大大减少。

3）土石、砂砾路面

（1）选用合适压路机。碾压土石、砂砾路面,应选用振动式压路机。振动式压路机靠静压和振动力的共同作用,振动力以压力波方式向土石内传递,并能达到较大的深度。在振动力作用下,土、砂粒间的摩擦力急剧降低,并在静压力下产生移动而达到密实状态。实验证明,振动压实对砂和砂砾材料以及含有大量石块的土料的压实非常有效,但对于黏土及黏性较强的土壤压实效果较差。

（2）砂砾土石混合路基路面碾压作业。此时,应用振动压路机压实路基。

①碾压岩石填方路基时,应根据岩石填方的厚度选用不同吨位的振动压路机,同时还应注意压路机的行驶速度。通常,压实效果与碾压遍数成正比,与行驶速度成反比;实验表明,行驶速度为 3 ~ 6km/h 时压实效果最佳。

②碾压砂和砾石等非黏土路基时,可采用高频率、低振幅的振动压路机。碾压速度在 3 ~ 6km/h 范围内变化。碾压次数为 2 ~ 3 遍。若铺层过厚可降低碾压速度。

③碾压无塑性粉土路基时,铺层厚度可达 0.7 ~ 1.0m,可采用 10 ~ 15t 的重型压路机。

④碾压含有一定数量黏土的粉质土路基时,可采用较低或中等静线压力的振动压路机。

⑤碾压黏土路基时,应采用大吨位振动压路机;碾压高强度黏土路基时,必须采用羊足碾振动压路机;碾压黏性土路基时,应采用高振幅、低频率的压实方法,碾压速度为 3 ~ 4km/h。

4）沥青路面

（1）沥青路面的概念、特点及类型。沥青路面包括沥青碎石路面和沥青混凝土路面,是公路与机场跑道路面的主要铺筑材料。它属于柔性路面,由配集料、石粉（填料）和沥青（粘接剂）经脱水、加温、搅拌而成。要提高沥青路面的承载能力、稳定性和使用寿命,必须对沥青路面进行充分压实。沥青路面压实不充分,就达不到交通承载能力所需要提供的足够的抗剪强度,容易失去密水性、过早氧化并出现裂缝和松散等早期破坏。沥青路面压实后,可降低沥青混合料的孔隙,从而防止水对路面下卧层的侵蚀。

柔性路面一般由面层、基层、垫层等结构层所构成。根据交通流量和铺筑材料的不同,沥青路面有高级路面和次高级路面之分。高级沥青路面的面层结构有沥青混凝土和热拌沥青碎石两种。

沥青混凝土铺层厚度较薄,最厚也不超过 25cm,需使用沥青混凝土摊铺机摊铺并熨平之后进行压实。

（2）热拌沥青碎石和沥青混凝土面层的压实技术要求。沥青碎石和沥青混凝土面层都是用沥青作为结合料,与一定级配的矿料均匀拌和而成的混合料,经摊铺和压实形成的沥青路面结构层。它们的主要区别在于矿料的级配不同:沥青碎石混合料中所含细矿料和矿粉较少,压实后表面较粗糙;沥青混凝土混合料的矿料则级配严格、细矿料和矿粉含量较多,压实后表面较细密。

沥青路面面层的施工方法有热拌热铺、热拌冷铺、冷拌冷铺几种,我国目前多采用热拌热铺法进行施工。采用热拌热铺法。沥青混合料的压实温度对压实质量有很大的影响。通常,沥青碎石面层开始碾压的最佳温度应为 70 ~ 85℃;沥青混凝土面层的最佳碾压温度则为:石油沥青混凝土 100 ~ 120℃,煤沥青混凝土 90℃。如果温度过低,混合料难以压实;混合料温度过高,沥青则容易老化、氧化。沥青混合料的老化氧化会使混合料变脆,容易导致松散、开裂。

沥青路面面层的压实工序为:紧随摊铺工序,先进行接缝碾压,然后沿作业路段,按初压—复压—终压的顺序进行压实作业。

压路机开始碾压的时间不得迟于混合料摊铺后的 15min,这是因为高温的沥青混合料在大气环境温度条件下容易产生温降,故必须控制温降范围。实践证明,当沥青混凝土搅拌设备的出料温度控制在(150±5)℃范围内,大气环境温度为 5~10℃时,运送距离 10km 混合料的温度下降 10~20℃。因此,远距离运送沥青混凝土必须做好保温措施,或者使用封闭式自卸卡车运输。沥青混合料运达摊铺施工工地时的温度应符合要求。

沥青混凝土在施工过程中的温度约每分钟平均下降 1.5℃。从摊铺到碾压开始,一般需 1~8min,能下降 5~40℃,因此必须要有熟练操作技术的摊铺机手和合理的施工组织。

为了使沥青混凝土在碾压过程中不至于温度降得过低,应根据气温的变化来确定压路机的碾压长度。温度越低,碾压长度应越短,而且沥青混合料的特性不同,对碾压作业有着不同的影响,往往在施工过程中也需采取不同的对策。

(3)压实作业方法及压路机选择。压实路面应从道路两侧边缘开始,逐步移向道路中心。先后两次的滚压带要有一定的重叠宽度,串联压路机和单轮振动压路机的重叠宽度取 250~300mm。

沥青混凝土路面,对沥青路面碾压,可选用静作用光轮压路机,也可选用振动式压路机,各种压路机都能使路面得以有效地压实,但压实效果稍有不同。

压实沥青混凝土路面时,振动式压路机在压实质量、压实厚度和生产率方面都优于静作用压路机。试验表明,振动压路机的压实效果最好,光轮压路机次之,轮胎压路机的压实效果较差。在碾压沥青混凝土路面的过程中,应对压轮表面喷洒乳化剂或水,以免沥青混合料黏附在轮面上影响路面质量。

目前,振动压实已被纳入沥青混凝土路面的标准施工工艺,一般可选用中等静线压力的全轮驱动全轮振动串联压路机,能获得很好的压实效果和面层质量,并且具有很高的生产率。压实沥青混凝土的振动频率为 45~55Hz,对铺层厚度不超过 15cm 的可使用小振幅(0.35~0.6mm),较厚的铺层材料可选用较大振幅(直到 1mm)。

路基碾压前应确定和调整好作业参数,并按初压、复压和终压三个步骤进行。

①接缝的碾压。作业段摊铺的前后连接处为横接缝。碾压横接缝应选用刚性光轮压路机沿横接缝方向进行横向碾压,如图 5-2-1 所示。开始碾压时,碾压轮的大部分应压在已压实的路段上,仅留 15cm 左右轮宽压在新摊铺的混合料上。然后压路机依次向新摊铺路段侧移碾压(每次侧移量为 15~20cm),直至完全越过横接缝为止。

②初压。接缝压好后,应立即进行初压。初压具有防止沥青混合料滑移和产生裂纹的作用。初压应采用静力碾压,通常选用刚性光轮压路机,以 1.5~2km/h 的碾压速度碾压两遍。相邻轮迹重叠 30cm,按"先边后中"的原则顺序碾压。

初压作业中,应掌握好开始碾压时沥青混合料的温度,参照碾压各种沥青混合料铺筑层初始温度推荐范围进行碾压。沥青混合料温度过高,集料之间的粘接力不足,碾压时混合料容易从碾压轮两侧挤出,或被碾压轮推拥,或黏滞在碾压轮上,影响平整度。沥青混合料温度过低,则影响复压和终压的压实效果,无法达到规定的压实度,甚至出现松散和麻坑。此外,为了减少或避免出现横向波纹和表面裂缝,碾压沥青混凝土路面最好是选用全驱动的压路机。在没有全驱动压路机的情况下,应将压路机的驱动轮朝摊铺方向进行碾压,这样可以利用驱动轮的

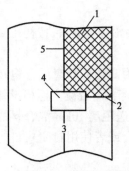

图 5-2-1 横接缝的碾压
1-未压实的路段；2-横接缝；3-已压
实的路段；4-压路机；5-纵接缝

驱动力沿碾碌切线方向将混合料向后楔紧于轮下，防止松散的、温度较高的混合料在碾压轮前拥起。初压时，往返碾压轮迹应尽量重叠，并禁止在作业路段内操作压路机急转弯、变速、制动和停车，以防止路面出现撕裂、划痕、凹痕等现象，防止损坏路面的平整度。

③复压。初压之后，应立即进行复压作业。复压的目的是为了使摊铺层迅速达到规定的压实度。复压时，可选用静压式压路机，也可选用振动压路机碾压。振动压路机对于和易性较差的沥青混合料同样需要碾压 4~6 遍，而对和易性好的沥青混合料碾压 3~5 遍即可。振动压路机的碾压速度可在 3~6km/h 范围内进行选择，和易性好的沥青混合料可适当快一些。如同路基压实作业一样，复压作业也应遵循"先边后中，先慢后快"的压实原则。

复压一般应压至路面无明显轮迹为止，每次换向碾压的停机位置不应在同一横线上，而应沿横向呈阶梯状停机。

④终压。复压达到压实度标准后，应立即进入终压作业。终压的目的是提高路面表层的密实度，同时清除路面表面的轮压痕迹。为了有效地消除路面的横向波纹和纵向轮迹，采用压路机斜向运行方案，即碾压方向与路面纵向中线呈 15°左右夹角碾压 1~2 遍，如图 5-2-2 所示。

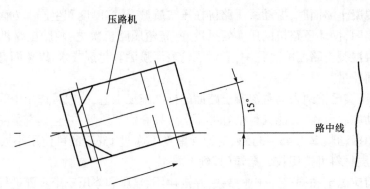

图 5-2-2 终压时消除路面纵向轮迹的方法

碾压沥青路面时，操作人员操作应轻柔平顺，不得使压路机产生冲击，以免影响路面碾压质量。作业前，应将压路机维护好，作业时切忌将柴油、润滑油、液压油滴洒在沥青路面上。路面边缘、路肩或其他压路机不能压到的地段，应换用机动灵活的轻型振动压路机或其他小型压路机进行补压，直至符合压实要求为止。

⑤弯道、坡道的碾压。弯道碾压应从内侧低处向外侧高处依次碾压，并尽量采用直线碾压方案。弯道碾压轮迹如图 5-2-3 所示。

坡道碾压无论是上坡碾压还是下坡碾压。驱动轮均应朝坡底方向，而转向轮和从动轮则应朝坡顶方向。这样，可借助驱动轮的作用防止松散的、温度较高的混合料产生向坡下方向的滑移。碾压纵坡时，如坡度较大，复压的最初 1~2 遍不宜进行振动压实，以免沥青混合料滑移。采用振动压实时，在停机和换向前应先停振，起步后才能起振。

4. 压路机联合作业

为加快工程进度，缩短施工时间，有条件时可采用多部压路机联合作业。根据作业形式压路机联合作业分串联作业和并联作业。

1）串联作业

串联作业是多部压路机在一条纵线上同时间同方向进行碾压作业，如图5-2-4所示。

2）并联作业

并联作业是多部压路机同时间同方向横向重叠碾压作业，如图5-2-5所示。多部压路机联合作业，无论是串联作业还是并联作业，都适用于穿梭法和环行法。

3）联合作业注意事项

（1）要选用同型号、同配重填料的压路机，不同型号的压路机不宜联合作业。

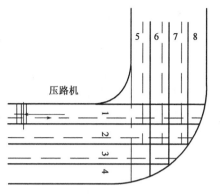

图 5-2-3　弯道碾压轮迹示意图

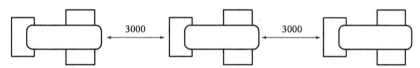

图 5-2-4　多部压路机串联作业

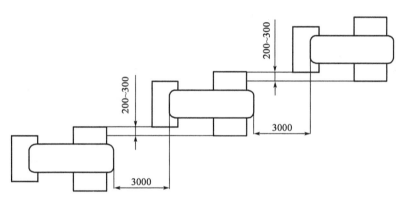

图 5-2-5　多部压路机并联作业

（2）多部压路机联合作业时，其相互间的前后距离不应小于3m。并联作业碾压重叠量，光轮压路机应为驱动轮宽的1/3～1/2。

（3）各部压路机速度应保持基本一致，碾压侧移重叠量尽可能相等。

（4）当进行分段作业时，段与段接合部应以最后一部压路机驱动轮所到处为接合点，不能有漏压的地方。

（5）多部压路机联合作业，前进时以第一部碾压轨迹为标准进行重叠，倒机时以最后一部碾压轨迹为标准进行重叠。

（6）多部压路机联合作业通过桥梁时，应不超过桥梁的最大载荷。

5．压路机特殊工况下作业

1）复杂地形作业

复杂地形作业包括在山地、丘陵、桥梁、隧道或限制路等地带的作业。复杂地形下作业的特点是上坡、下坡、侧倾，危险地域或障碍物等给作业带来一定难度。

（1）上、下坡作业。

①上、下坡作业应首先了解压路机山路驾驶的特点，掌握山路驾驶的方法及注意

事项。

②使用低速挡保持足够动力。

③尽量用前进挡作业,当采取穿梭法作业时,倒车应特别谨慎。

④上、下坡作业的碾压速度应保持基本一致,不能时快时慢,下坡更不能脱挡滑行。

⑤离路边要留有安全距离。

(2)桥梁上作业。

①在桥梁上的路面作业时,应根据桥梁的载荷选择合适型号的压路机。

②碾压桥梁上的路面时,应用低速挡匀速进退,中途不能换挡。

③振动式压路机在桥梁上面作业时,不能进行起振作业。

④多部压路机联合作业时,可单机或拉大距离通过桥梁。

2)夜间作业

在夜间作业时,要使用灯光。灯光开关如图 5-2-6 所示。

图 5-2-6　夜间灯光开关

(1)开灯作业。

①熟悉夜间开灯驾驶时道路判断、操作要领和注意事项。

②灯光照射范围应以操作人员看清作业面为宜。

③注意碾压重叠量应在各机型的要求范围。

(2)闭灯作业。

①熟悉夜间闭灯驾驶时道路判断、操作要领和注意事项。

②碾压重叠量以转动和回正转向盘的量来控制,使其保持在各型压路机要求的范围内。

③在险要地段作业时,要下车观察后再进行作业,或有专人指挥作业。

④必要时用白灰标定作业路线或范围。

3)作业率计算

压路机作业率是指单位时间内(小时)达到压实标准的土石方的体积。决定压路机作业率的主要因素有轮宽、压实遍数、压实速度、压实重叠量等。

压路机的作业率可由下式计算:

$$Q = 1000CWvH/n$$

式中:Q——作业率,m^3/h;

　　W——轮宽,m;

　　v——压实速度,km/h;

　　H——压实后层厚,m;

　　n——压实遍数;

　　C——效率系数,C = 实际生产率/理论生产率。

例如:YZ12 型压路机,被压实材料为砂土。$W = 2.1m$,$v = 4.0km/h$,$H = 0.5m$,$n = 6$,如果按压路机每小时连续工作 50min、标准重叠压实、效率系数取 $C = 0.75$ 计算。

$$Q = 1000 \times 0.75 \times (2.1 \times 4.0 \times 0.5)/6 = 525m^3/h$$

4）作业后停车

（1）将压路机停放在平坦地面上。

（2）将变速杆、换向器杆放在空挡和中间位置，如图5-2-7a)所示。

（3）拉紧驻车制动操纵杆。

（4）逐渐降低发动机转速，待各部件均匀降温后，将熄火拉杆（拉钮）置于熄火位置，使发动机熄火，如图5-2-7b)所示。

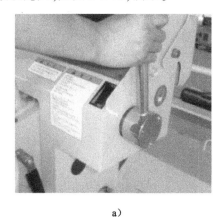
a）

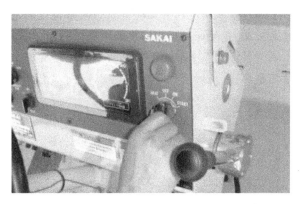
b）

图5-2-7　停车操作
a)操纵杆回到怠速；b)转到 OFF 的位置，使发动机停转

（5）关闭油路、电路开关。

（6）低温条件下，应将未加防冻液的发动机冷却系中的水放净；气温在 –30℃ 以下时，应取下蓄电池，放入室内保温。

5）停车后检查

（1）发动机停机后，检查有否漏油、漏液等情况，如图5-2-8a)所示。

（2）冬天要把洒水箱和管道内的水放净。

（3）打开右侧箱门，检查油、液有否异常。

（4）清除钢轮上的污物、检查钢轮有否异常。

（5）检查连接处有否异常，如图5-2-8b)所示。

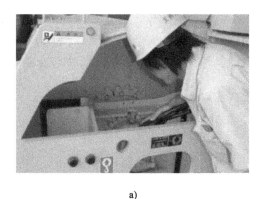
a）

b）

图5-2-8　停车操作
a)检查是否漏油、漏液；b)检查连接处是否异常

任务三 压路机的维护

压路机技术状况的好坏将直接影响着工程的质量和进度。对压路机进行全面了解,判定其技术状况,是管好用好压路机的前提。维护是指降低机件磨损速度、预防故障的发生,为延长机械使用寿命而采取的预防性技术措施。其基本任务是通过完成规定的维护内容,使机械清洁完整、润滑良好、调整适当、紧固可靠,以发挥效益、减少磨损、降低消耗、延长使用寿命。

任务目标

1. 了解压路机维护的意义和基本类型;
2. 了解压路机维护的内容;
3. 掌握压路机维护的方法;
4. 了解压路机安全事故的种类、原因及预防措施。

知识准备

压路机维护管理

压路机试运转维护的目的是改善零件表面粗糙度、降低初始磨损;紧定各部连接件,消除松动与渗漏;清洗各箱壳、管道和混在油中的金属颗粒杂质,消除堵塞;检查调整各部位装配间隙,排除故障隐患。

机械的试运转维护分为四个阶段进行:试运转准备、柴油机空运转、机械无负荷运转、机械有负荷运转。试运转维护各个阶段所进行的内容、要求和时间,必须执行该机维护规程的规定。

一、压路机试运转维护

1. 压路机试运转维护准备

(1)查阅随机资料,了解机械结构、性能,熟悉操作驾驶技术和安全。

(2)清除机械污垢,检查、必要时清洗曲轴箱、气门室、传动齿轮箱以及燃油、冷却液容器。

(3)检查紧定各部螺母、螺栓、锁销等紧固件。

(4)检查传动带的紧度和轮胎的气压,必要时予以调整。

(5)检查发电机、电动机的绝缘情况。

(6)加注润滑油、燃油、冷却液。

(7)拆下柴油机增压器进油管接头,向油道内注入 50~60g 柴油机油。

(8)将变速操纵杆置于起动位置。

(9)摇转柴油机,在确认无卡死、碰撞等现象后,再起动。

2. 柴油机空运转

柴油机空运转应由低速开始,逐渐增大到正常转速。柴油机空运转应注意以下几点:

（1）各仪表指数是否正常。

（2）有无敲击、摩擦等杂音，各运转机件有无过热现象。

（3）燃料系、润滑系、冷却系各管道有无渗漏现象。

（4）汽缸垫和进、排气管垫有无冲裂和漏气现象。

（5）柴油机在各种转速下，有无不正常的振动和排烟（白烟、黑烟、蓝烟）现象。

3．机械无负荷运转

行驶部分应由低到高，以各种速度行驶，并进行倒车、转向、制动等无负荷运转。工作装置部分除应进行相应的动作试验，还必须检查以下项目：

（1）制动器等有无打滑、发热、冒烟的现象；各传动齿轮箱有无高热、渗漏的现象。

（2）行驶和作业各阶段动作是否灵敏。

（3）液压系统各元件和管道有无高热和渗漏的现象。

4．机械有负荷运转

机械有负荷运转通常按照先轻后重、逐渐增加负荷的原则，并结合工程任务进行。在机械负荷运转过程中，应继续进行无负荷运转阶段的各项检查，并核实机械各项性能指标。机械负荷运转结束后，应进行以下工作：

（1）清洗压路机传动齿轮箱、曲轴箱、液压油箱，更换润滑油、液压油。

（2）检查调整压路机制动器的配合间隙，各操纵杆行程、拉力，各弹簧张力。

（3）检查液压系统压力，不当应进行调整。

（4）紧固整机连接紧固件。

（5）排除试运转中出现的故障。

二、压路机常规维护

1．日常维护

（1）严格按各系统使用维护说明书进行定期维护。

（2）新机在规定的第一次维护中，应做好严格的维护，这样有助于延长整机使用寿命，并定时对各注润滑脂点加注润滑脂以免烧结。

（3）每次作业完毕后，应对各系统进行清洁，并检查各管路接口是否有渗漏现象，并对散热器进行清理，有助于增强散热性。

（4）如果长期不使用，应垫起后轮，使轮胎离地并顶起前车架，使减振块不受压力；每三个月必须起动一次，使压路机低速运转 10～15min。

2．换季维护

对运行在年最低气温低于5℃地区的机械，于每年春夏和秋冬交替时进行的一种适应性维护，换季维护若与二级和三级维护周期重合时，可结合进行，主要有以下项目：

（1）清洗柴油机冷却系，检查节温器的工作性能。

（2）清洗润滑系，更换润滑油。

（3）检查柴油机的预热装置，检查柴油机预热塞的工作性能，清除其积炭，检查线路连接是否牢固，开关是否灵活。

（4）燃料系维护：柴油机应更换规定牌号的柴油。

（5）检查传动润滑油的数量、质量，换加黏度适当的传动润滑油（齿轮油等）。

（6）清洗液压油箱，更换液压油。放净液压系统内的液压油，清洗液压油箱和滤清器，更换规定牌号的液压油：入冬后，东北、西北等寒冷地区使用 40 号低温液压油，江南及一般地区可换用 N32 或 N46 抗磨液压油；入夏时，除东北、西北等寒冷地区可继续使用 40 号低温液压油外，江南等炎热地区可换用 N68 抗磨液压油，一般地区可换用 6 号液力传动油或 N68 普通液压油。

（7）电气系统维护：检查蓄电池电解液密度。调整发电机的输出电压，入冬应调高，入夏应调低，24V 系统的可调范围为 27.6 ~ 29.6V，12V 系统的可调范围为 13.8 ~ 14.8V。

（8）入冬时，应检查、整理加温和保温器材。

（9）空调系统维护：不使用空调的季节，每月应使空调器工作 8 ~ 10min。

3. 压路机的定期维护

在用的机械使用到规定的台班、工作小时或里程后所要求进行的维护，称为定期维护。定期维护按间隔时间长短，可分为三级：一级维护的维护重点是润滑、紧固，突出解决"三滤"清洁；二级维护的重点是检查、调整；三级维护的重点是检查、调整、消除隐患，平衡各部机件的磨损程度等。

从目前采用的各种维护制度来看，定期维护仍是平时维护中涉及最多的一种维护制度和模式。除此之外，结合实际，采用积极灵活的定检维护、视情维护制度，也受到业内人士的积极推崇，但具体执行效果仍有待验证。尽管定期维护制度有时会造成"过维护"或"欠维护"的现象，但是定期维护在实际运用过程中容易掌控。

三、特殊环境条件下的维护

特殊气候条件下维护包括寒冷气候维护、炎热气候维护、高原地区维护、多风沙地区维护等。

1. 寒冷气候维护

压路机在寒冷气候下，柴油机起动困难，冷却液和电解液容易冻结，同时零件磨损和燃油消耗量也显著增加。因此，必须采取如下措施，加以维护。

（1）冷却系维护。

①起动前，预温柴油机机体。拧开柴油机各放水开关，向冷却系内加注 60 ~ 70℃ 的热水，直到流出的水用手接触不凉时，关闭放水开关，及时注满热水，立即起动。

②用保温套或挡风帘遮挡散热器，以减少热量散失，保持机器温度。

③作业中需较长的时间停车时，须间隔起动，保持机器温度，作业结束后，放净冷却液，放水后应起动柴油机低速运转 1 ~ 2min。

④必要时加注防冻液。

（2）润滑系维护。

①选用规定牌号的润滑油。

②起动前须预热润滑油。在作业结束时，趁热将润滑油放出，当班加注前，将润滑油盛在加盖的容器里，置于水中加热。用炭火等烘烤柴油机的油底壳，烤前应将烘烤部位周围的油污擦净。

③更换传动润滑油。更换各传动齿轮箱的润滑油时，应换用规定牌号的齿轮油或双曲线齿轮油。

（3）燃料系维护。柴油机应选用规定牌号的柴油。

（4）更换液压油。换用 40 号低温液压油。

（5）蓄电池的维护。检查调整蓄电池电解液密度，蓄电池采用的电解液密度为 $1.31g/cm^3$（15℃时）。作业结束后，将蓄电池送室内保温。

(6)压路机低温起动困难的预防。

为保证在低温条件下能顺利地将柴油机起动,通常采取的措施有:

①进行换季维护,改用低凝固点的轻柴油和冬用润滑油。

②检查蓄电池的液面高度及电解液相对密度,在不结冰的前提下尽可能采用低相对密度的电解液。

③检查电池极桩、起动机接线柱与电线的连接是否牢固,搭铁是否可靠。检查起动机电刷的磨损程度,磨损过大时应及时更换。

④向冷却系统中加入热水,将发动机汽缸预热。

⑤使用预热系统或起动机。

2. 炎热气候维护

炎热气候下,环境温度高、空气湿度大,给机械带来散热不良、功率下降、润滑功能减弱、电气设备技术状况变坏、燃油和润滑油消耗量增加等不良影响。为保证压路机在高温下正常运转,压路机在高温地区使用须采取如下措施,加以维护。

(1)冷却系维护。加强发动机冷却系的维护,及时清除水垢,保持水道畅通,调整风扇传动带张紧度;检查空气蒸汽阀的性能和泄水管是否畅通,柴油机起动后 $1 \sim 2\text{min}$,敞开水箱盖,以便冷却系中的空气逸出;冷却液沸腾时,将机械停止行驶或作业,使柴油机保持低速运转,待温度下降后,再熄火加水。

(2)燃料系维护。柴油机应选用规定牌号的柴油。加强燃料系统的维护,尤其是油路的通风情况,加强散热器或冷却器的维护,使其通风良好。

(3)润滑系维护。及时更换夏季用润滑油并选用规定牌号的润滑油。

(4)更换液压油。液压系统用黏度较高的液压油,如换用 N68 抗磨液压油。

(5)蓄电池的维护。加强蓄电池的检查,及时加注蒸馏水;检查调整蓄电池电解液密度,其密度应为 1.24g/cm^3($15℃$ 时)。

(6)轮胎的维护。经常检查轮胎气压,保持规定的气压标准,注意检查轮胎温升。轮胎气压应比标准气压低 10% ,以防爆裂。

3. 高原地区维护

高原地区空气稀薄,大气压力低,气候变化快。在此气候条件下工作,会对机械造成柴油机功率下降、散热不良、易于产生积尘和胶状物、燃油消耗量增加及轮胎气压相对增高等不良影响,给机械使用带来一定困难。因此,在高原(海拔 2000m 以上)地区使用的机械,须采取如下措施,加以维护。

(1)冷却系维护。

①检查蒸汽阀性能,适当增大其弹簧压力。

②清洗冷却系。其维护周期应适当缩短。

(2)燃料系的维护。

①柴油机应选用规定牌号的柴油。

②适当缩短燃烧室、进排气歧管等处积炭和胶化物的清洗周期。

(3)润滑系维护:选用规定牌号的润滑油。

(4)更换液压油:选用规定牌号的液压油。

4. 多风沙地区维护

多风沙地区的气候特点是:严冬酷暑、日温差大、雨量少、水源缺、气候干燥、风沙多。在此气候条件下工作,会对机械的柴油机燃油系、冷却系、润滑系以及各种滤清装置造成损坏。为此,在多风沙地区使用的机械,须采取如下措施,加以维护。

(1)冷却系维护。

①检查空气蒸汽阀的性能和泄水管是否畅通,柴油机起动 $1 \sim 2min$ 后,敞开水箱盖,以便冷却系中的空气逸出。

②冷却系的清洗周期应适当缩短。

(2)润滑系维护:柴油机润滑系的清洗周期应适当缩短。

(3)清洗空气滤清器:空气滤清器的清洗周期应适当缩短。

(4)检查蓄电池通气孔,并保持通畅。

四、压路机的停用封存维护

1. 压路机的短期停用维护

凡停用三个月以下的机械,按如下要求进行短期停用维护。

(1)将机械送到指定的机械场(库),如果距离较远,可在工地机械棚内封存,封存时必须选择干燥、利于排水和防风沙的地方。

(2)密封冷却系,封存内容及方法参照柴油机封存维护执行。

(3)解除各部分所受压力,放松各操纵杆、踏板等。

(4)对行驶装置进行封存,封存内容及方法参照行驶装置封存维护执行。

(5)按规定向各油嘴加注润滑油脂。

(6)盖好篷布,尤其要盖好柴油机和电气设备部分(库内存放可不盖),做好防锈、防火工作。

(7)蓄电池每月进行检查和充电一次,当气温低于 0℃ 时,应将蓄电池取下存放室内。

(8)每周清除尘土,检查压路机外部一次,每两周起动柴油机,先无负荷运转 20min,然后带动工作装置及行走装置无负荷运转、行驶作业 10min,使压路机各部件得到润滑。

2. 压路机的长期封存维护

1)压路机动力装置的封存

压路机动力装置通常是柴油机。下面以柴油机为例,说明长期封存的事项。

(1)润滑汽缸排除汽缸和油底壳内的废气,排除时应先起动柴油机,待温度达 $50 \sim 60℃$ 时,用断油的方法熄火,然后卸下喷油器,打开加润滑油口盖,摇转曲轴 $10 \sim 20$ 圈或用起动机使柴油机空转 5s 即可。

在各缸活塞处于压缩行程上止点时,从喷油嘴孔处向汽缸内注入 $5 \sim 15mL$ 润滑油,加注时活塞应离开上止点一定距离,防止润滑油流淌粘连气门,加注完后,在不供油的情况下,缓慢转动曲轴 $5 \sim 10$ 圈,使活塞顶、活塞环、汽缸壁之间涂抹一层油膜(润滑油的加添数量应按缸径的大小而定,缸径小的内燃机加注的油量应少些),在喷油器的螺纹处涂抹适量润滑脂,然后将喷油器装回原处。

(2)密封各孔口部。消声器口应用橡胶塞或塑料套密封。消声器与排气管的连接处应用油纸或带密封。加润滑油口、曲轴箱通风口用油纸、橡胶带或塑料薄膜密封。润滑油尺与口之间接合处可用凡士林或润滑脂密封,亦可用油纸、橡胶带或塑料薄膜密封。

(3)密封燃料系。燃料系的封存,可采取干式封存或湿式封存两种形式。

①干式封存。放净燃油,并用清洗液清洗燃油箱。在油箱口内放置 $100 \sim 130g$ 除氧剂或

30g气相防锈剂。然后拧紧油箱盖,并用油纸或塑料薄膜密封,亦可用橡胶套密封。

在燃油滤清器的放油塞及柴油滤清器的放空气螺钉或汽油杯口处涂抹少量润滑脂。汽油机燃油滤清器滤芯清洗后,应涂抹适量的润滑油再装回。

在进出油管接头处涂抹适量润滑脂。油管用压缩空气吹干,转动曲轴(手动节气门放在供油位置),排净高压泵柱塞套内的燃油。在高压油泵的扇形齿轮和齿条处涂以防锈油或润滑油,按封存标准加足凸轮室内的润滑油,用油纸或塑料薄膜密封加油,用润滑脂密封各油管接头。

②湿式封存。排放燃油箱沉淀物,然后向油箱内加注规定容量95%的清洁燃油,拧紧油箱盖,用手动油泵泵油,使燃油充满燃料系后,用油纸或塑料薄膜密封油箱盖。

在滤清器的放油塞及柴油滤清器的放空气螺钉处涂抹适量润滑脂。

在高压液压泵的扇形齿轮和齿条处涂以防锈油或润滑油,按规定加足凸轮室内的润滑油,用油纸或塑料薄膜密封加油口,用润滑脂密封各油管接头处。

(4)密封空气滤清器。清洁空气滤清器,然后用油纸、橡胶带或塑料薄膜密封,亦可用橡胶封套密封。

(5)密封冷却系。冷却系可以采用干式封存或湿式封存。干式封存常用于气温在5℃以下的季节,以及全年任务突发性小的单位;湿式封存常用于气温在5℃以上的季节,且任务突发性大的单位。

①干式封存。将冷却液放净,并吹干存水或起动柴油机低速运转1~2min。关严放水开关,在散热器加水口放置100~130g除氧剂或30g气相防锈剂。

散热器盖和溢水管可用油纸或塑料薄膜密封,亦可用橡胶或塑料塞密封加水口。

放松风扇传动带和空气压缩机传动带,关闭百叶窗。

②湿式封存。凡最低气温在5℃以上地区,应向冷却液中加注防锈溶剂;凡最低气温在5℃以下的地区,应加注防冻液,并使冷却液加注至标准容积,在放水开关上涂抹适量润滑脂。

散热器盖和溢水管可用油纸或塑料薄膜密封,亦可用橡胶或塑料塞密封加水口。

放松风扇传动带和空气压缩机传动带,关闭百叶窗。

(6)密封电气设备。

①放松发电机传动带。

②发电机、分电器、调节器、起动机、自动停车保护装置、电器元件等有缝隙处所,均用油纸或塑料薄膜密封。

③照明灯应用油纸或塑料薄膜密封,禁止用润滑脂密封。

④拆下并清洁蓄电池连接线、搭铁线、火线,并在接头处涂适量润滑脂,然后用油纸或塑料薄膜密封。

⑤蓄电池应送充电间由专人负责储存。

2)压路机传动装置的封存

(1)放松驻车制动器,并在各活动关节处,涂抹适量润滑脂。

(2)如果压路机停放数月,可向变速器、变矩器、轮边减速器等箱体内按标准加注润滑油,并将加油口和通气孔用油纸、塑料薄膜或润滑脂密封。

(3)如果压路机长时间不使用、需要存放一年以上,应放掉变矩器、变速器中的油并更换滤油器,清洗滤网,装上放油塞;用6号或8号液力传动油加3%的防护添加剂混合后加入变矩器、变速器中至规定的油位;将变速器处于空挡位置,起动柴油机使其在1000r/min下运转5min左右;制动变速器输出轴,加速柴油机使油温升至105℃左右(注意,不应超过该温度),

如果机械上没有安装液力传动温度计,在此工况下运转不要超过30s;待变速器逐渐冷却到用手能触摸时,用防潮胶布将所有开口和通气孔密封起来,再将变速器所有外露而又未涂油漆的表面涂上防护油即可,不必重新换油。

（4）传动轴的伸缩套和万向节用油纸或塑料薄膜密封。

（5）放净储气筒内的污物和压缩空气,将开关关严,并在缝隙处涂抹润滑脂,行车制动器各活动关节滴注润滑油。

（6）按规定向各油嘴加注润滑油脂。

3）压路机行驶装置的封存

（1）用方木、支架或顶车器(杆)将车架顶起,使轮胎离开地面2~5cm,将顶车器(杆)螺杆及活动关节涂抹润滑油脂,并用油纸或塑料薄膜密封。

（2）将轮胎清洁晾干,充气到标准的90%,在轮胎表面涂一层防老化涂料。亦可用不透明的塑料薄膜、油纸或其他颜色较深的纸将轮胎包裹密封。

4）压路机工作及操纵装置的封存

（1）清除压路滚和刮泥板上的泥土和锈迹,分别涂抹润滑油,用垫木将其垫起(混凝土地面可不铺垫)。振动压路机的后轮要充气,气压为0.2MPa,后轮应按轮胎式行驶装置的封存进行。

（2）按规定加满液压油,并将加油口、通气孔用油纸、塑料薄膜或润滑脂密封。液压缸活塞杆外露部分涂抹润滑油脂后,用油纸或塑料薄膜密封。

5）压路机封存期间维护

（1）月维护。

①清洁机械外部,打扫停放场地。

②检查座垫、盖布等,如有潮湿、损坏和霉烂时,应进行晾晒或缝补。

③检查所有密封点,如密封不良,应进行补封。

④检查轮胎气压,如气压不足时,应进行充气。

⑤检查蓄电池液面和电解液密度,不足时添加蒸馏水或调配好的电解液,并进行充电。

（2）季维护。

①检查各部机件,如有锈蚀,应擦净并涂以润滑油脂。

②检查机械支撑木、垫木,如有不牢固或腐烂现象时,应重新顶垫或更换。

③除去进排气管上的封存物,卸下火花塞或喷油器,根据情况向汽缸内注入润滑油,摇转曲轴20转左右后,重新装复封存。

④拨动各操纵杆以及(节气门)数次,以防各活动关节生锈、咬死。

⑤应将轮胎式机械轮胎转动5~10圈。

⑥检查未启封的密封处,如润滑油脂溢流、干固、变质等,应进行清洗,重新涂抹润滑脂或滴注润滑油,并密封好。

⑦检查金属配件和工具,如有锈蚀,应擦拭干净并重新密封后装箱。

⑧视情晾晒座垫、靠背、帆布水桶及篷布等。

（3）年度维护。

①启除封存部位的封存物,清除机械外部灰尘和油污。

②起动柴油机后,先无负荷运转20min,然后带动工作装置,运转行驶或作业10~15min,使机械各部得到润滑。

③对蓄电池进行一次充、放电检验,对容量过低的蓄电池进行充电。

④除锈、补漆。

⑤在维护中发现故障,应及时排除。

⑥按规定重新封存。

⑦登记维护情况(启封运转情况和密封质量)。

6)压路机的启封维护。

(1)启除封存部位的封存物,清除机械外部的灰尘及油污。

(2)安装蓄电池,接好导线。

(3)调整风扇传动带、空气压缩机传动带和发电机传动带的张紧度。

(4)对气压不足的轮胎实施充气,使轮胎着地,拆除支垫物。

(5)完成每班维护。

(6)登记启封时间、原因及启封后的技术情况。

任务实施 •━━━━━━━━━━━━━━━━━━━━━━━━━━━━━━━━━

YZ18JC 型振动压路机维护

1. 维护检查点

为保证压路机能长期具有令人满意的工作性能,用户必须正确地按时维护压路机。YZ18JC 型振动压路机的维护检查点,如图 5-3-1 所示。

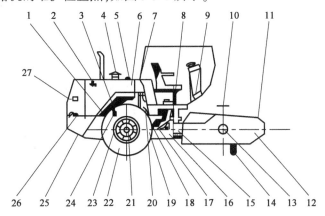

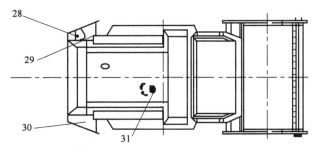

图 5-3-1 YZ18JC 型振动压路机维护检查点

1-供油泵;2-发动机气门;3-发动机油油位;4-空气滤清器;5-液压油加油口;6-液压油过滤器;7-液压油油位计;8-驻车制动;9-行车制动;10-振动轮润滑油加油口;11-刮泥板;12-减振器及紧固螺栓;13-振动马达;14-振动轮油位塞;15-铰接架;16-转向液压缸;17-制动器;18-侧传动;19-变速器;20-振动泵;21-轮辋;22-空气压力;23-轮胎紧固螺母;24-发动机燃油及机油滤清器;25-放油塞;26-加油口;27-油液散热器;28-柴油滤清器;29-柴油箱;30-蓄电池箱;31-离合器

2.定期维护

1)每日维护(每运行10h)

(1)调节刮泥板。

①松开刮泥板的固定螺栓,如图5-3-2所示。

②使刮泥板口装在离振动轮25mm的地方。

③重新拧紧刮泥板螺栓。

(2)发动机润滑油油位检查。

①将压路机开到水平地面,然后熄灭发动机。

②取出润滑油标尺,并检查油位。油尺位置如图5-3-3所示。

图5-3-2　检查刮泥板

图5-3-3　油尺位置

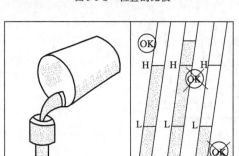

图5-3-4　加油量及加油方法

③如果量出的油位接近或低于标尺上的油标记,就应加润滑油,加油量及加油方法如图5-3-4所示。当油面低于油尺上"L"(低油面)记号或高于"H"(高油面)记号时,不允许开动柴油机。在柴油机停车后检查油面,至少等5min后进行,使润滑油有充分时间流回油底壳。油尺低位至高位的油量差为3.6L。

(3)液压油油位检查。将压路机开到水平地面,然后观察油标。如果油位低于油标2cm以上,就用相同牌号的液压油补足。液压油不能混用。液压油箱油位检查如图5-3-5所示。

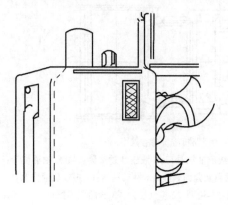

图5-3-5　液压油箱油位检查

（4）驻车制动器的调试。使制动器保持良好制动状态，否则应予以调整。

（5）向柴油箱加柴油。用钥匙打开油箱盖，每天向柴油箱中加柴油，加至柴油油箱的4/5为止，冬季及时使用冬季柴油，这样不会由于石蜡析出而使柴油失去流动性。

（6）制动液油量的检查。要随时保证油杯内具有充足的制动液，如图5-3-6所示为制动液检查。

①检查制动液是否充足（为了保证制动系统的安全，应使制动液液面最低不低于油杯口25mm），气压是否达到要求（一般6~8kg）。

②检查制动效果如何，如制动效果不好，应先对制动管路进行排气处理。如果制动效果仍不好，应继续检查空气加力泵是否内泄、后桥制动钳是否有漏油及磨损现象，管路是否有漏油现象。

2）一周维护（每运行50h）

（1）空气滤清器的清洗。按其灰尘多少，每运转10~50h清洗一次。如图5-3-7所示，松开卡箍4并拆下外盖3，拧开过滤器中部的蝶形螺母，并卸下内盖5，用清洁的布清洗外盖3，松开蝶形螺母拆下主过滤器6。这样做的目的是保证在柴油机工作时灰尘不能透过过滤器，以免使灰尘进入发动机进气管。若有连接件软管或其他元件渗漏，就必须立即更换。

图5-3-6 制动液检查

用清洁布揩净过滤器外壳1的内表面，并用布清洁进气管。保证过滤器外壳和发动机之间的连接件以及软管没有损伤，没有渗漏。

（2）检查所有油管和管接头，以防渗漏。

（3）检查蓄电池。打开蓄电池箱盖，擦净蓄电池顶部，打开各个蓄电池的螺塞1，检查液面可采用液面检查器2进行检验，如图5-3-8所示。

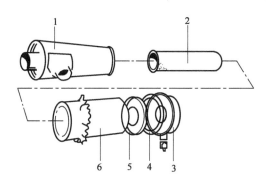

图5-3-7 空气滤清器的清洗
1-过滤器外壳;2-过滤器;3-外盖;4-卡箍;5-内盖;6-主过滤器

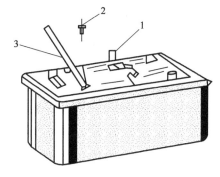

图5-3-8 蓄电池液面高度检查
1-螺塞;2-液面检查器;3-木棒

如果没有检验器，则可用干净木棒3插在格内，直到铅板的上缘，电解液应浸湿木棒10~15mm。若液面过低，则加够蒸馏水，如果外界温度低于结冰点，可在加入蒸馏水后，开动柴油机一段时间，否则水会结冰，若发现蓄电池接线柱有腐蚀，应及时清除，涂上凡士林。

特殊要求的压路机采用了免维护蓄电池，除检查接线柱连接和亏电时及时充电外，其余不需要维护。

（4）检查振动轮油位。将压路机开到水平路面，以便使放油螺塞1转到最高位置，如图5-3-9所示，扭开油位调整螺塞2，应有油液流出。

注意：油液过多或过少都会使振动轴过热。

（5）检查减振器。保证橡胶减振器没有任何损坏，且正确拧紧紧固螺栓，当看到减振器上有20～25mm深的裂纹时，应及时更换新的橡胶减振器。

（6）铰接头润滑。铰接处的四个关节轴承分别通过油杯M10×1即图5-3-10所示的1、2、3、4共四个位置上的凡士林嘴打入锂基润滑脂进行润滑。在加完油后让少量凡士林留在黄油嘴上，以防灰尘进入。如果凡士林不能进入轴承中，就需用千斤顶减少轴承的负荷后注油。

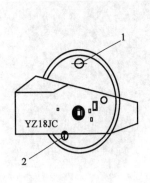

图5-3-9 检查振动轮油位
1-放油螺塞；2-油位调整螺塞

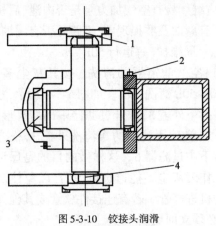

图5-3-10 铰接头润滑
1～4-润滑脂加注口

（7）轮胎气压检查。用轮胎气压表检测左右两轮胎气压，保证轮胎气压为0.25～0.35MPa。

（8）轮胎固定螺母紧固性检查。用紧固力矩为500N·m的扳手检测左右轮胎固定螺母的紧固性，达不到该值则将它拧紧。

（9）检查并紧固重要部位的螺栓。振动轮与前车架连接螺栓、铰接架中间的十字轴紧固螺栓、发动机固定螺栓、离合器壳固定螺栓以及泵、马达固定螺栓等是否松动，如松动则立即紧固。

（10）转向液压缸的安装件润滑。在给铰接头加完凡士林后，即可给装在转向液压缸左右边的凡士林嘴加足凡士林，保证凡士林必须进入轴承内。

3）两周维护

擦干净液压油冷却器表面的灰尘及油垢，用压缩空气或强水流冲净板翅式冷却器通风空道。若用蒸汽喷射清洗机，则效果更佳。

4）一月维护

（1）变速器的油位检查。在检查油位时要保证压路机停放在水平地面上，停车5min，待润滑油充分流回油池后，观察前、后箱游标尺，油位应在上、下刻度之间，不足则加油补充。

（2）制动系检查。当踩下制动踏板，发现制动不灵时，要及时进行检查和维护。

①制动系统油管、接头有无渗漏现象。

②制动液油量是否充足，要随时保证制动液添加到正确位置。

③制动油缸是否渗漏油。

（3）润滑油和机油滤清器的更换。在放油之前，要在发动机热车时换润滑油较好，因为在该情况下，杂质更容易与润滑油混合，一起随热油排出，同时热润滑油容易排出。放油时，如

图 5-3-11 所示,首先清洗放油塞 3 和加油口 1 的外表,并在放油塞下放一个不小于 15L 的容器,拧下放油塞 3,让所有旧润滑油流出后重新拧紧上放油塞,从加油口 1 注入新机油,使润滑油达到油位计 2 的上标记处,但不要超过,然后做短期试运转,再次检查油位,新加油量约为 12L。

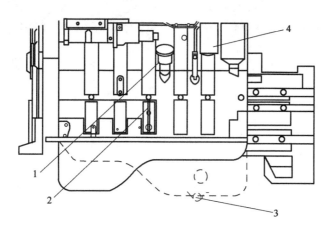

图 5-3-11　发动机侧向视图
1-加油口;2-油位计;3-放油塞;4-滤清器

更换机油滤清器时,松开滤清器 4,将旧滤清器取下,在新的滤清器橡胶密封垫上涂一层干净的新机油,重新拧上,待密封圈落座贴合后,再拧紧半圈。然后起动柴油机,在试车过程中检查润滑油压力和滤清器密封状况。在更换过程中,如果有空气进入燃油系统,柴油机不能起动,那么就必须将燃油系统中的空气放净。

更换滤芯时,特别要注意不得污染润滑油。新滤芯装好后,起动柴油机,检查滤清器周围应无渗漏。

注意:新车投入使用或更换液压油后第一个月即需更换液压油过滤器的滤芯,之后每隔三个月更换滤芯一次。

5)三个月维护(每运行 500h)

(1)气门间隙的调节(参看柴油机说明书)。

(2)更换液压油过滤器的滤芯。

6)六个月维护(每运行 1000h)

(1)燃油系中空气排放。如果空气进入燃油系,柴油机将不能正常起动或熄火,所以必须排掉燃油系中的空气。准备排气时,如图 5-3-12 所示,先松开放气螺栓,用手操作供油泵手动泵油杆,直到不含空气的柴油从放气螺栓中流出为止,然后拧紧螺栓。

在操作手动液压泵时,如果没有柴油从螺栓中流出,就用一把 36mm 的固定扳手,卡到曲轴螺母上,转动柴油机。

经拆装的高压管,也要排放管内的空气。松开高压油管连接螺母几圈,节气门全部打开,开动起动电动机,直到不含空气泡的柴油通过连接螺母流出为止,然后拧紧高压油管接头。

(2)压路机振动轮润滑油更换。将压路机开到小坡度路面上,如图 5-3-11 所示,使放油螺塞转到最低位置,卸下螺塞。将油放到一个容器中。放净油后,将压路机开到水平路面,使螺塞转到最高位置,通过螺塞加入新润滑油,油位调整螺塞流出油液,油不可过多,亦不可太少。由于振动轮采用桶式结构,两侧油室相通,检查单侧油位即可。

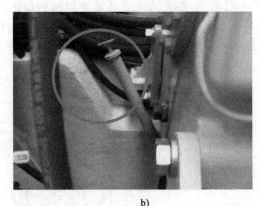

a)   b)

图 5-3-12　柴油机喷油泵侧向视图

a)放气螺栓;b)油杆

（3）柴油机排放。在柴油箱中的水和沉淀物可以通过油箱底部的螺塞排放。放油前,先使压路机停放一段时间(隔一夜),卸下螺塞,放出水和沉淀物,直到刚有清洁的柴油流出为止,重新装好排放螺塞。在准备排放前,最好使压路机的一侧稍高一些,从而使沉淀物集中到排放螺塞处。

（4）更换燃油滤清器。如图 5-3-13 所示,首先清洁燃油滤清器头部周围;拆下滤清器后,再清洁滤清器头部垫圈表面,然后更换 O 形密封圈,最后将干净的柴油注入新的燃油滤清器,并用清洁的润滑油润滑 O 形密封圈。

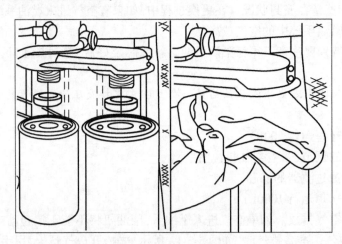

图 5-3-13　更换燃油滤清器

注意:安装燃油滤清器,在密封圈接触后,再拧紧 1/2 ~ 3/4 圈即可,过大的拧紧力会使螺纹变形或损坏滤清器 O 形密封圈。

7）一年维护(每运行 2000h)

（1）液压油箱中液压油的更换。在维护液压系统时,要严格保证液压油的牌号、质量、清洁度,这一切对于保证压路机的正常工作和使用寿命是至关重要的。更换液压油最好使用带滤清器过滤系统的加油车加油,在更换液压油时应注意下述内容:

①彻底清洁液压油箱外表,当取下加油口盖时要防止杂质掉入油箱。

②如果要清洗油箱,必须使用极为干净且不掉毛的刷子或布。

③由于热油易同杂质混合,且流动性好,因此,应在油热时放油。

④国内一般使用 N46 低凝抗磨液压油,未经压路机制造厂同意,不得使用其他牌号油,绝对禁止两种不同牌号液压油混合使用。

(2)清洁液压油箱。液压油箱清洁后,应全部密封,不允许渗漏油,密封面使用国产 601 密封胶,或使用进口"Loctite"密封剂,以保证良好的密封。

思考练习题

1. 压路机的定义是什么?

2. 常用压实机械有哪些?

3. 影响压实效果的因素有哪些?

4. 压路机驾驶前需做哪些准备?

5. 振动压路机的特点是什么? 应用范围有哪些?

6. 不同轮轴的压路机的每次碾压重叠量各为多少?

7. 压路机的作业速度范围为多少(通常情况下)?

8. YZ12 型压路机,被压实材料为砂土。$W = 2.1\text{m}, v = 4.0\text{km/h}, H = 0.5\text{m}, n = 6$,如果按压路机每小时连续工作 50min,标准重叠压实,效率系数取 $C = 0.75$,计算压路机的作业率。

9. 沥青混合料的压实温度对压实质量有很大的影响,不同路层的开始碾压最佳温度都各为多少?

10. 路基的压实分哪几步进行?

11. 什么是路基的初压? 初压的目的是什么? 如何进行初压?

12. 什么是路基的复压? 复压的目的是什么? 路基复压的碾压遍数通常为多少?

13. 压路机在作业过程中有哪些要求?

14. 压路机在振动行驶时有哪些要求?

15. 对压路机维护的意义是什么?

16. 压路机制定技术维护计划的依据有哪些?

17. 压路机的定期维护内容有哪些?

18. 压路机在炎热气候下如何维护?

19. 压路机在润滑维护工作中的"五定"和"三滤"分别指什么?

20. 简述 YZ18JC 型振动压路机的维护检查点。

项目六

沥青混合料摊铺机的使用与维护

沥青混合料摊铺机是公路路面移动作业设备。沥青混合料拌合站生产的热拌沥青混合料运到路面施工现场后,卸在摊铺机接料斗内,随着摊铺机向前行驶,将沥青混合料均匀的摊铺在路面上,摊铺要达到预计的厚度、拱度和平整度要求,摊铺机还要对混合料进行初步的压实。摊铺完成后,由压路机压实,形成平整、均匀、坚实的沥青混合料路面。

任务一 沥青混合料摊铺机的操作

任务引入

熟练操作沥青混合料摊铺机是使用沥青混合料摊铺机完成施工作业的基本前提。目前,沥青混合料摊铺机多为全液压控制形式,熟悉沥青混合料摊铺机基本结构和控制原理,明确各操作手柄和按钮开关的作用,对熟练掌握操作技巧具有重要作用。本任务主要完成对沥青混合料摊铺机各操作功能部件的认知学习和规范操作的技能培养。

任务目标

1. 掌握沥青混合料摊铺机的基础知识;
2. 明确操作人员应具备的条件和操作安全要求;
3. 识别沥青混合料摊铺机各操作装置名称、功能与用途;
4. 牢记沥青混合料摊铺机操作注意事项;
5. 规范操作沥青混合料摊铺机完成基础动作。

知识准备

一、沥青混合料摊铺机的分类

沥青混合料摊铺机发展至今已有很多品种,性能也在逐步完善,可以适应各种施工情况的需求。摊铺机的分类有以下多种分类方法。

1. 按施工摊铺能力分类

(1)大型摊铺机:最大摊铺宽度在9m以上,有的摊铺宽度可达16m。

（2）中型摊铺机：摊铺宽度在 5~8m。

（3）小型摊铺机：摊铺宽度为 2~4m，超小型摊铺机的宽度只有 1.5m，可以在狭窄的社区街道进行铺筑。

2. 按行驶系统分类

（1）履带式摊铺机：履带式摊铺机接地比压小、附着力大、不易打滑、牵引力大、抗撞击能力强、运行平稳、制动可靠，机动性差、行走速度低、转移场地不方便。履带式摊铺机多为大中型摊铺机和稳定土摊铺机，用于大型公路工程的施工。

（2）轮胎式摊铺机：轮胎式摊铺机行走速度较高、转移运行速度快、机动性能好，附着力较小、易出现轮胎打滑现象。轮胎式摊铺机多为中小型摊铺机，主要用于道路修筑与养护作业。

3. 按熨平板的结构形式分类

沥青混合料摊铺机按熨平板横向展宽方法可分为：

（1）机械拼装式熨平板：机械加宽式摊铺机的熨平板是按摊铺宽度要求，用螺栓将各种固定宽度的熨平板组装而成。它具有结构简单，组合宽度大，整体刚度好，牵引阻力小等优点。大宽度摊铺机多为机械加宽式摊铺机，适用于高等级公路施工。

（2）液压伸缩式熨平板：液压伸缩式摊铺机的熨平板是靠液压缸伸缩来无级调整伸缩熨平板的伸出长度，使熨平板达到施工要求的摊铺宽度。它具有调节方便省力、便于两机梯队摊铺等优点。但因结构复杂、整体刚度差、牵引阻力较大，所以最大摊铺宽度一般都不超过9m。

4. 按熨平板的加热方式分类

（1）电加热式：由电能来加热熨平板，该方式使用方便、无污染，熨平板受热均匀、变形小。

（2）液化石油气加热式：结构简单，使用较为方便，但火焰加热不够均匀，对环境有污染，且燃气喷嘴需经常维护。

（3）燃油加热式：主要由燃油泵、喷油嘴、自动点火控制器和鼓风机等组成，其优点是可以用于各种作业条件，操作较方便，燃料供给容易，但结构复杂，对环境有污染。

二、沥青混合料摊铺机的型号

沥青混凝土摊铺机的型号根据《沥青混凝土摊铺机》（GB/T 16277—1996）进行编制。

（1）产品型号的构成。产品型号由组、形式、特性代号与主参数代号构成。如需增添变型、更新代号时，其变型、更新代号置于产品型号的尾部，如图6-1-1所示。

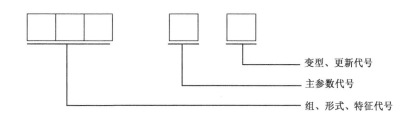

图 6-1-1　产品型号编制

（2）产品型号的代号。

①组、形式、特性代号。组、形式、特性代号均用印刷体大写正体汉语拼音字母表示，该字母应是组、形式与特性名称中有代表性的汉语拼音字头表示（如与其他型号有重复时，也可用其他字母表示）。

组、形式、特性代号的字母总数原则上不超过三个,最多不超过四个。如其中有阿拉伯数字,则阿拉伯数字位于产品型号的前面。

②主参数代号。主参数代号用阿拉伯数字表示,每个型号尽可能采用一个主参数代号。

③变型、更新代号。当产品结构、性能有重大改进和提高,需重新设计、试制和鉴定时,其变型、更新代号用汉语拼音字母 A、B、C…置于原产品型号尾部。

(3)产品型号编制表。沥青混凝土摊铺机的产品型号编制表,见表6-1-1。

表 6-1-1

沥青混凝土摊铺机的产品型号编制表

组		形 式		特性	产 品		主 参 数	
名称	代号	名称	代号	代号	名 称	代号	名称	单位表示法
沥青混凝土摊铺机	LT（沥青）	履带式	U（履）	—	履带式机械沥青混凝土摊铺机	LTU	最大摊铺宽度×10⁻²	mm
			Y（液）	履带式液压沥青混凝土摊铺机	LTUY		
		轮胎式	L（轮）	—	轮胎式机械沥青混凝土摊铺机	LTL		
			Y（液）	轮胎式液压沥青混凝土摊铺机	LTY		
		拖式	T（拖）	—	拖式沥青混凝土摊铺机	LTT		

三、沥青混合料摊铺机的技术性能参数

沥青混合料摊铺机的技术参数包括标准摊铺宽度、最大摊铺宽度、最大摊铺速度、最大行驶速度、发动机功率和工作质量等。国内外典型沥青混合料摊铺机的技术参数如表6-1-2所示。

表 6-1-2

国内外典型沥青混凝土摊铺机技术参数

生 产 厂 家	型 号	配置熨平板	标准摊铺宽度（m）	最大摊铺宽度（m）	最大摊铺厚度（mm）	最大摊铺速度（m/min）	最大行驶速度（km/h）	发动机功率（kW）	工作质量（kg）
Roadtec	RP-185-10R	C	3	7.3	305	61.0	8.0	127	20729
	RP-150	R	2.5	7.3	305	100.6	10.0	116	13626
VOGELE	SUPER1900		2.5	13	300	25	4.5	129	19000~20500
	SUPER2500		3	16	500	18	3.2	209	26800~28300
西筑	LT1200		2.5	12.0	300	16	2.7	156	22400
	LT1500		2.5	12.5				156	24000
陕建集团	TITAN-423		2.5	12	300	16	3.6	126	19000
三一重工	LTU90		2.5	9	300	12	2.4	157	25200
	LTU120		2.5	9	300	12	2.4	157	27500
徐工	RP800		3	12.5	350	18	3.5	165	26000~32000
Cater-pillar	BG-225C	C	2.5	6.1	305	67.1	5	90	16398
	AP-1000B	R	3	9	305	114.0	14.5	130	19028
ABG	TITAN525			16	500	60	3.6	211	21000~31000
	TITAN423		2.5	12.5	300	16	3.6	126	23000~25600

四、沥青混合料摊铺机的基本构造

1. 沥青混合料摊铺机总体构造

沥青混合料摊铺机的基本构造结构如图6-1-2、图6-1-3所示,主要包括以下装置:动力装置、液压传动系统、行驶系统、工作装置。

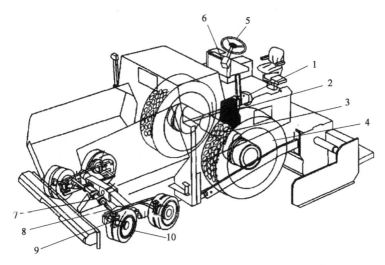

图6-1-2 轮胎式摊铺机的构造

1-驱动马达;2-减速箱;3-驱动桥;4-驱动轮;5-转向盘;6-转向阀;7-转向油缸;8-转向拉杆;9-转向轴;10-转向轮

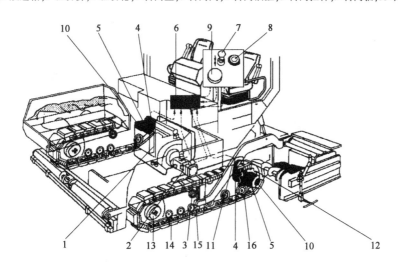

图6-1-3 履带式摊铺机的构造

1-发动机;2-液压泵;3-液压泵控制阀;4-速度传感器;5-液压马达;6-电子驱动控制箱;7-前进、倒退控制杆;8-速度控制钮;
9-转向控制钮;10-减速箱;11-弹簧载荷制动器;12-驱动齿轮;13-引导轮;14-支重轮;15-托链轮;16-履带

　　(1)发动机。摊铺机一般选用高速柴油机作为动力。由于摊铺机始终处在较高的环境温度下工作,目前摊铺机一般较多地选用风冷柴油机,以保证其工作可靠性。摊铺机应能在选定的作业速度下稳定、连续工作,这一原则对选用发动机提出了更高的要求,即发动机应具有足够的持续功率和良好的外特性,发动机要与液压传动和机械传动有最佳的功率匹配。

　　(2)传动系统。摊铺机的传动系统主要包括行走传动和供料传动两大部分,另外还有控制系统及熨平装置的动力传动。老式摊铺机的传动系都为机械传动,新型的沥青混凝土摊铺机有液压—机械传动和全液压传动两种形式。

(3)前料斗。前料斗位于摊铺机的前端,如图6-1-4所示,用来接收自卸汽车卸下的沥青混凝土,各类型摊铺机料斗和结构形式基本相同,只是容量有所不同,其容量应满足在最大宽度和厚度摊铺时所需的混合料量。前料斗由左右斗板、铰轴、支座、起升油缸等组成,左右斗板之间有刮板输送器,运料车卸入前料斗的混合料由刮板输送器送到螺旋分料器前,随着摊铺机的前行作业,前料斗中部的混合料逐渐减少,此时需升起左右斗板,使两侧的混合料滑落移动到中部,以保证供料的连续性。

接料斗由带两个进料口的后壁、可折翻的两壁和前裙板等组成,两处进料口各由一个闸门来调整开度,侧壁有外倾和垂直两种边板,它可由各自的液压缸顶起内翻,将剩余料卸在刮板输送器上。

在料斗前面有两个顶推辊,以便顶推汽车后轮接受卸料,推辊也有采用中央枢铰的,以保证推辊与汽车轮胎始终有良好的接触,还可减少汽车倒退卸料时的对准调车时间。

(4)刮板输送器。刮板输送器(图6-1-5)位于前料斗的底部,是摊铺机的供料机构。刮板输送器就是带有许多刮料板的链条传动装置,刮料板由两根链条同时驱动,并随链条的转动将前料斗内的混合料向后输送到螺旋分料器的前部。小型摊铺机设置一个刮板输送器,中大型摊铺机设置两个输送器,便于控制左右两边的供料量。刮板输送器的驱动方式有两种,一种是机械式,另一种是液压式。在前料斗的后壁还设置有供料闸门,调节闸门高低可调节供料量。刮板输送器由驱动轴、张紧轮、刮板链、刮板等组成。

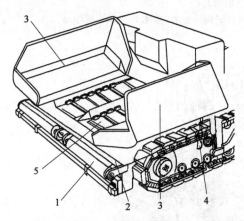 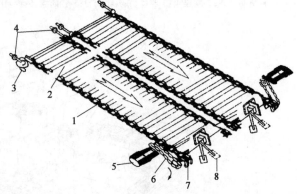

图6-1-4 顶推辊和接料斗 　　　　　　　　图6-1-5 刮板输送器
1-顶推辊;2-支架;3-接料斗;4-液压缸;5-刮板输送器 　1-刮板链条;2-刮板;3-张紧轮;4-张紧度调整螺钉;5-液压马达;
　　　　　　　　　　　　　　　　　　　　6-传动链轮;7-刮板链轮;8-料位开关

(5)螺旋分料器。螺旋分料器(图6-1-6)设在摊铺机后方摊铺室内。其功能是把刮板输送器输送到摊铺室中部的热混合料,左右横向输送到摊铺室。螺旋分料器是由两根大螺距、大直径叶片的螺杆组成,其螺杆旋向相反,以使混合料由中部向两侧输送,为控制料位高度,左右两侧设有料位传感器。螺旋叶片采用耐磨材料制造,或进行表面硬化处理。左右两根螺旋轴固定在机架上,其内端装在后链轮或齿轮箱上,由左右两个传动链或锥齿轮分别驱动(液压驱动的螺旋轴亦通过链传动或锥齿轮传动)。为适应不同摊铺厚度的需要,有的摊铺机螺旋分料器可调节离地高度。螺旋轴左右两侧各成独立系统,既可同时工作,又可单侧工作。螺旋分料器的驱动,老式为链传动,其旋转速度不能调节;新式为液压传动,无级变速,以适应摊铺宽度、速度和铺层厚度要求。螺旋分料器一般装配在机架后壁下方,也可做垂直方向高低位置调整,以便根据不同摊铺厚度提供均匀的热沥青混合料。

（6）机架。机架是摊铺机的骨架，一般为焊接结构件。机架与前后桥（轮胎式摊铺机）或驱动轮座、从动轮座、托链轮座（履带式摊铺机）无弹性悬架，都采用刚性连接。摊铺机机架最前方设有顶推辊，其作用是顶推运料自卸车后轮胎，使自卸车和摊铺机同步前进，向料斗连续卸料。行进中，顶推辊与自卸车后轮胎接触并处于滚动状态。顶推辊的离地高度，应与汽车轮胎相适应。

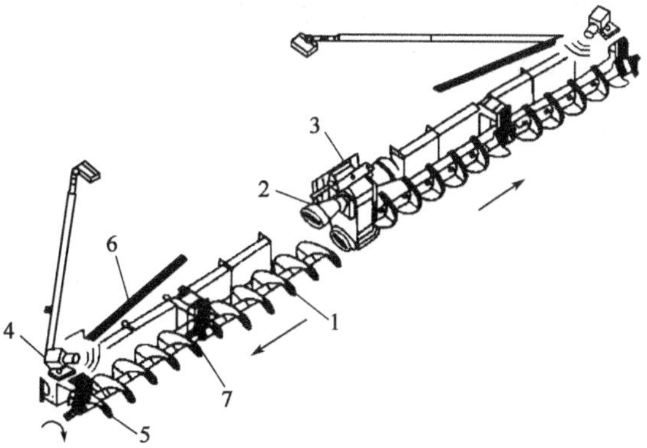

（7）行走系统。轮胎式摊铺机的行走系统由前轮和后轮组成。前轮位于前料斗下部，采用铁芯橡胶实心轮以降低前料斗的高度。前轮又是摊铺机的转向轮系，大型轮胎式摊铺机由于负荷较大，有的采用双前桥结构。为了改善大型轮胎式摊铺机的驱动性能，已出现前后桥双驱动的摊铺机。摊铺机的后轮为整机的驱动轮系，选用直径较大的充气或充液轮胎。前后轮一般固定于机架外侧，构成四支点结构，对地面不平度的适应性较差。为改善对地面的适应性，新机型的前桥采用铰接式结构，使行走系统成为三支点与地面接触，增加了摊铺机的稳定性和驱动性能。

履带式摊铺机的行走系统和一般工程机械的结构相同，但其履带为无刺型履带，履带板上黏附有橡胶板，以增加附着力和改善行走性能。

2. 沥青混合料摊铺机的工作装置

用螺旋分料器铺好的沥青混凝土，必须进行预压实，并按要求（厚度和路拱）进行整形和熨平，在自行式摊铺机上一般采用两种方法和装置来实现：一种是先用振捣梁进行预捣实，再用熨平装置整面和熨平；另一种是用振动熨平装置同时进行振实、整面和熨平。它们主要区别是，前者紧贴在熨平板前面有一根悬挂在偏心轴上的振捣梁，对混合料进行捣实，熨平板只起整面熨平作用，摊铺层密实度较低；后者则是用振捣梁捣实后，在熨平板上装有振动器，通过熨平板本身的振动对铺层振实并整平，其摊铺层密实度较高，减少压路机的压实遍数。

图 6-1-6　螺旋分料器

1-螺旋叶片；2-液压马达；3-减速箱及链条传动箱；4-红外线料位开关；5-加宽螺旋叶片；6-加固拉杆；7-螺旋摊铺器固定螺栓

（1）振捣梁。振捣梁（图 6-1-7）板梁结构，它左、右两侧的结构完全相同。振捣梁的下前缘被切成一个斜面，这是对铺层起主要捣实作用的部分，当振捣梁随机械向前移动，同时又做上下运动时，梁的下斜面对其前面的松散混合料频频冲击，使之逐渐密实、厚度减少，让熨平板随后越过，接着进行整形熨平。梁的水平底面对压实作用是次要的，它主要在确定铺层的高度和修整方面起作用，此外它还有将混合料中的较大颗粒碎石揉挤到铺层中间，不让它突出于表面的作用。

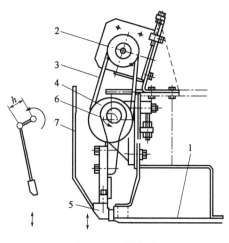

图 6-1-7　振捣梁

1-熨平板；2-液压马达；3-传动带；4-驱动轴；5-振捣梁；6-轴承；7-挡板；h-偏心距离

（2）熨平装置。熨平装置由熨平板、牵引臂、厚度调节器、路拱调节器和加热器等组成，振动熨平装置是在熨平板上面加装了振动器，使它同时起到振动压实和整面熨平的作用。熨平装置分为两种，一种是图6-1-8所示的机械拼装式熨平板，另一种是图6-1-9所示的液压伸缩式熨平板。

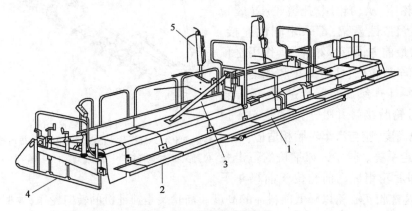

图6-1-8　机械拼装熨平板
1-基本熨平板；2-加宽段熨平板；3-拉杆；4-挡料板；5-熨平板提升油缸

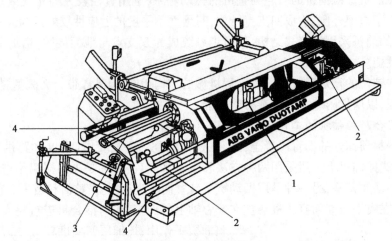

图6-1-9　液压伸缩式熨平板
1-主熨平板；2-液压伸缩熨平板；3-伸缩液压油缸；4-支撑滑杆

熨平板的内端装有螺杆式路拱调节器，它与厚度调节器配合调整路面横截面形状。熨平板和振捣梁一起通过左、右两根牵引臂铰装在机架两侧专用的托架上或自动找平装置的液压缸上。厚度调节器在老式摊铺机上大多为螺杆调节器，新式为液压式，熨平板采用火焰或电加热。

（3）浮动熨平板。浮动熨平工作装置是通过牵引臂的牵引点与机架铰接的，摊铺工作时作用在牵引臂后端的提升油缸处于浮动状态，因此该工作装置可以上下摆动，即为浮动熨平板。浮动熨平板由于其受力特点，具有以下三种特性。

①在工作过程中，如果摊铺机运行的路基表面是平整的，并且作用在熨平装置上的外力不发生变化，熨平板将以不变的工作倾角向前移动，此时摊铺的路面正好是平整的。反之，如果路基表面起伏不平，两牵引臂牵引铰点在摊铺过程中也会上下波动，使熨平板上下偏移；或者作用在熨平板上的外力发生变化（如供料数量、温度、粒度、摊铺机行走速度等发生变化），则都将引起熨平板与路基基准之间的工作仰角的变化，从而造成铺层表面的不平整。

②当原有路基起伏变化的波长较短时,熨平板所移动的轨迹并不完全"再现"其变化的幅度,而使其趋于平缓。熨平板的浮动,对原有路基不平整度起到滤波作用,这一特性称为浮动熨平板的"自找平"特性。

③浮动熨平板将在摊铺过程中减少凹凸起伏颠簸,使其面层平顺,也就是说自找平式的浮动熨平板,将能起到填充坑洼并减少凸起高度的作用,但自找平能力的强弱,取决于熨平装置牵引臂的长短。牵引臂越长,自找平能力越强;牵引臂越短,自找平能力越弱。

(4)自动找平装置。为了提高路面的平整度和精确,在摊铺机上另外装设有一个纵坡调节器,一个横坡调节自控系统。它们的功能远远超过机械本身的找平能力,可使路面的质量符合规定要求。自动找平装置目前有以下四种形式。

①电—机式,以电子元件作为检测装置(传感器和控制器),以伺服电机的机械动作为执行机构,它可以在牵引点和熨平板的厚度调节器两处进行调节。

②电—液式,以电子元件作为检测装置,以液压元件作为执行机构,调节牵引点的高峰。

③全液压式,整个系统全部采用液压元件。

④激光式,以激光作为参数基准,以光敏元件作为转换器,最后借助电子与液压元件来实现调节。

按照找平原理的不同,自动找平系统可分为三种。

①开关式自控系统。图6-1-10所示为电—液调节的开关式自动调平装置系统简图。它以开关的方式进行调节,不管检测到的偏差大小,均以恒速进行断续控制,该种系统存在着反应误差,因此必须设置一个调节"死区"(或称克阻尼作用的零区),传感器越过"死区"之后才有信号输出。为了提高系统的反应精确性,"死区"应尽量减少,但是系统是恒速调节的,如果"死区"范围很窄,调节容易冲过"死区"而出误差,即超调。超调需要反方向的修正,这样就会引起"死区"来回反复"搜索"零点,使系统发生振荡,由此而影响到路面的平整度。为了消除振荡的缺点,"死区"要足够宽,让系统在反向修正时可由最高值趋向于零,不再冲向另一边,但这一结果又降低了系统的精确度。所以,这种系统性能是不理想的,但其结构简单、价格低、可满足一般要求,因此仍有使用。

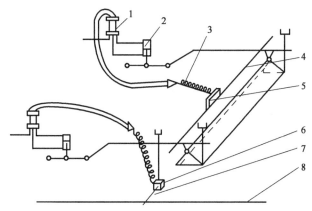

图6-1-10　电—液调节的开关式自动调平装置系统简图

1-电磁阀;2-工作油缸;3-电气系统;4-横梁;5-横坡传感器;6-纵坡传感器;7-触臂;8-纵坡基准线

②比例式自控系统。图6-1-11所示为比例式自动调平装置系统示意图,它是根据偏差信号的大小,以相应的快慢速度进行连续调节,偏差为零时,调节速度也趋于零,因此不会因超调而引起振荡现象,这种系统可使铺成的路面十分平整,但其结构精度要求高、造价高,所以使用较少。

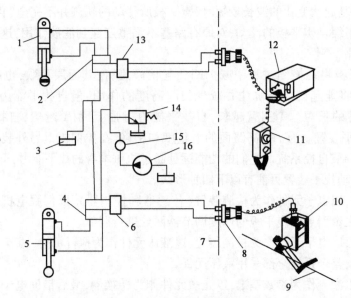

图 6-1-11　比例式自动调平装置系统示意图

1-工作油缸;2-伺服止回阀;3-油箱;4-伺服止回阀;5-工作油缸;6-比例(伺服)阀;7-支架;8-插头;9-纵坡基准线;10-纵坡传感器;11-横坡调节校正装置;12-横坡传感器;13-比例(伺服)阀;14-卸压阀;15-过滤器;16-油泵

　　③比例脉冲式自控系统。图 6-1-12 为比例脉冲式自动调平装置系统示意图,它是在开关自控系统的"恒速调节区"与"死区"之间设置"脉冲区",脉冲信号根据偏差大小成比例变化,其变化方式有改变脉冲宽度和频率两种,偏差信号由传感器带进脉冲区后,调节器即根据信号大小,以不同宽度或频率的脉冲信号推动电磁阀,使油缸工作,这种系统兼备了前两种的优点,大大缩小了"死区",精确度高,价格低且耐用,目前大量使用。

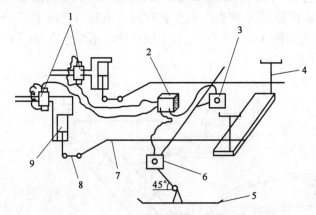

图 6-1-12　比例脉冲式自动调平装置系统示意图

1-电磁阀;2-控制系统;3-横坡传感器;4-厚度调节机构;5-弓式滑橇;6-纵坡传感器;7-牵引臂;8-枢绞臂;9-工作油缸

任务实施

一、识别摊铺机操纵装置及仪表

　　以 ABG423 履带式摊铺机为例,表 6-1-3 为 ABG423 履带式摊铺机主操作台和副操作台各部操作控制装置的名称、功能、操作方法及表示符号,图 6-1-13 为操作控制装置的位置示意图。

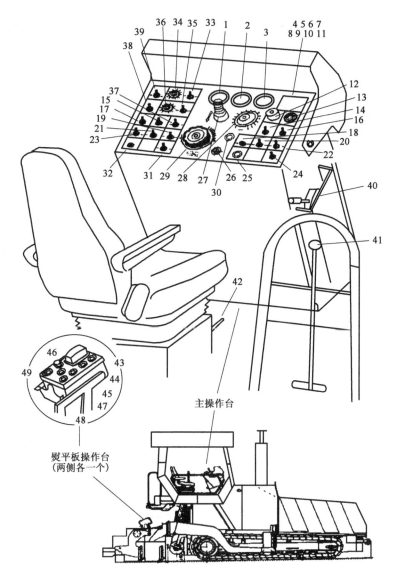

图 6-1-13　ABG423 履带式摊铺机操作控制装置位置图

ABG423 履带式摊铺机主操作台和熨平板操作台各部操作控制装置　　表 6-1-3

序号	符　号	名　称	功　能
主操作台			
1		发动机温度表	指示发动机工作时的温度
2		燃油量指示表	指示燃油箱油量

序号	符 号	名 称	功 能
主操作台			
3		工作时间表	指示摊铺机累积工作小时
4		充电指示灯	打开电门钥匙,该灯亮。发动机起动后,若充电正常,该灯熄灭。如果发电机不充电,该灯亮,用于报警
5		油压报警灯	打开电门钥匙,该灯亮。发动机起动后,若机油压力正常,该灯随即熄灭。如果机油压力过低,该灯亮,用于报警
6		冷却液液面过低报警灯	当发动机冷却液液面过低时,报警灯亮
7		冷却液温度过高报警灯	当发动机冷却液温度过高时,报警灯亮
8		制动器指示灯	制动器发挥作用时,该灯亮
9		行驶驱动电脑控制指示灯(右)	电脑控制发生故障时,该灯亮
10		行驶驱动电脑控制指示灯(左)	电脑控制发生故障时,该灯亮
11		紧急停车指示灯	使用紧急停车时,该灯亮

序号	符 号	名 称	功 能
主操作台			
12	stop	紧急停车按钮	按动该钮,摊铺机所有动作停止,发动机同时熄灭(只能在摊铺机发生危险时使用,正常状态下禁止使用)
13	ON	紧急停车解除按钮	发动机起动后,按动此钮,其他装置方可工作。使用紧急停车按钮后,按动此钮,解除紧急停车状态
14		熨平板牵引点升降开关(右)	3个挡位,中位,熨平板牵引铰点不动;向上扳动,牵引铰点上升;向下扳动,牵引铰点下降
15		熨平板牵引点升降开关(左)	3个挡位,中位,熨平板牵引铰点不动;向上扳动,牵引铰点上升;向下扳动,牵引铰点下降
16		熨平板伸缩开关(右)	3个挡位,中位,液压伸缩熨平板不动;向右扳动,右侧液压伸缩熨平板向外伸出;向左扳动,液压伸缩熨平板向内缩回
17		熨平板伸缩开关(左)	3个挡位,中位,液压伸缩熨平板不动;向左扳动,左侧液压伸缩熨平板向外伸出;向右扳动,液压伸缩熨平板向内缩回
18	MAX PROP	螺旋输送器程序、最大开关(右)	2个挡位,向左扳动,置于MAX位置,螺旋输送器输料速度最大;向右扳动,置于PROP位置,输料速度按比例控制
19	MAX PROP	螺旋输送器程序、最大开关(左)	2个挡位,向左扳动,置于MAX位置,螺旋输送器输料速度最大;向右扳动,置于PROP位置,输料速度按比例控制
20	MAN AUTO	螺旋输送器手动、自动开关(右)	3个挡位,中位,螺旋输送器停止;向左扳动,置于MAN位置,螺旋输送器运转;向右扳动,置于AUTO位置,螺旋输送器由料位计控制,自动运转
21	MAN AUTO	螺旋输送器手动、自动开关(左)	3个挡位,中位,螺旋输送器停止;向左扳动,置于MAN位置,螺旋输送器运转;向右扳动,置于AUTO位置,螺旋输送器由料位计控制,自动运转
22	MAN AUTO	刮板输送器开关(右)	3个挡位,中位,刮板输送器停止;向左扳动,置于MAN位置,刮板输送器运转;向右扳动,置于AUTO位置,刮板输送器由料位计控制,自动运转

序号	符 号	名 称	功 能
		主操作台	
23	⊶⊶⊶ MAN AUTO	刮板输送器开关(左)	3个挡位,中位,刮板输送器停止;向左扳动,置于 MAN 位置,刮板输送器运转;向右扳动,置于 AUTO 位置,刮板输送器由料位计控制,自动运转
24		接料斗开、合开关	控制接料斗油缸可将接料斗折起
25		喇叭按钮	
26		电门钥匙	3个挡位,0 位可插入钥匙,电源切断;1 位,电源接通;2 位,起动发动机
27	↕	前进、后退控制杆	中位,摊铺机停止,同时实现制动;向前扳动,摊铺机前进;向后扳动,摊铺机倒退。注意:起动发动机时,必须将该控制杆置于中间位置
28	m/min	行驶速度控制旋钮	控制摊铺机行进速度,刻度表示摊铺机行进速度(m/min)
29		转向控制旋钮	控制摊铺机行进方向,中间位置,摊铺机直线行驶,向左转动,摊铺机向左转向;向右转动,摊铺机向右转向
30		解除电脑控制行驶按钮	按动按钮,解除电脑控制行驶(当行驶控制电脑出现故障时使用)
31		摊铺机原地转向开关	3个挡位,中位,开关关闭;向左扳动,摊铺机向左原地转向;向右扳动,摊铺机向右原地转向
32		行驶高、低速控制开关	2个挡位,向左扳动,摊铺机快速行驶;向右扳动,摊铺机慢速行驶

序号	符　号	名　称	功　能
33	MAN AUTO	振动器自动、手动开关	3个挡位,中位,振动器停止;向左扳动,置于MAN位置,振动器运转;向右扳动,置于AUTO位置,振动器运转由前进、后退控制杆控制,摊铺机行进时振动器自动运转,摊铺机停止时振动器自行停止运转
34		振动器振动频率调节旋钮	调节振动器振动频率
35	MAN AUTO	振捣梁自动、手动开关	3个挡位,中位,振捣梁停止;向左扳动,置于MAN位置,振捣梁运转;向右扳动,置于AUTO位置,振捣梁运转由前进、后退控制杆控制,摊铺机行进时振捣梁自动运转,摊铺机停止时振捣梁自动停止运转
36		振捣梁冲击频率调节旋钮	调节振捣梁冲击频率
37	MAN AUTO	自动调平控制开关	2挡开关,向左扳动,置于MAN位置,可以手动调节熨平板牵引铰点高度,控制摊铺厚度;向右扳动,置于AUTO位置,由自动调平装置调节熨平板牵引铰点高度
38	OFF ON	熨平板防止上浮开关	2个挡位,向右扳动,置于ON位置,熨平板提升油缸对熨平板产生附加压力,防止熨平板由于材料过多产生上浮;向右扳动,置于OFF位置,关闭此功能
39	OFF ON	熨平板防止下沉开关	2个挡位,向右扳动,置于ON位置,熨平板提升油缸对熨平板产生附加提升力,防止熨平板由于材料过少产生下沉;向右扳动,置于OFF位置,关闭此功能
40		发动机节气门控制杆	扳动该杆可控制发动机节气门
41		熨平板提升扳把	扳动扳把后部,提升油缸将熨平板提升
42		熨平板吊挂锁	扳动此把,将熨平板提升后,再扳动此把,将熨平板挂住,防止在行车时使熨平板下沉
		熨平板操作台(熨平板两侧各一个)	
43		熨平板牵引点上升按钮开关	按动按钮,熨平板牵引铰点上升

序号	符 号	名 称	功 能
		熨平板操作台(熨平板两侧各一个)	
44	↓	熨平板牵引点下降按钮开关	按动按钮,熨甲板牵引铰点下降
45		螺旋输送器开动按钮	按动按钮,螺旋输送器运转
46	stop	紧急停车按钮	按动该钮摊铺机,所有动作停止,发动机同时熄火(只能在摊铺机发生危险时使用,正常状态下禁止使用)
47		喇叭按钮	
48		熨平板伸出按钮	按动按钮,液压伸缩熨平板向外伸出
49		熨平板缩回按钮	按动按钮,液压伸缩熨平板向内缩回

二、摊铺机的操作

1. 摊铺机的基础操作

发动机起动后,首先要确认所有工作系统、辅助系统、操纵装置、监视仪表工作正常后,再按以下程序对摊铺机进行操作。

1)行驶操纵

LTU90/LTU120 型摊铺机的操纵台为可滑动式,因此,根据摊铺的实际情况,控制台可移到左端或右端,在道路上运行时,控制台必须移到左端(面对机器前方)。

通过操纵手柄,可预选运行的方向。速度分两挡, Ⅰ 挡用于摊铺, Ⅱ 挡用于转移机器(行驶),行驶挡可前进或后退。工作时,柴油机节气门位置必须调至最大,并且在整个过程中始终保持在此位置,操纵节气门将柴油机调至额定转速。

通过装在操纵台上的速度电位器,可以无级调节驱动机器。

当处于行驶挡时,通过主控制台,预选运动方向之后,摊铺机可以通过速度电位器调节运行速度大小。

将行驶操纵杆从"0"位向前推至运行位置,摊铺机向前行驶;从"0"位往后拉,则摊铺机向后退。行驶操纵杆向前或向后偏移中位的距离大小决定行驶速度的快慢。

2)行驶时的制动操纵

制动时,将行驶操纵杆从行驶位推至"0"位,即实施制动过程。操纵杆动作越快,制动越迅速。

3)刮板输送装置的操纵

左右输送装置只能在摊铺时进行操纵,控制台上装有驱动左右侧输料带的两个开关。这些开关可定于三个不同的位置。

(1)中间位置:输料带处于静止状态。

(2)手动挡:输料带处于手动工作状态,各输料带以最大速度工作。

(3)自动挡:输料带处于自动工作状态,在此位置输料带的速度是通过超声波传感器检测到物料的变化输入 PLC 控制器,由 PLC 控制器自动控制输料的速度。其作用是保证输料槽中的摊铺材料高度。

4)摊铺作业的操纵

摊铺机摊铺作业时,输料、分料、摊铺熨平、找平都有手动和自动两种操纵方式,在正常的工作状态下,所有的输料、分料和找平等工作程序都可以按照自动操纵方式进行,刚开始作业时,可采用手动输料及分料。

熨平板的振幅有三种可以选择,根据摊铺层的厚度和铺层材料的种类进行选择。

摊铺的速度可以无级调节,根据摊铺的宽度和厚度、铺层材料的种类、环境的温度、供料的速度和施工的要求进行选择。如果在摊铺时自动找平系统没有起到应有的作用,应由有丰富经验的操作手进行操作。

5)停车

(1)将行驶操纵杆缓慢推至"0"位,行驶停止。

(2)将节气门调节手柄调至怠速位,让机器低速运转 1~2min,以便降温。

(3)将点火钥匙向左转至"0"位,发动机熄火,全部监控指示灯熄灭。

(4)断开电源总开关。

(5)作业完停车时,视时间长短情况在熨平板下加垫木块或把大臂提升,用大臂固定钩将熨平板挂起来。

2.摊铺机熨平装置的操作

1)熨平装置操作程序

(1)打开按钮开关(位于主机操作控制台或熨平装置外侧控制盘上)。

(2)将两侧大臂前牵引点升高或降低到与要求路面厚度相对应的位置,这时熨平装置降低到要求摊铺厚度的位置。

(3)待供料系统能够正常工作,同时摊铺机向前移动大约一个熨平板的宽度后,必须使后提升油缸处于浮动位置。

(4)摊铺机继续向前移动,熨平装置处于浮动位置并按照自动找平装置控制的路面厚度进行摊铺。

2)燃气加热系统操作程序

LTY80S/LTY90S/LTY120S 高密实度熨平装置的加热系统采用丙烷气加热。其预热温度约 100℃,预热时间为 15~30min(由环境温度确定)。其点燃顺序如下:

(1)关闭气罐和燃烧器之间的所有截止阀。

(2)检查所有连接软管是否有损坏或松动现象。

(3)先松开供一侧熨平装置的燃气阀门,将燃气供给该侧熨平装置上的燃烧器,然后依次点燃。

（4）先供气一侧熨平装置的燃烧器全部点燃后，再打开另一侧的供气阀门，依次点燃所有燃烧器。

（5）当摊铺机加热达到要求以后，必须关闭各气罐的所有阀门。

（6）当摊铺机长期停止摊铺工作时，必须放干净燃气罐内的丙烷气，关闭加热系统所有的开关、气源。

3）使用燃气加热系统的注意事项

（1）摊铺机需备有两个用于燃气罐的帆布保护罩，当环境温度超过20℃、摊铺工作连续使用燃气或气罐要承受太阳强烈照射时，必须要用帆布罩遮盖气罐，以防止由于太阳直射过热而使罐内压力增高。

（2）在加热过程中，必须要点燃所有燃烧器以保证未燃尽的液化气不能形成膨胀气体；不使熨平装置底板冷却，否则会损坏正在摊铺的路面。

4）熨平装置的预热与保温

预热与保温是保证摊铺质量的重要措施之一。其目的是减少熨平板及其附件与混合料的温差，以防止混合料黏附在熨平板底面上而影响铺层质量。

预热在摊铺前适时进行、保温是在摊铺中断续进行，预热和保温时应注意以下几点：

（1）熨平板加热应放置在现场平整地面上进行，尤其是摊铺宽度较大时。

（2）要掌握预热和保温时间，使熨平板温度接近混合料的温度为止。防止熨平板过热变形，尤其是用气体或液体燃料时，要掌握火焰的大小，采用间歇燃烧多次加热法或靠自身导热，或靠热风循环进行交替加热，每次点燃时间不得大于10min。

（3）摊铺中断时熨平板应保温，如中断时间短，可借助于刚摊铺完的热铺层进行保温，但应将熨平板提升油缸锁死，避免熨平板下沉；如采用火焰保温，应尽量减小火焰。

（4）预热后的熨平板在工作时，如果铺面出现小量沥青胶浆而且有拉沟时，表明熨平板已过热，应冷却片刻，再进行摊铺。

（5）靠燃气或燃油加热的熨平板，加热时要注意防火安全。

任务二　摊铺机的作业

任务引入

驾驶摊铺机行走在作业场地是一件比较容易做到的事情，但在各种复杂工况条件下操作摊铺机并高效完成施工任务并不是一件简单的工作。不同工作任务具有不同的施工特点，熟练掌握摊铺机作业操作技巧，对提高工作效率，节约生产成本，降低能耗都具有显著的现实意义。本任务主要完成如何操作摊铺机进行有效作业。

任务目标

1. 了解使用摊铺机进行作业的条件；

2. 明确摊铺作业前的技术准备内容；

3. 掌握摊铺机作业操作的分解动作操作要领；

4. 会使用典型摊铺机完成作业操作程序。

一、沥青混合料摊铺机的作业准备

1. 作业前的准备

（1）作业前要了解施工技术和质量要求，制定摊铺方案。

（2）根据摊铺宽度的要求安装相应宽度的熨平板、螺旋分料器等，调整摊铺机工作装置的各个部位，使其符合施工要求。

（3）摊铺机上所有的安全防护装置必须配备齐全，熨平板、螺旋分料器接长后应将防护罩、踏板安装齐备。

（4）驾驶台和熨平板的脚踏板应保持整洁，不能有油污和混合料，不得堆放杂物等。

（5）驾驶台要保持视野开阔，应清除摊铺机周围一切有碍工作的障碍物。

（6）发动机起动前，应对摊铺机各个部位进行全面检查。

①检查各部螺栓连接应紧固。

②检查传动链条、传动带应完好，张紧度应适当。

③检查各部液压系统不得漏油。

④检查电气系统导线绝缘应良好，连接应牢固。

⑤检查履带式摊铺机的履带松紧度，轮胎式摊铺机轮胎气压应达到规定的气压。

⑥使用燃气加热熨平板，检查燃气装置各阀门、管路不应漏气。

⑦要仔细检查电加热摊铺机连接导线，绝缘应完好，没有漏电现象。

（7）起动前，应将各操纵杆置于空挡位置，液压控制阀置于不供油位置，电器开关置于断开位置。

（8）起动发动机时，加速踏板应置于适中的位置，起动后要观察指示仪表和指示灯是否正常，倾听各部位有无异常声音，确认正常后方可空载运转，应怠速运转 10min，使发动机温度达到 5℃以上，液压油温度上升，达到最佳流动状态。

（9）铺筑沥青混合料时，熨平板应进行预热，熨平板加热温度应接近铺筑的热拌沥青混合料的温度，一般需要加热 10～20min，视环境温度而定，加热时要特别观察振捣梁上黏附的沥青，待其完全融化，振捣梁可以运转自如后方可停止加热。加热时间不应过长，防止熨平板过热变形。

（10）燃气喷嘴加热时，应使用专用的点火器具点燃，防止操作人员烧伤。预热时，要加强观察，若火焰熄灭，应及时点燃，如经过多次都不能点燃，应将阀门关闭，找出原因，排除故障，待弥漫的未燃烧的可燃气体排净后，方可重新通气点燃。

（11）使用电加热摊铺机，应将发动机调到额定转速，然后接通预热开关。

（12）作业前应空载运转，检查接料斗、刮板输送器、螺旋输料器、振捣梁、振动器、熨平板伸缩机构等，应工作良好。自动、手动控制应有效，操作应灵敏，方可正式投入使用。

（13）自动调平装置应安装正确，检查纵坡、横坡控制器应动作灵敏，工作正常。

（14）作业前，应使用喷雾器向接料斗、推滚、刮板输料器、螺旋输料器及熨平板等可能粘着沥青混合料的部位喷洒柴油，但严禁在熨平板预热时喷洒柴油。

2. 作业中的要求

（1）按照作业要求，合理选择摊铺机摊铺速度和工作装置的运转参数。

(2)摊铺机接受自卸车卸料时,自卸车应换空挡,并解除制动,应使摊铺机推着自卸车前进,两者协调同步行进,防止自卸车撞击摊铺机。

(3)作业时应使输料装置工作协调,随时进行修正,使熨平板前混合料充足。

(4)作业速度一经选定,就要保持稳定,并尽可能减少停车起动次数,保持摊铺机连续均衡作业。

(5)操作人员在驾驶台操作摊铺机作业时严禁离开,无关人员不得在作业中上下摊铺机或在驾驶台上停留。

(6)摊铺过程中,要经常对摊铺机的行驶速度、供料能力、螺旋摊铺器的匹配情况进行检查。

(7)要随时检查摊铺厚度、平整度,使其符合设计要求。

(8)因故停止摊铺时间较长时,应用加热装置保温,防止熨平板冷却。

(9)一般底面层和中面层使用设定高程的调平基准,表面层使用平均梁基准。

(10)用路缘石、相邻的车道、地面作为基准时,传感器必须用滑橇作为跟踪件。

(11)使用纵坡、横坡联合控制作业时,摊铺宽度不宜超过5m,大于5m时最好使用双侧纵坡控制方法。

(12)作业时,应随时观察传感器摆臂,以使其能始终搭在基准线上,避免脱落。

(13)在弯道作业时,主操作人员要观察转弯量,避免急剧转弯,熨平板端面与路缘石间距应适当放大,可大于10cm,避免转向时与路缘石碰撞。如果道路有横向坡度,则要控制摊铺层的厚度增量。使用纵坡、横坡配合控制自动找平时,要提前计算好横坡的坡度,并在路面上标记出坡度记号,作业时要由专人操纵横坡设定器,按照标定的数值连续稳定地转动设定器。

(14)铺筑的道路有纵向坡度时,为了保证行驶速度的稳定,应由低处向高处摊铺,如果必须下坡摊铺作业时,要与运料自卸车操作人员紧密配合,使行进速度稳定。

(15)在横向大坡道上作业时,由于混合料自动流向下坡一侧,应将下坡侧熨平板接长。为了防止混合料自动流向下坡一侧,可在左右两侧使用相同螺旋方向的叶片。

(16)摊铺机在较大的坡道上工作时,横坡度应小于15%～20%,为防止摊铺机倾翻,必要时可使用一台重型拖拉机或推土机用钢丝绳与摊铺机连接,在坡顶上与摊铺机平行等速行驶。

3. 作业后的要求

(1)将自动调平装置拆下来,擦拭干净,收入保存箱内。

(2)摊铺机驶离工作地点,使工作装置继续运转,将混合料完全排出,对工作装置进行清洁,清除残余混合料,使之运转自如,转动灵活。在运动部位喷洒柴油,防止粘连。

(3)擦拭液压伸缩熨平板的导向柱表面和油缸活塞杆表面。

(4)清洁工作应在作业场地以外进行,防止混合料掉在沥青路面上污染路面,防止柴油污染腐蚀路面。

(5)用柴油清洗时,禁止明火接近。

(6)按照维护规程的规定进行维护作业。

(7)摊铺机应停放在不妨碍交通的地方,摊铺机停稳,拉紧驻车制动器,操作人员方可离去,应有专人看守,防止机械及机械上的零件被盗,保证安全。

二、摊铺机作业参数的调整与选择

摊铺机参数包括结构参数和运行参数两大部分。在摊铺前,根据施工要求需调整和选择摊铺机的结构参数有:熨平板宽度和拱度、摊铺厚度与熨平板的初始工作仰角。运行参数主要指摊铺速度。

1. 熨平板宽度与拱度的调整

为了减少摊铺次数,每一条摊铺带的宽度应该按该型号摊铺机的最大摊铺宽度来考虑。宽度为 B 的路面所需横向摊铺的次数 n 按下式计算:

$$n = \frac{B - x}{b - x}$$

式中:B——路面宽度,m;

b——摊铺机熨平板的总宽度,m;

x——相邻摊铺带的重叠量,m,一般 $x = 0.025 \sim 0.08$m。

上式的意义是,路面的宽度应为摊铺机总摊铺宽度减去重叠量后的整倍数。如果 n 值不能满足整数时,则尽可能在减少摊铺次数的前提下,使所剩的最后一条摊铺带的宽度不小于该摊铺机的标准摊铺宽度。实在不足时,只好采用切割装置(截断滑靴)来切窄摊铺带。

每一条摊铺带尽可能宽,这样不仅可减少机械通过次数,还可减少路面的纵向接茬,有利于质量的提高。在确定摊铺带宽度时应注意:上下铺层的纵向接茬应错开30cm以上;摊铺下层时,为了便于机械的转向,熨平板的侧边与路缘石或边沟之间应留有10cm以上的间距;在纵向接茬处应有一定的重叠量(平均为2.5~5cm);接宽熨平板时必须同时相应接长螺旋摊铺器和振捣梁,同时检查接长后熨板底板的平直度和整体刚度。

熨平板宽度调整之后,要调整其拱度。各种型号摊铺机的调拱机构大致相同,调整后可在标尺上直接读出拱度的绝对数(mm)值或横坡百分数。调整好拱度后,要进行试铺校验,必要时再次调整。一些大型摊铺机,常设计有前后两副调拱机构。这种双调拱机构,其前拱的调节量略大于后拱。这样有利于改善摊铺层的表面质量和结构致密的均匀性。如果调整不当,将出现表面致密度不均等缺陷。经验表明,前拱过大,混合料易向中间带集中,于是出现两侧疏松、中部紧密并被刮出亮痕和纵向撕裂状条纹;反之,前拱过小,甚至小于后拱,混合料被分向两侧,于是将出现中间疏松,两侧紧密并刮出亮痕和纵向撕裂状条纹。只有前后拱符合规定时,才能获得满意的摊铺效果。一般人工接长调整宽度的熨平板,其前后拱之差为3~5mm,液压伸缩调宽的熨平板,差值为2~3mm。

2. 摊铺厚度的确定和熨平板初始工作仰角的调整

摊铺工作开始前,要准备两块长方垫木,以此作为摊铺厚度的基准。垫木宽5~10cm,长与熨平板纵向尺寸相同或稍长,厚度为松铺厚度。将摊铺机停置于摊铺带起点的平整处后,抬起熨平板,把两块垫木分别置于熨平板两端的下面,垫木放好后,放下熨平板,让其提升油缸处于浮动状态。然后转动左右两只厚度调节螺杆,使它们处于微量间隙的中立位置。此时,熨平板以其自重落在垫木上。

熨平板放置妥当后,接着调整其初始工作仰角。此仰角视机型、铺层厚度、混合料种类和温度等因素的不同而异,各机型在使用说明书中都有规定。

多数摊铺机上装有手动调整机构,用以调整初始工作仰角。调节的正确与否,只能通过实际摊铺的厚度去检验。每调整一次,必须在 5m 范围内做多点厚度检验,取其均值,与设计值比较。一次调整之后,在测定均值之前,不得做任何调整。

摊铺厚度还直接与刮板输送器的生产能力有关。在实际施工过程中,如果既知道刮板输送器的生产能力,又知道最大摊铺宽度,就可方便地调整摊铺厚度。

具有自动调平装置的摊铺机,在机器结构上可以靠改变熨平板侧臂安装位置来获得有限级(如三级)的初始工作仰角,每一级初始工作仰角适应一定范围的摊铺厚度。同时依靠电子液压调平装置来控制工作仰角的瞬时变化,以保证摊铺平整度。

对于液压伸缩熨平板,由于基本熨平板与左右伸长熨平板不在同一纵向位置上,当初始工作仰角改变时,两者的后缘距地面高度会变得不一致。所以在调整工作仰角之后,要使用同步调整机构,调整左右伸长熨平板的高度,使其后缘与基本熨平板后缘处于相同高度。

3. 布料螺旋与熨平板前缘距离的调整

现代摊铺机的熨平板前缘与布料螺旋之间的距离是可变的。它主要根据摊铺厚度、混合料级配及油石比、下承层强度与刚度、矿料粒径等条件,对这一距离进行适当调整。当摊铺厚度较大、矿料粒径也大、沥青混合料温度偏低,或发现摊铺层表面出现波纹时,则宜将距离调大;在石灰稳定土、水泥稳定土、二灰及二灰土基层上摊铺厚度较小的沥青层时,宜将距离调小;一般摊铺条件下(厚度 10cm 以下的中、粗粒式沥青混合料,矿料粒径约 3cm,正常摊铺温度),宜将距离调至中间位置。

熨平板前缘与布料螺旋之间的距离变化,会引起熨平板前沿堆料高度的变化,影响摊铺质量。因此,这一调整在其他项目调整全部完成后进行。

4. 振捣梁行程调整

绝大多数摊铺机在熨平板之前设有机械往复式振捣梁,由一偏心轴传动。偏心轴一般由一台液压电机驱动,往复运动的行程可进行有级或无级调整,视摊铺厚度、温度和密实度而定,通常为 4 ~ 12mm。一般情况下,薄层、矿料粒径小选用小行程;反之,摊铺厚度大、温度低、矿料粒径大时,应选用大行程。

5. 熨平板前刮料护板高度的调整

有些摊铺机熨平板前装有刮料护板。其作用是保持熨平板前部混合料的堆积高度为定值。因此,刮料护板的高度调整得当,有助于提高摊铺质量。国外研究表明,当摊铺厚度小于10cm 时,刮料护板底刃应高出熨平板底板前缘 13 ~ 15mm,对于液压伸缩调幅的熨平板,此值要稍减小,如果摊铺厚度增加,或混合料粒径增大,刮料护板要适当提高。反之,摊铺层减薄、混合料中细料多或油石比较大时,应适当降低刮料护板高度。为确保在熨平板全宽范围内料堆高度一致,刮料护板底刃必须平直,且与熨平板底边缘保持平行。

6. 摊铺机作业速度的选择

摊铺机的作业速度对摊铺机的作业效率和摊铺质量影响极大。选择摊铺速度的原则是保证摊铺机连续作业。正确选择作业速度,是加快施工进度、提高摊铺质量的重要手段。现代摊铺机都具有较宽的速度变化范围,从零值到每分钟数十米之间,可进行无级调节。如果摊铺机时快时慢、时开时停,将导致熨平板受力系统平衡变化频繁,会对铺层平整度和密实度产生很大影响;过快使铺层疏松、供料困难,停机会使铺层表面形成台阶状,且料温下降,不易压实。

摊铺机的生产作业

1. 作业摊铺准备

(1)沥青混凝土混合料的运输。自卸汽车在装取混合料时,要正对卸料口,以免偏载或料落在车外(车箱底板及周壁应涂一薄层油水混合物:柴油与水之比为1:2,以防粘料,但不应有游离油水积存在底部)。搅拌器卸料闸门的卸料高度应尽可能低(在直接对自卸车卸料时),以免混合料自高处卸下造成离析。向工地运料途中,自卸车应有覆盖措施,以便保温、防雨及防止污染环境。在工地卸料时,要缓慢靠近摊铺机,石油沥青混合料的卸料温度不低于130℃。卸料后及时清除箱内黏附混合料。

(2)熨平板加热。每天开始施工前或停工后再工作时,应对熨平板进行加热,即使夏季热天也必须如此。因为100℃以上的混合料碰到30℃以下的熨平板底面时,将会冷粘在板底上,这些黏附的粒料随板向前移动时,会拉裂铺层表面,便之形成沟槽和裂纹。如果先对熨平板进行加热,则加热后的熨平板可对铺层起到熨烫的作用,从而使路表面平整无痕。但加热熨平板不可火力过猛,以防过热。过热除了易使熨平板本身变形和加速磨损外,还会使铺层表面烫出沥青胶浆和拉沟。因此一旦发现此种现象,应立即停止加热。

在连续摊铺过程中,当熨平板已充分受热时,可暂停对其加热。但对于摊铺低温混合料和沥青砂,熨平板则应连续加热,以使板底对材料经常起熨烫的作用。

(3)摊铺机供料机构操作。摊铺机供料机构包括刮板输送器和向两侧布料的螺旋摊铺器两部分。两者的工作应相互密切配合,工作速度匹配。工作速度确定后,还要力求保持其均匀性,这是决定路面平整度的一项重要因素。

刮板输送器的运转速度及闸门的开启度共同影响向摊铺室的供料量。通常,刮板输送器的运转速度确定后就没有大的变动了,因此,向摊铺室的供料量基本上依靠闸门的开启高度来调节。在摊铺速度恒定时,闸门开度过大,使得螺旋摊铺室中部积料过多,形成高堆,造成螺旋摊铺器的过载并加速其叶片的磨损。同时也增加熨平板的前进阻力,破坏熨平板的受力平衡,使熨平板自动向上浮起,铺层厚度增加。如果关小闸门或暂停刮板输送器的运转,若掌握不好,又会使摊铺室内的混合料突然减少,中部形成下陷状(料的高度降低),其密实度与对熨平板的阻力减小,同样会破坏熨平板的受力平衡,使熨平板下沉,铺层厚度减小。

摊铺室内最恰当的混合料量是料堆的高度平齐于或略高于螺旋摊铺器的轴心线,即稍微看见螺旋叶片或刚盖住叶片为宜。料堆的这种高度应沿螺旋全长一致,因此要求螺旋的转速配合恰当。

闸门的最佳开度,应在保证摊铺室内混合料处于上述的正确料堆高度状态下,使刮板输送器和螺旋摊铺器在全部工作时间内都能不停歇地持续工作,但由于基层不平以及其他复杂的原因,为保证摊铺室内混合料维持标准高度,刮板输送器与螺旋摊铺器不可避免地要有暂停运转和再起动的情况发生。不过这种情况越少越好,因为频繁停转与再起动会造成其传动机构过快磨损。最好使它的运转时间占其全部工作时间的80%~90%。为了保持摊铺室内混合料高度经常处于标准状态,最好的办法就是采用闸门自控系统。

无论是手操作还是自控供料系统供料,都要求运输车辆对摊铺机有足够的持续供料量。

如果出现摊铺机停机待料,此时为了避免受料斗里的混合料温度降低而凝结在斗内,必须把它送空。而经常这样做,除了造成铺层出现波浪外,还会加速刮板输送器的磨损。因此,从这个角度上考虑,也要求汽车能不断地及时供料,使摊铺机能顺次地连续顶推车辆卸料及摊铺作业。

(4)摊铺方式。摊铺宽度的确定方法已如前述。摊铺时,先从横坡较低处开铺。各条摊铺带的宽度最好相同,以节省重新接宽熨平板的时间(液压伸缩式调宽较省时)。使用单机进行不同宽度的多次摊铺时,应尽可能先摊铺较窄的那一条,以减少拆接宽次数。

如果为多机摊铺,则应在尽量减少摊铺次数的前提下,各条摊铺带的宽度可以有所不同(即梯队作业方式),梯队间距不宜太大,宜为 5 ~ 10m(国内也有 10 ~ 75m,美国为 15.2 ~ 30.5m),以便形成热接茬。如为单机非全幅作业,每幅不宜铺筑太长,应在铺筑 100 ~ 150m 后掉头完成另一幅,此时一定要注意接好茬。也有人认为,为减少横向施工接茬,每条摊铺带在一天施工中应尽可能长些,最好一个施工班一条接茬,具体可结合实际确定。在铺筑面层时最好是单机或双机全幅铺筑,如为单机时,中间纵向茬要切割涂油,使两次摊铺混合料紧密、平整相接。

2.生产作业方式

1)直线路段摊铺作业

通过摊铺作业前调整和初始摊铺的试验路段调整,摊铺机的摊铺速度、熨平板仰角、自动调平、供料量、振动与振捣速度等结构参数和运行参数应基本达到精确匹配状态,摊铺层的厚度、平整度、表面质量等应符合技术要求,摊铺机处于正常摊铺作业阶段。

为了保持铺筑层质量稳定,摊铺过程应保持摊铺速度、供料量、行驶阻力稳定和连续摊铺作业状态。尽量避免改变摊铺速度、大幅度调整行驶方向、频繁停车和起步、运料车碰撞摊铺机、行走履带或轮胎压过残留在路面的材料(会引起熨平板牵引大臂牵引点剧烈起伏)、供料忽多忽少等影响摊铺质量的不正常操作。

摊铺过程中,还应不间断地进行沥青含量的直观检验、混合料温度检验、铺层厚度检验、铺层平整度检验和表观检验,以便及时发现问题,确保摊铺作业质量。

(1)操作步骤。

①按设定摊铺速度操作摊铺机进行直线摊铺作业。

②注意观察操作盘上的各种仪表和指示灯,微调行驶方向,使摊铺保持直线行驶。

③随时观察料斗内和熨平板前端的混合料数量,并倾翻料斗。

④及时发出受料信号,并采取正确的方法,让运料车授料。

⑤随时观察摊铺机行驶轨迹上有无物料,并指挥予以清除。

⑥及时观察运料车的供料量,根据需求调整摊铺速度,确保摊铺作业连续。

(2)作业注意事项。

①摊铺作业过程中,应注意车周围的人员、车辆及障碍物,以确保安全。

②禁止运料车在授料过程中进行强力制动和冲撞摊铺机,防止造成摊铺平整度下降。

③合理确定摊铺速度,确保连续摊铺,禁止随意变换速度或中途停顿。

④及时清除摊铺机履带行走路线上撒落的混合料,以免影响横向平整度。

⑤待料停机时,应使熨平板升降液压缸闭锁,防止下陷落。

2)曲线超高路段摊铺作业

从直线路段向曲线路段摊铺作业时,由于直线路段的断面形状为路拱,而曲线路段的断面形状为单面超高坡度,且路面宽度也会发生变化,要求摊铺作业应保证从直线路段驶入到曲线路段和从曲线路段驶出到直线路段的路拱与单面超高坡度过渡要平缓,因此,需要在摊铺过程中对熨平板的拱度和工作仰角进行调整,尤其是当采用单机全路幅方式作业时,此种情况更加明显。图6-2-1所示为曲线超高坡度调整图。

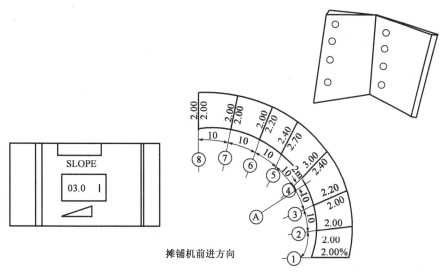

图6-2-1　曲线超高坡度调整图(尺寸单位:m)

(1)准备工作。

①摊铺前,应观测曲线路段曲率、横坡坡度、坡度的起点和终点、宽度。

②选择合适的熨平板宽度,避免摊铺宽度达不到要求或因熨平板过宽而碰撞路缘石。

(2)操作步骤。

①按曲率估算出调整熨平板拱度的起始点至终点距离(驶入弯道和驶出弯道)、调整次数和每次调整量。

②操作摊铺机驶入弯道,在距离曲线带超高路段10~20m处(根据弯道曲率确定),开始分段逐渐调小熨平板拱度,当摊铺机行驶到调整终点时,熨平板的拱度应正好为0。

③操作摊铺机驶出弯道,在距离曲线带超高路段10~20m处(根据弯道曲率确定),分段逐渐调大熨平板拱度,当摊铺机行驶到调整终点时,熨平板的拱度应恢复到原值。

④使用纵坡传感器和横坡传感器配合作业时,要每隔10m做一个标记,并标好坡度值,设专人操纵横坡传感器,连续平稳地调节坡度。

(3)作业注意事项。

①为保证直线路拱路段与曲线带超高路段之间路面的断面形状过渡平缓,每次调整量不能过多。

②此方法适用于单机全路幅摊铺,如果是单机半幅摊铺或双机摊铺,则不存在调整熨平板拱度的问题。

③如果是单机全路幅摊铺连续弯道,只有从直线到弯道或从弯道到直线路段才会遇到调整熨平板拱度的问题。

3)摊铺作业接茬处理

(1)纵向接茬。两条摊铺带相接处,必须有一部分搭接,才能保证该处与其他部分具有相同的厚度。搭接的宽度应前后一致,搭接施工有冷接茬与热接茬两种。

冷接茬施工是指新铺层与经过压实后的已铺层进行搭接。搭接(重叠)宽度为 3 ~ 5cm,过宽会使接茬处压实不足,产生热裂;过窄会在接茬处形成斜坡。新摊铺带必须与前一条摊铺带的松铺厚度相同。在摊铺新铺层时,对已铺的摊铺带接茬处边缘应铲修垂直。碾压新摊铺带时,也要先将其接茬边缘铲齐。

热接缝处理一般是在使用两台以上摊铺机并列作业时采用的,此时两条相邻摊铺带的混合料都处于未压实的热状态,纵向接缝易处理,接缝强度较好,相邻摊铺带的搭接宽度2 ~ 3cm即可。在碾压第一条摊铺带时,距接缝边缘约30cm处暂不碾压,留待碾压第二条摊铺带时一起碾压,以使接缝更紧密地连接而不致产生裂缝。

对于纵向接缝,不管采用冷接法或热接法,摊铺带的边缘都必须齐整。故摊铺机在直线上或弯道上行驶时应始终保持正确位置。为此,可沿摊铺带的一侧敷设一根导向线,并在摊铺机上安置一根带链条的悬杆,操作人员只要注视所悬链条对准导线行驶即能达到方向正确的要求。

(2)横向接茬。横向接缝是沥青混凝土摊铺施工中无法避免的。前后两条摊铺带横向接缝的质量好坏对路面面层的平整度影响很大,所以必须妥善处理。为了减少横向接缝,每一条摊铺带在每日施工中应尽可能长些,最好是一个工作班只留一条横接缝。横向接缝基本上都是冷接。

处理好横向接缝的原则是:应将第一条摊铺带的尽头边缘切削成上下垂直状,并与纵向边缘呈直角,接铺层的厚度为前一条摊铺带厚度加压实量。如果前一条摊铺带尽头留一条向下降的坡道(为了将余料铺宽这是不可避免的),就很难接铺得平整。故在处理横向接缝时,应准备好一根宽约15cm 的木条,其厚度等于铺层压实后的厚度,其长度略长于摊铺带宽。当摊铺机铺到尽头时,停止向机上供料和振捣,让余料铺完,在尽头留下一条斜坡铺层。趁热在斜坡铺层的厚端头挖出一条直槽,槽宽比木条略宽,但槽必须与摊铺带纵向边缘垂直。将木条嵌入槽内,并薄薄地撒一层混合料进行压料,然后取出该木条,并铲去木条以后的斜坡层的全部余料,就会形成一条平整而垂直的接缝口。接铺时,可在前条摊铺带端头上面两侧置放两块薄木块,其厚度等于压实量。接铺应在接口以内开始,但在碾压时要铲净前铺层上的热料并拣出接头处的大粒矿料。

任务三　沥青混合料摊铺机的维护

任务引入

摊铺机多应用在高温、粉尘等恶劣环境条件下,对摊铺机进行定期的日常维护,可有效减少机器的故障,延长机器使用寿命,缩短机器的停机时间,提高工作效率,降低作业成本。做好润滑管理,养成良好的维护职业性工作规范,对搞好设备维护具有重要意义。

任务目标

1. 了解摊铺机润滑管理的内容;
2. 掌握摊铺机日常维护的方法;
3. 掌握摊铺机常用机件的维护检查方法。

一、摊铺机的润滑管理

摊铺机的性能、操作安全以及使用寿命在很大程度上取决于润滑油及油脂的合理选择。润滑剂的选择参照表6-3-1。如果使用的润滑油或油脂未在表中列出,那么其质量至少要与所推荐的润滑油及油脂等同。

油料和辅助用料一览表　　　　　　　表 6-3-1

用 料 名 称	牌 号 及 标 准	所 用 部 位	用 量	更 换 时 间
柴油	0 号	发动机燃油箱	250L	
工业润滑油	Mobil DS1300	发动机曲轴箱	22.5L	第一次 50h,第二次 500h,以后一年或工作 2000h
	Mobil 629	左右行驶驱动减速机	各4.5L	
		左右输料装置减速机	各1.5L	
		左右分料装置减速机	各1.5L	
		分动箱	5.2L	
液压油	N68 号低温液压油,清洁度 7 级（NAS/638）	液压油箱	280L	1 年或工作 2000h
回油滤清器滤芯	滤芯 RE130N10B 和滤芯 RE130G10B	液压油箱	2 个	1 年或工作 2000h
油脂	锂基脂	集中润滑泵	6L	每工作 40h 检查一次

摊铺机油液加注位置如图6-3-1所示。

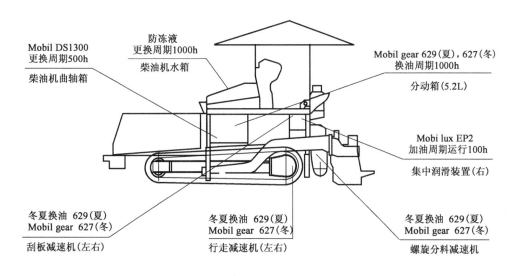

图 6-3-1　UTU90/LTU120 摊铺机油液加注示意图

二、摊铺机的定期维护

1. 日常维护(每班维护)

日常技术维护在每日工作前和工作后进行。其内容包括清洁、检查、紧固、润滑作业四项内容。

(1)清洁作业。将摊铺机驶离作业场地,升起熨平板,清除摊铺机表面堆积的泥块、粘砂等,用工具将料斗、熨平板、刮板输料器、螺旋分料器、行走系统、振捣器、振动器及车架等各部残留沥青清除干净,用喷油器喷柴油进行冲洗,运动部件擦拭润滑后低速运转,液压油缸杆件涂以薄层专用油脂。在清洁作业中,须注意安全和电器保护,防止火灾和污染。

(2)检查作业。检查燃油、润滑油、液压油、发动机冷却液量并按规定添加;检查中心润滑脂泵的润滑脂存量,并添加耐高温油脂;检查各操纵件和控制件、转向和制动机构,发现故障及时排除;检查液压系统各部有无漏油并及时排除;检查轮式摊铺机的轮胎压力(左右应相等)并按规定充液充气,检查履带式摊铺机履带张紧度(左右应相等),并按规定调整好;检查照明、音响、信号及各部安全保护装置是否齐全良好;按规定起动发动机,检查各仪表和指示灯工作情况,传动系统有无异常。若发现故障,应予以排除;检查螺旋分料装置的叶片是否有裂纹,如有裂纹,应予以维修或更换;检查各电气插头是否有松脱现象。

(3)紧固作业。紧固的重点是左右履带梁和机架振动熨平装置、供料系统和行走机构的各部零部件,对松动或断裂都予以紧固或更换。

(4)润滑作业。润滑作业的主要对象是中心润滑系统以外的润滑点和有特殊要求的润滑部件。要按厂方说明规定的润滑周期、方法和规定的油脂进行润滑作业。

2. 周期性维护

(1)摊铺机每50h磨合后的技术维护。在投入使用之前,摊铺机应进行50h试运行,否则不得投入正式使用。50h磨合运行,按发动机使用说明书中有关规范进行。磨合试运转结束后,按以下内容进行技术维护。

①更换柴油机油。热车时放净旧润滑油,然后注入新润滑油,经短期运行后检查润滑油油位是否在规定高度。

②更换分动箱润滑油。热车时放净旧润滑油,然后注入新润滑油。

③更换所有减速机(包括行走、分料、输料减速机)润滑油。热车时放净旧润滑油,然后注入新润滑油。

④清洗机油滤清器。

⑤清洗柴油精滤器。

⑥检查液压油油位,加液压油至规定位置。

⑦检查发动机冷却液液位,加冷却液至规定量。

⑧检查加热系统的喷头、连接管、气罐和各开关。

⑨检查橡胶履带板是否有裂纹,如裂纹长度大于50mm,必须更换。

⑩检查各液压系统是否有渗漏现象,如有则必须排除。

⑪柴油机每工作50h,必须清洗空气滤清器一次。

⑫检查螺旋分料装置的叶片是否有裂纹。

⑬检查各自动找平装置是否工作正常。

⑭检查各工作油缸是否有渗漏现象,如有则排除。

（2）摊铺机每工作100h技术维护。

①进行日常技术维护的全部项目。

②按发动机使用说明书中100h技术维护项目进行柴油机的维护。

（3）摊铺机工作200h技术维护。

①重复100h技术维护全部项目。

②按发动机使用说明书中200h技术维护项目进行柴油机的维护。

（4）摊铺机每工作500h技术维护。

①重复200h技术维护全部项目。

②按发动机使用说明书中200h技术维护项目进行柴油机的维护。

③检查机架、油箱等各重要部件的焊接处有无裂纹,履带梁有无变形。如有则予以修复。

④检查各操作开关、操作监视装置的电气线路是否正常。如有损坏则需立即修复。

⑤检查分料装置的磨损情况。

⑥检查蓄电池两极的氧化情况等。

（5）摊铺机1000h技术维护。

①重复200h技术维护全部项目。

②按发动机使用说明书中200h技术维护项目进行柴油机的维护。

③更换液压油滤清器。

④更换发动机油。

除以上介绍的周期性技术维护外,摊铺机在每年的冬季需进行大维护,即对摊铺机进行一次全面检查维修,更换各减速机和分动箱的润滑油。

（6）柴油的加注。

①加注柴油时,发动机要先熄火。

②加注柴油时,要先拧开柴油箱进油口与回油口之间的透气螺栓。

③每天将柴油粗滤器油水分离器中的水放掉。

④定期拧开放油螺塞,清除其中的水和污物。

三、摊铺机长期停放的维护

如果摊铺机将停放三个月不使用,应按下列要求维护:

（1）按发动机使用说明书要求做长期停放的技术维护,并做防锈处理。

（2）将摊铺机内外表面、料斗、熨平板、螺旋分料装置和刮板输送装置等部件清洗干净,有条件时应停放在库房里,露天停放时应停放在通风处,用帆布盖好。

（3）将熨平板用木块垫起来。

（4）料斗、找平油缸要全部放下,并且涂上润滑脂。

（5）长期停放时主机上只能有熨平装置、分料装置的基本段部分。

（6）摊铺机的随机附件要清洗、做防锈处理,并放在干净通风的房间内。

（7）对摊铺机各润滑点加注新润滑油或润滑脂。

摊铺机典型装置的维护

1. 作业前典型装置的润滑

1) 操作步骤

(1) 检查润滑脂储存罐油量,不足时要添加规定牌号的润滑脂。

(2) 使用注油枪向行走导向轮、振动振捣传动装置、牵引臂铰接点以及集中润滑不到的部位进行润滑。

(3) 起动发动机并处于怠速状态,使集中润滑装置工作。

(4) 使用专用油喷洒料斗、供料装置、前后挡板和振动挡板。

2) 注意事项

(1) 添加润滑脂时,保持润滑脂清洁,防止灰尘混入油中,环境灰尘过多时禁止加注。

(2) 作业前须检查润滑脂储存罐油量,防止管路中注入空气或润滑不良,造成零件损坏。

(3) 禁止加注不符合要求的润滑脂,尽量避免在机械运转过程中进行润滑作业。

2. 作业后清洁行走装置、供料装置和工作装置

1) 操作步骤

(1) 用专用工具清除挡料板、料斗、机体外表残留的沥青。

(2) 擦拭液压伸缩熨平板的导向柱表面和油缸活塞杆表面。

(3) 空载运转振捣装置,以清除振捣锤之间的残留沥青。

2) 注意事项

(1) 清洁作业过程中,注意不要损坏各油路和电路。

(2) 清洁作业前,必须使发动机熄火,并切断总电源开关。

(3) 清洁作业前,必须使熨平板处于挂吊状态或自由落地状态。

3. 检查减速箱润滑油油量

1) 准备工作

(1) 将机械停放在平坦的地面上,将发动机熄火,并切断电源。

(2) 准备好工具及润滑油。

(3) 查看减速箱油量检查部位,并清洁检查部位周围污物。

2) 检查步骤

(1) 检查减速箱外表,观察是否有渗漏油痕迹。

(2) 打开油面检测孔,查看油液液面高度。

(3) 当液面较低时,添加润滑油至规定高度。

3) 注意事项

(1) 发动机熄火后不能马上检查液面,应过 10～15min 后再检查。

(2) 检查过程中,要注意清洁,防止脏物掉入减速器中。

(3) 检查时,如发现油面过高或过低,应查明原因。

(4) 检查时,如发现油液颜色发白或发黄,应更换润滑油。

4. 检查、调整刮板输料器下垂量

1) 准备工作

（1）将机械停放在平坦的地面上，将发动机熄火，切断电源，驻车制动。

（2）准备好直尺和工具。

（3）查看维护手册，确定刮板传动链松紧度标准值。

（4）清洁传动链表面污物。

2）检查步骤

（1）检查传动链、传动链轮外观是否有严重磨损或松旷等缺陷。

（2）检查传动滚轮是否转动灵活。

（3）用直尺检查传动链下垂度或张紧度，并与标准值相对比（图6-3-2）。

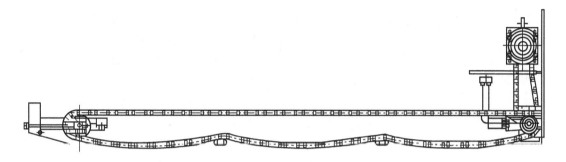

图6-3-2　刮板输料器传动链下垂量检查与调整示意图

（4）检查后，如传动链张紧度不符合标准值，应调整张紧装置，使之达到要求，并锁紧张紧装置。

（5）调整后应低速试车，如刮板在行进中有扭曲，必须重新调整。

3）注意事项

（1）检查时，应防止传动链表面毛刺划破手指。

（2）检查时，应防止将手指挤压在链条与链轮之间。

（3）检查后，应对传动链进行润滑。

（4）张紧时，要注意两根链条必须同时均匀张紧，以保证平行。

（5）冷状态下调整后，仍达不到规定范围值时，则必须更换新链条。

（6）禁止采用卸掉链节的做法调节链条张紧度，否则会导致驱动轮链轮过损坏。

5. 检查、调整履带张紧度

1）准备工作

（1）将机械停放在坚硬平整的地面上，将下履带拉直。

（2）将发动机熄火，切断电源。

（3）准备好 1.5m 长的直尺和工具。

（4）查看维护手册，确定履带张紧度标准值。

（5）清洁履带及张紧装置表面污物。

2）检查步骤

（1）检查"四轮一带"外观是否有严重磨损或松旷等缺陷。

（2）检查张紧装置是否完好。

（3）用长直尺检查履带下垂度，并与标准值相对比。

（4）检查后，如履带张紧度不符合标准值，调整张紧装置，使之达到要求。

（5）调整后应低速试车，并重复进行检查调整，直至达到标准范围值。

3）注意事项

（1）调整后，两侧履带张紧度必须保持一致，以防行走跑偏。

（2）拆卸润滑脂加注嘴时，应采取安全措施，防止油嘴飞出伤人。

（3）调整后，履带张紧度不能过紧，防止行走阻力过大，使磨损加剧（图6-3-3）。

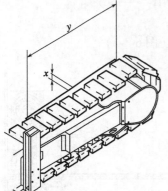

图6-3-3　履带张紧度检查示意图

6.检查调整熨平板振动偏心装置技术状况

1）检查步骤

（1）在停机状态下，检查传动连接部件有无严重磨损和松动。

（2）检查传动机构各润滑点的润滑状态是否良好。

（3）在运转状态下，检查传动机构转动是否平稳。

（4）在运转状态下，用非接触式转速测试仪测量传动轴在高频和低频状态下的转速。

（5）在停机状态下，用手分别上下和左右摆动传动部件，检查支承轴承轴向和径向间隙。

2）注意事项

（1）在运转状态下检查时，要特别注意安全。

（2）检查时，禁止将熨平板放在硬地面上。

（3）检查前，应润滑清洁振捣、振动装置，防止出现卡滞。

（4）检查时，应按规定要求调整振频、振幅。

7.检查螺旋摊铺器叶片和轴承磨损情况

1）准备工作

（1）将发动机熄火，切断电源开关。

（2）清洁螺旋摊铺器表面残余物。

2）检查步骤

（1）检查叶片厚度和有无断裂等外观缺陷。

（2）用手分别上下和左右摆动旋摊铺器轴，检查轴承轴向和径向间隙。

（3）在运转状态下，检查旋摊铺器运转是否平稳，有无异响。

（4）检查润滑点的润滑状况是否良好。

3）注意事项

（1）在运转状态下检查时，要特别注意安全。

（2）检查时，应首先检查各润滑点的润滑状况，确保其能得到良好的润滑。

8.更换减速箱润滑油

摊铺机的维护时间间隔、内容、技术要求都是由制造厂商进行规定的，不同制造厂商生产的摊铺机的维护规定是不完全相同的。使用者要根据机器累计工作小时和制造厂商的维护手册中的规定，对机器进行维护。一般更换减速箱润滑油的周期为1000h以上。

1）准备工作

（1）查看从上一次更换润滑油至今，机械累计运转的小时数。

（2）查看维护手册，确定润滑油型号、更换周期、加注容量。

（3）准备好更换用工具和盛放废油容器、加注容器。

(4)将摊铺机停放在水平稳固的地面上,锁定或固定各工作装置。

(5)将发动机熄火,切断电源开关,清洁加注口表面污物。

2)更换步骤

(1)清洁减速器外表和通气阀。

(2)松开放油油堵,趁热放净减速器内的润滑油。

(3)检查放油堵上金属屑含量及其粒径大小。

(4)按规定的型号和数量加注新油。

(5)拧紧排油油堵和油位观察孔油堵,清除加注口残留液体。

(6)填写维护记录。

3)注意事项

(1)更换时,车辆应停在水平的位置,并驻车制动。

(2)加注时,要防止油液溅溢,污染车体。

(3)妥善处理废旧润滑油,防止造成环境污染。

思考练习题

1.摊铺机主要由哪几部分组成?

2.举例说明摊铺机型号与性能参数的表示与含义。

3.摊铺机起动前、作业中和作业后应注意哪些问题?

4.简述摊铺机驾驶操作的基本要领。

5.摊铺机作业前要调整哪些参数?

6.开关式、比例式和比例脉冲式找平方式各有何优缺点?

7.使用燃气加热式熨平板时有哪些注意事项?

8.摊铺机作业中,出现纵向接缝和横向接缝时如何处理?

9.多机摊铺应注意什么?

10.摊铺机日常维护的重点是什么?

项目七

汽车起重机的使用与维护

　　汽车起重机是在汽车底盘基础上,通过配套安装起重装置,在保持其原有行驶性能的基础上增设起重功能的工程机械。由于其具有机动灵活、作业范围宽、使用成本低等特性,因此广泛应用于交通运输业、建筑工程业、工矿企业等生产领域。汽车起重机的广泛应用对减轻劳动强度、节省人力、降低建设成本、提高建设速度、保障建设质量都具有重要作用。随着汽车起重机的保有量不断增加,普及汽车起重机维护基础知识、加强培养汽车起重机的操作与维护技能、提高工程机械行业从业人员基本素质具有重要社会意义。

任务一　汽车起重机的操作

任务引入

　　安全准确、熟练协调地操作汽车起重机,是使用汽车起重机完成生产作业、实现安全生产的前提和保障;熟练掌握汽车起重机各操作手柄和操作按钮的功能,是操作汽车起重机的关键。本任务主要完成对汽车起重机各操作功能部件的认知学习和规范操作的技能培养。

任务目标

1. 掌握汽车起重机的基础知识;
2. 明确操作人员应具备的基本条件和操作安全要求;
3. 识别汽车起重机各操作装置,了解其功能与用途;
4. 牢记汽车起重机操作注意事项;
5. 规范操作汽车起重机完成基础动作。

知识准备

一、汽车起重机的分类

汽车起重机的种类很多,分类方法也各不相同,一般有以下分类和类型。

1. 按额定起重量分

按额定起重量可分为轻型、中型、重型、超重型,其中:轻型汽车起重机起重量在5t以下,中型汽车起重机起重量为 5 ~ 15t,重型汽车起重机起重量为 15 ~ 50t,超重型汽车起重机起重量在 50t 以上。近年来,起重量有提高的趋势,已有部分厂家生产出 50 ~ 100t 起重量的大型汽车起重机。

2. 按吊臂结构分

按吊臂结构可分为定长臂汽车起重机、接长臂汽车起重机和伸缩臂汽车起重机三种。

定长臂汽车起重机采用固定长度的桁架吊臂,多为小型机械传动起重机,采用汽车通用底盘,全部动力由汽车发动机供给,不另设发动机。吊臂用角钢和钢板焊成,呈折臂形,以增大起重幅度。

接长臂汽车起重机的吊臂也是桁架结构,由若干节臂组成,分基本臂、顶臂和插入臂,可以根据需要,在停机时改变吊臂长度。由于桁架臂受力好、迎风面积小、自重轻,因此是大吨位汽车起重机唯一的结构形式。

伸缩臂液压汽车起重机,其结构特点是,吊臂由多节箱形断面的臂互相套叠而成,利用装在臂内的液压缸可以同时或逐节伸出或缩回,全部缩回时,臂最短,可以有最大起重量;全部伸出时,臂最长,可以有最大起升高度或工作半径。目前,该种形式已发展成为中小吨位汽车起重机的主要品种。

3. 按支腿形式分

按支腿形式分为蛙式支腿、X 形支腿、H 形支腿三类,其中:蛙式支腿跨距较小,仅适用于较小吨位的起重机;X 形支腿容易产生滑移,也很少采用;H 形支腿可实现较大跨距,对整机的稳定有利,适用于大、中、小各型起重机,所以我国目前生产的液压汽车起重机多采用 H 形支腿。如图 7-1-1 所示的全回转式小型汽车起重机,采用的就是 H 形支腿。

图 7-1-1　全回转式汽车起重机的 H 形支腿

4. 按照底盘轮轴的数量分

轮轴的数量决定了轮式起重机转向桥和驱动桥总数的多少,也决定了底盘的基本形式。驱动桥的多少取决于所需牵引力的大小,而轮轴的多少取决于整机质量。轮轴的数量与轮轴的许用载荷有关。一根轮轴的许用载荷取决于桥壳强度以及轮胎的承载能力,同时也受道路和桥梁承载能力限制。我国公路技术标准规定,公路车辆的单后桥轴负荷最大为 13t,双后桥为 24t。这样,起重机总质量除以每轴的许用载荷,就决定了最少轮轴数。如额定起重量 120t 的利勃海尔 LTM11200-9.1 型汽车起重机,其轴数达到 9 根。为了减小转向阻力,转向桥的轴负荷较小,驱动桥的轴负荷较大。根据这种情况,国产轮式起重机有两桥底盘、三桥底盘、四桥底盘、五桥底盘,以及六桥底盘起重机等,而最多者目前可达到十桥。图 7-1-2 所示则为七桥底盘汽车起重机。

图 7-1-2　七桥底盘汽车起重机

在汽车起重机中,由于起重臂搁在车头上,所以前桥轴负荷一般占整机总重的 30% 以上,其余的由中后桥承担。

5. 按转台的回转范围分

按转台的回转范围分为全回转式和非全回转式两类,其中:非全回转汽车起重机转台回转角小于270°。全回转式汽车起重机起重装置在水平面内,转台可任意在360°范围回转,图7-1-1所示汽车起重机即为全回转式起重机。

6. 按传动装置的传动方式分

按传动装置的传动方式分为机械传动、电传动、液压传动三类。电传动主要应用于一些固定场所的专用起重机;机械传动和液压传动在移动式起重机上应用广泛。

7. 按路面适应能力分

根据汽车起重机对不同路面的适应能力,可分为非全路面汽车起重机和全路面汽车起重机两类。普通的汽车起重机主要是针对等级公路上行驶要求而设计的,不具备越野能力。

随着技术的进步和市场需求的提升,兼有普通汽车起重机和越野起重机优点的高性能产品——全地面起重机应运而生。它既能像普通汽车起重机一样在公路上快速转移、长距离行驶,又可满足在狭小和崎岖不平或泥泞场地上作业的要求,对非公路地段具有很好的适应性,因而称全路面汽车起重机。这种起重机技术含量高、行驶速度快、多桥驱动、全轮转向、三种转向方式、离地间隙大、爬坡能力高、可不用支腿吊重,是一种极有发展前途的产品。

二、汽车起重机的型号

1. 国产汽车起重机的型号编制规则及表示方法

自行式起重机包括轮式和履带式两大类,其中轮式起重机又分为汽车起重机和轮胎式起重机。轮式起重机的型号编制规则是用汉语拼音字母和数字组成的字符串来表示;字母 Q 表示汽车起重机,QL 表示轮胎式起重机;字母 Y 表示液压传动,字母 D 表示电力传动,不标字母时表示机械传动;字母后面用数字表示起重机的吨位。在型号的末尾还用 A、B、C、E 等字母表示该起重机的设计序号。具体表示方法如表 7-1-1、表 7-1-2 所示。其中,字母 Q 为"起"字汉语拼音的第一个字母;Y 为"液"字汉语拼音的第一个字母;D 为"电"字汉语拼音的第一个字母。QAY 为徐工集团全路面汽车起重机代号。

国产汽车起重机型号编制规则及表示法　　　　　　　　表 7-1-1

类	起 重 机			
组	汽车起重机,以 Q 表示			
型	机械式	液压式(Y)	电动式(D)	全路面式 QAY
代号	Q	QY	QD	QAY
含义	机械式 汽车起重机	液压式 汽车起重机	电动式 汽车起重机	全路面 汽车起重机
主参数	汽车起重机的最大额定起重量,单位 t(吨)			
改进设计号	用 A、B、C、E 等字母表示该起重机的设计改型序号			

国产轮胎起重机型号编制规则及表示法　　　　　　　　表 7-1-2

类	起 重 机		
组	轮胎起重机,以 QL 表示		
型	机械式	液压式(Y)	电动式(D)
代号	QL	QLY	QLD
代号含义	机械式 轮胎起重机	液压式 轮胎起重机	电动式 轮胎起重机
主参数	轮胎起重机的最大额定起重量,单位 t(吨)		
改进设计号	用 A、B、C、E 等字母表示该起重机的设计改型序号		

型号含义举例如下：

QY8 表示最大额定起重量 8t 的液压汽车起重机。

QLD16B 表示起重量为 16t、电力传动、第二代设计产品的轮胎式起重机。

QD100 表示最大额定起重量 100t 的电动式汽车起重机。

QAY160 表示最大额定起重量 160t 的全路面液压汽车起重机(又称 AT 起重机)。

2.进口汽车起重机的型号表示法示例

国外移动式工程起重机型号都是由生产厂家自行规定的,所以比较繁杂。但基本上是以大写英文字母表示生产厂家名称(第一个字母)与机型,用数字表示起重量。这里举例说明一下进口汽车起重机的型号识别方法。

(1)日本田野公司(TADANO)产品。TG-752:首位字母 T 代表田野汽车起重机;第二位字母表示产品起重量级别;G 代表大型、L 代表中型、S 代表小型。前两位数字 75 表示起重量 75t;最后一位数字表示产品改进序号。

(2)德国利勃海尔起重机。LT-1200S:首位字母 L 代表利勃海尔起重机;第二位字母 T 代表汽车式;首位数字 1 代表该公司产品系列代号;后面数字 200 表示起重量 200t;最后一位字母表示带"超起"附加装置。

三、汽车起重机技术性能参数

汽车起重机的主要技术性能参数包括起重量、起重力矩、起升高度、工作幅度、各机构工作速度和自重等指标。它们既是起重机设计的技术依据,也是生产使用中选择起重机的依据。

1.额定起重量

起重量是指起重机能吊起重物的质量,是起重机的主要技术参数之一。

额定起重量(铭牌上所标示起重量),是指起重机在各种安全工况下安全作业所允许的起吊重物的最大质量。起重机的起重量参数,通常都是以额定起重量 Q 表示的。起重量规定包括吊钩及其附属物质量,当取物装置为抓斗或电吸盘时,包括抓斗和电吸盘的质量。

额定起重量随着工作幅度的加大而减小。汽车起重机的额定起重量是指基本起重臂处于最小幅度时允许起吊的最大起重量。值得注意的是,有些大吨位起重机,其最大额定起重量往往没有实际意义,因为工作幅度太小,当支腿跨距加大时,重物在支腿内侧很难作业。所以在这种情况下的最大额定起重量只是根据起重机强度确定的最大额定值,它只是标志起重机名义上的起重能力。考虑到起重机品种发展的标准化、系列化和通用化,国家标准对起重机的起重量制定有系列标准。起重量单位为吨(t)。

2.工作幅度

工作幅度是指在额定起重量下,汽车起重机吊钩中心线到起重机回转中心轴线的水平距离,通常称为回转半径或工作半径,用 R 表示,单位为 m,如图 7-1-3 所示。

工作幅度表示起重机不移位时的工作范围,它是衡量起重机起重能力的另一个重要参数。对于俯

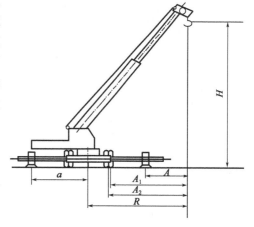

图 7-1-3 汽车起重机工作幅度示意图

A-有效幅度;A_1-单胎工作幅度;A_2-双胎工作幅度;R-工作幅度;a-支腿至回转中心距离;H-升起高度

仰变幅的起重臂,有最大幅度和最小幅度两个参数。

最大幅度为起重臂处于接近水平的夹角为13°时,从起重机回转中心轴线到吊钩中心线的水平距离;最小幅度为起重臂仰到最大角度(一般与水平方向呈78°)时,回转中心轴线到吊钩中心线的水平距离。

标定起重机幅度参数时,通常应在额定起重量下进行。同一台起重机工作幅度不同,其起重量也不同。对于有支腿装置的起重机,还应以有效幅度 A 表示,即用支腿侧向工作时,在额定起重量下,吊钩中心线到该侧支腿中心线的水平距离。它反映起重机的实际工作能力;不使用支腿侧向工作时,则工作幅度用 A_1(单胎)或 A_2(双胎)表示。

3. 起升高度

起升高度是指吊钩口中心到地面的距离(图7-1-3)。当取物装置为抓斗时,则指抓斗最低点到地面的距离,用 H 表示,单位 m。它的参数标定值通常以额定起升高度表示。额定起升高度是指满载时吊钩上升到最高极限,自吊钩中心到地面的距离。当吊钩需放到地面以下吊取货物时,则地面以下深度叫下放深度,总起升高度为起升高度和下放深度之和。

当起重臂长度一定时,起升高度随着工作幅度的减少而增加,这一特性可以用起升高度与工作幅度的关系曲线表示,如图7-1-4所示。

4. 起重力矩及起重特性曲线

起重力矩是起重机的工作幅度与相应于此幅度下的起重载荷的乘积,以 M 表示,单位为 kN·m。它是起重机综合起重能力参数,能全面和确切地反映起重机的起重能力。

起重力矩由工作幅度和起重载荷两个重要参数构成。同一长度的起重臂,仰角越大,工作幅度越小,起重能力越大;仰角越小,工作幅度越大,起重能力也越小,上述这种关系称为起重机的起重特性。起重机的臂长、工作幅度、起重量、起升高度之间的关系绘出曲线称为起重特性曲线。通常,起重特性曲线由不同臂长的起升高度曲线和起重特性曲线组成,如图7-1-5所示。

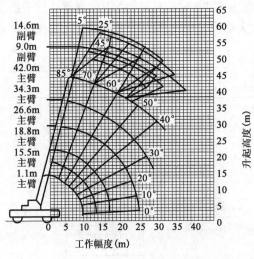

图7-1-4 GT550起升高度与工作幅度的关系曲线图

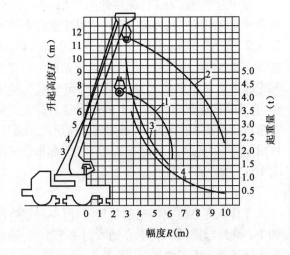

图7-1-5 QY5汽车起重机起重特性曲线图
1-臂长6.98m时起升高度曲线;2-臂长10.98m时起升高度曲线;3-臂长6.98m时起重量曲线;4-臂长10.98m时起重量曲线

起重特性曲线图最重要的用途是为操作人员安全地使用起重机提供依据和参考。起重机用户可根据起重特性表或曲线图中货物质量、所需的提升高度和幅度合理地选用起重机型号。通常情况下，当起重机可不受限制地开到货物吊装位置附近吊装时，只需考虑达到吊装高度时所吊货物与起重臂间的距离，据此，按起重量 Q 和起升高度 H 两个参数查阅起重特性表或曲线图来选择起重机型号和起重臂长度即可。同时，也可查得在一定起重量 Q 和起升高度 H 下的工作半径 R，作为起重机停机位置及行走路线的参考。

5. 工作速度

起重机的工作速度包括起升、变幅、回转和行驶速度。对于伸缩臂式起重机，还包括吊臂伸缩速度和支腿收放速度。当起重机的起重量一定时，各机构工作速度直接影响起重机的工作效率，但也不是速度高就好，因为速度的提高也会带来一系列不利影响，因此，应合理选择工作速度。

(1)行驶速度，是指起重机整机在单位时间内所通过的路程，单位为 km/h。汽车起重机行驶速度一般为 40~80km/h。

(2)回转速度，是指起重机在空载情况下，其回转平台每分钟的转数，单位为 r/min。一般为 1.5~3r/min。

(3)起升速度，是指额定载荷下起重吊钩上升和下降的速度，单位为 m/min。一般为 2~15m/min。起重机的起升(下降)速度与起升机构的卷扬牵引速度和吊钩滑轮组的倍率有关。两绳比四绳快一倍;单绳又比两绳快一倍。一般表示起升速度参数，应注明绳数。当然，滑轮倍率不同，在吊重相同情况下，所选用的起升钢丝绳直径也不同。滑轮倍率是指通过吊钩滑轮组的钢丝绳分支数(根数)与引入卷筒的钢丝绳根数之比。

(4)变幅速度，是指起重机在水平路面上吊臂从最大幅度变到最小幅度的平均速度，单位为 m/min。俯仰变幅起重臂的变幅速度也就是升臂和落臂的速度，一般落臂速度要快于升臂速度;也有以完成变幅全过程所需时间表示的，单位为 s。一般为 15~150s。

(5)吊臂伸缩速度，是指从基本臂到各节臂完全伸出的平均速度，单位为 m/min;也可用吊臂从最小长度伸到最大长度所需时间来表示，单位为 s。伸缩臂时间为 30~90s。由于伸缩油缸两腔作用面积不同，所以吊臂外伸速度要比回缩速度慢一些。

(6)支腿收放速度。以支腿完全收回或完全放下的时间来表示，单位为 s。

6. 外形尺寸

外形尺寸是指整机的长度 A、宽度 B 和高度 H 的最大尺寸，单位为 mm。如图 7-1-6 所示，轮式起重机通常宽度 B 限在 3.4m 以内，高度 H 应低于 4m。履带式起重机如果转移工作场所采用整体运输，拆除臂架后的高度和宽度也应受上述尺寸限制;如果履带式起重机采用模块设计，宽、高尺寸不受上述限制。

7. 质量及质量指标

质量是指起重机处于工作状态时整机的总质量，以 G 表示，单位为 t。

质量指标是指起重机在单位质量下的起重能力，通常用质量利用系数 K 表示，它反映了起重机设计、制造和材料的技术水平，K 值越大越先进。起重机的质量利用系数以起重力矩和与此相应的起升高度之积除以总质量表示。

8. 通过性参数

通过性参数是指起重机正常行驶时，能够通过各种道路的能力。主要包括接近角 α、离去角 β、最小转弯半径 r，最小离地间隙 h、最大爬坡坡度等。

最小离地间隙是指起重机的底盘最低点与地面的垂直距离,单位 mm。

最小转弯半径是指起重机(轮式)以最大转向角慢行时,外侧车轮通过的轨迹半径,为车轮的最小转弯半径。它与起重机底盘、轴距、轮距、转向角有关,转弯半径小,说明车辆的机动性好。

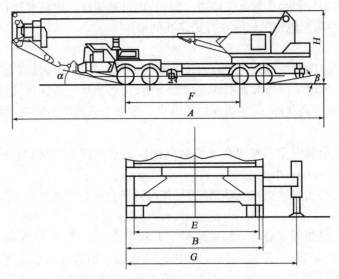

图 7-1-6　汽车起重机外形及通过性参数图

爬坡度是指车辆在平整干燥地面上行驶时能安全攀登的最大坡度,单位用度或正切百分比表示。

9.轮式起重机的轴荷和履带起重机的接地压力

轮式起重机的轴荷是指单轴的最大负荷,单位为 t。为了适应公路行驶的要求,各国对轴荷都有严格规定。

履带起重机的接地压力是指履带单位接地面积上承受的平均压力,单位为 MPa。履带接地压力是评价履带式起重机通过性能的重要指标。

四、汽车起重机的基本构造

1.汽车起重机总体构造

汽车起重机的结构形式多样,基本结构组成如图 7-1-7 所示。这些组成部件可以分为起重作业装置、回转装置、传动装置、安全装置、行走装置等几大部分。

(1)起重作业装置。由提取装置(吊钩或抓斗等)、钢丝绳、滑轮组、起升机构、伸缩吊臂、副臂、变幅机构等组成;其功能是完成货物的提升和降落作业。

(2)回转装置。由转台、回转结构及驱动装置、回转支承等组成;功能是完成吊臂的转动作业,支撑吊臂、卷扬、操纵室。

(3)传动装置。由发动机到起重作业装置和回转装置的传动机构,包括液压系统、传动系统、电气系统、操纵机构等。

(4)安全装置。由荷重计、力矩限制器、高度限位装置、三圈保护装置、平衡阀、安全阀、支腿锁、警示信号装置、水平仪、幅度指示器、外观安全标识等组成。

(5)行走装置,包括底盘、驾驶室、支腿等。

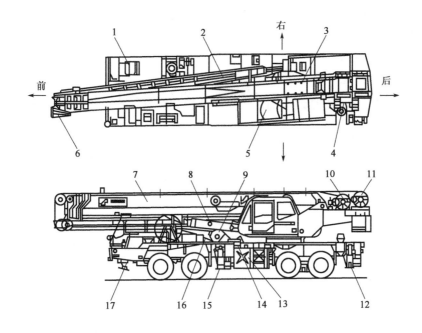

图 7-1-7　汽车起重机基本结构图

1-底盘驾驶室;2-副臂;3-副起升机构钢丝绳;4-副吊钩;5-起重机操纵室;6-臂端单滑轮;7-吊臂;8-变副液压缸;9-主吊钩;
10-副起升机构;11-主起升机构;12-支腿(后);13-液压油箱;14-支腿操纵杆;15-支腿(前);16-主起升机构钢丝绳;17-前
升降液压缸

汽车起重机的起重作业装置、回转装置、传动装置统称为上车部分,行走装置称为下车部分。

2.汽车起重机工作机构

(1)吊钩。图 7-1-8 为汽车起重机吊钩结构图。吊钩是汽车起重机起吊物品的重要部件。根据使用功能分为主吊钩和副吊钩;根据起重量的大小分为单钩和双钩;副吊钩用于起升较轻货物,作业速度较快。

(2)吊臂。图 7-1-9 为汽车起重机吊臂结构图。汽车起重机的升降重物,是利用吊臂顶端的滑轮组支承卷扬钢丝绳悬挂重物,利用吊臂的长度和倾角的变化改变起升高度和工作半径。

图 7-1-8　汽车起重机吊钩图

图 7-1-9　汽车起重机吊臂

汽车起重机吊臂有两节、三节、四节、五节等不同的节数,通过伸臂油缸和钢丝绳组实现伸缩,基本臂下端和转台铰接在一起,通过变幅机构实现俯仰。

起重臂顶端可以加装单顶滑轮,实现吊钩单倍率工作,提供工作速度。起重臂顶端可同时加装副臂,实现更大的起升高度。

3. 副臂

图7-1-10为汽车起重机副臂结构,副臂用于往高处提升较轻的货物,是加长臂架。副臂一般为一节,也有两节以上的伸缩式副臂或折叠式副臂。副臂可和主臂同轴,也可以和主臂形成多种角度。

4. 变幅机构

变幅机构(图7-1-11)是利用变幅油缸的伸缩控制吊臂的仰角,改变汽车起重机的工作半径和高度。汽车起重机变幅机构由单油缸或双油缸组成,一端和吊臂铰接,另一端和转台铰接。

5. 主、副起升机构

图7-1-12为汽车起重机起升机构图。起升机构用于实现取物和重物升降的传动机构。起升机构由驱动马达、减速机、卷筒、制动器、钢丝绳等组成。一般情况下副起升机构和副吊钩配合使用。

图7-1-10　汽车起重机副臂

图7-1-11　汽车起重机变幅机构

6. 回转机构

回转机构是驱动上车进行回转运动的机构。回转机构由驱动马达、减速机、制动器等组成,安装在转台上。

7. 伸缩机构

伸缩机构(图7-1-13)是改变主吊臂各节之间相对位置的机构。

伸缩机构由伸臂油缸或伸臂油缸加拉索组成。

图7-1-12　汽车起重机起升机

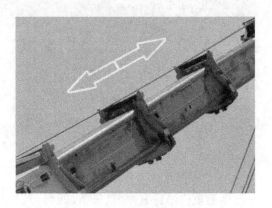

图7-1-13　汽车起重机伸缩机构

8. 转台

转台是用于安装起重机上车各部件、机构、起重臂等,并装于回转支承上能水平回转的结构件。转台尾部安装有平衡重,用于平衡前倾翻力矩。转台侧面装有上车操纵室,为操作人员提供具有一定舒适条件和良好视野及保护各种仪器、仪表、操纵机构。

9. 回转支承

回转支承用于连接上下车,安装在下车的车架上,支承上车并适应其水平回转的装置。回转支承用高强度螺栓与上下车相连,能承受上车自重和载物质量的垂直载荷和倾翻力矩。

10. 支腿

安装在起重机底架上的支撑装置,起重机工作状态的支撑元件,含固定部分和活动伸展部分。支腿形式有:H 形、W 形(蛙式)、X 形、辐式、摆动式等。

五、汽车起重机安全操作规范

1. 操作人员应具备的基本条件

(1)身体素质。根据国家相关规定,要求汽车起重机的使用操作人员必须是国家法定驾驶年龄,身体健康。具体要求是双目裸眼视力不低于 0.7,无色盲,无听觉障碍,无癫痫、高血压、心脏病、眩晕症和突发性昏厥等妨碍起重作业的其他疾病及生理缺陷等。

(2)知识技能。根据《起重操作人员安全技术考核标准》(GB 6720—1986)的规定,汽车起重机的操作人员必须具有一定的理论知识和基本技能,必须了解工作原理,熟悉起重机的构造、安全装置的功能及其调整方法,掌握操作方法及维修维护技术等。

(3)审核认证。起重机操作人员必须持证上岗,经过专业培训和考核后,须经省、市劳动部门按 GB 6720 的 2.2 和 2.3 中规定考核与认证。取得地、市级以上质量技术监督行政部门颁发的特种设备作业人员资格证书及驾驶证,方能使用操作。

(4)职业道德。汽车起重机操作人员必须具备良好的职业道德。要本着对生命财产安全高度负责的精神,忠于职业操守。如当重物处于悬挂状态时,不得离开工作岗位;起重机操作人员操作时必须集中注意力,不能与其他人员闲谈;作业时严格遵守操作规程和指令;身体不适或精神不佳时,不驾驶操作起重机,尤其严禁酗酒和酒后驾驶操作等。

2. 作业准备阶段的安全要求

(1)起重机作业前,应重点检查各安全保护装置和指示仪表是否齐全、可靠;钢丝绳及连接部位是否符合规定、是否有损伤;燃油、润滑油、冷却液、液压油是否添加充足;各连接件有无松动;轮胎气压应符合标准。检查各紧固螺钉是否松动及传动带松紧程度。

(2)作业前,应全部伸出支腿并在支脚板下垫木方,调整机体使回转支承面的倾斜度在无载时不大于 1/1000(水准泡居中)。支腿有定位销的,必须插上。底盘行走系统为弹性悬架的起重机,放支脚前应收紧稳定器。

(3)发动机起动前,应将各操纵杆放在空挡位置,按照内燃机起动要求进行起动。起动后慢速运转,检查各仪表指示值,运转正常后操纵分动箱手柄接合液压泵,待压力达到规定值,液压油温达到 30℃ 以上,方可开始作业。

(4)作业前,应查看地面是否坚实平整。支脚必须支垫牢靠,轮胎均需离开地面,支腿必须处于全伸状态,并应将起重机调整成水平状态。回转半径及有效高度以外 5m 内不得有障碍物。

(5)工作前,必须发出信号,空负荷运行 5min 以上,检查工作机构是否正常,安全装置是否牢靠。

3. 作业过程中的安全要求

(1) 起重机作业时,操作人员、起重工必须听从指挥人员指挥,不得各行其是,工作现场只许由一名指挥人员指挥,指挥信号不明或乱指挥不得进行吊运工作。

(2) 起吊重物时,应先将重物吊离地面10cm左右,停机检查制动器灵敏性、可靠性以及重物绑扎的牢固程度,确认情况正常后,方可继续工作。

(3) 随时注意架空电线,工作场地应尽量远离高压网线,如必须在输电线路下作业时,起重臂、吊具、辅具、钢丝绳等与输电线的距离不得小于如下数据:输电线路电压1kV以下,最小距离为1.5m;输电线路电压(1~35)kV,最小距离为3m;输电线路电压高时,应适当加大安全操作距离。

(4) 不准在人、汽车和拖盘车驾驶室上方经过起吊的货物。工作中,任何人不准上下机械,提升物体时,禁止猛起、急转弯和突然制动。吊重作业时,起重臂下严禁站人;禁止吊起埋在地下的重物或斜拉重物以避免侧载。吊物上有人或有其他浮放物品不得起吊。

(5) 起升和降下重物时,速度应均匀、平稳,保持机身的稳定,防止重心倾斜,严禁起吊的重物自由下落。

(6) 起重物不准长时间滞留空中;起重机满负荷时,禁止复合操作。

(7) 起吊物吊在空中时,操作人员不得擅自离开驾驶室。

(8) 起吊重物时不准落臂。必须落臂时,应将重物放下重新升起作业;落臂时,节气门开度要小,抬臂时节气门开度要大。

(9) 回转动作要平稳,不准突然停转。当吊重接近额定起重量时,不得在吊离地面0.5m以上的空中回转。

(10) 起重机在起吊重载时,应尽量避免吊重变幅,起重臂仰角很大时不准将起吊的重物骤然放下,以防止后倾。

(11) 从卷筒上放出钢丝绳时,至少要留有五圈,不得放尽。

(12) 起吊易燃、易爆危险品,应采取必要的安全措施,无安全措施不得随意起吊。配备必要的灭火器,驾驶室内不得存放易燃品。

(13) 两台或多台起重机吊运同一重物时,钢丝绳应保持垂直,各台起重机升降应同步,各台起重机不得超过各自的额定起重能力。

(14) 两台或多台起重机联合工作时,起吊重量轮胎式不得超过两台起重机允许起重量之和的75%,履带式不得超过两台起重机允许起重量之和的70%,每台起重机的负荷不得大于该机允许重量的80%。

(15) 操作人员不得将机械交与非本机人员操作,严禁无关人员进入作业区和操作室内。工作中要精力集中,严禁酒后操作。

(16) 工作中不准进行任何维修维护工作。

4. 特殊条件下作业的一般安全要求

(1) 遇大风、大雨、大雪或大雾天气时,起重机应停止作业,并将起重臂转至顺风方向。风速大于10m/s时,不准起吊任何物体。最长臂工作时,风力不得大于5级。

(2) 在雨雪天作业时,应先经过试吊,确认制动器等机构灵敏可靠后,方可进行作业。制动带淋雨打滑时,应停止作业。

(3) 夜间缺乏良好照明条件时,严禁实施吊装作业。

(4) 在起重量指示装置有故障不能使用的情况下,应按起重性能表规定,确定起重量,吊具重量应在总起重量之内。超过额定起重量时,不得起吊。

(5)抱闸或其他制动安全装置失灵时,不得起吊。

(6)具有爆炸性物件时,不得起吊。

(7)埋在地下物件不进行拔吊。

(8)歪拉斜挂时,不得起吊。

(9)吊具使用不合理或物件捆挂不牢时,不得起吊。

(10)当使用起重机与安全要求发生矛盾时,必须服从安全第一的要求。

六、汽车起重机分项操作要领

1. 变幅操作要领

(1)基本要领。

①根据要起吊的载荷和工作条件,把吊臂固定在适当角度位置上,然后参照起重机额定起重量图(表)修正吊臂角度。

②操纵吊臂变幅手柄(或吊臂起落踏板),使吊臂上升或下降。

普通起重机产品:操纵手柄后拉,吊臂仰起,当吊臂仰到作业角度要求时,将手柄送回到中位,吊臂即可停止不动;手柄前推为落臂。

K系列产品右手柄向左扳为仰臂,手柄向右扳为落臂,手柄位于中位吊臂停止动作。操作手柄时,必须从零挡(位)开始,逐渐推(拉)到所需的挡位。

③传动装置做反向运动时,控制器先回零位,然后再逐挡逆向操作,禁止越挡操作和急开急停。回转、变幅、吊臂伸缩等机构的操作手柄均需如此控制。

(2)注意事项。

①操作中,要随时观察幅度指示器指针或力矩值的变化显示,要弄清楚主臂仰角与总起重量及工作半径之间的关系。如降臂时工作半径增大,起重量下降,反之起重量提高,即使吊臂长度不变,只要改变仰角,工作半径也会发生变化,工作半径越小,起重量越大,工作半径越大,起重量越小。

②吊臂不得超出安全仰角区,向下变幅(落臂)的停止动作必须平缓。

③带载变幅时,要慢慢扳动手柄,轻推、轻拉,不允许猛然推、拉手柄,一定要在吊重值允许的幅度内进行,最好是在小起重量时调整变幅,严禁满载时向下变幅。变幅时要保持物件与起重机的距离,特别要防止物件碰触支腿、机体与变幅液压缸(指前支式);向上变幅可减少起重力矩,比较安全,但需加大节气门开度。向下带载变幅将增大起重力矩,如果超出规定的工作幅度会造成翻车事故。关于吊臂仰角的使用范围,不要超过该机使用说明书上规定的角度范围,一般为30°~80°。除特殊情况外,尽量不使用30°以下的角度作业。

④在以较小工作半径起吊已达到额定起重量物件时,一旦工作半径变大,就会超载,极易使起重机倾翻或引起机件损坏。

⑤应注意只顾及所吊物件位置,而使工作半径变大造成过载的现象。

⑥在起吊货物时,即使吊臂的角度不变,也会因吊臂的变形而使工作半径增大。因此,应以包括吊臂变形在内的工作半径实际值为依据进行起重作业。

⑦有的起重机产品,在吊臂伸得很长的情况下,没有吊任何重物,当吊臂落到某一规定角度以下时,即使空载也会倾翻。因此,须牢记起重机标牌及使用说明书上所规定的吊臂危险角度。

⑧当桁架式吊臂在大仰角下起吊较重的物体时,如果将重物急速下落,由于吊臂要反向摆动,则会倒向后方(反杆)。所以操作中应注意吊臂仰角的同时缓慢下落重物;对于没有防吊臂后倾装置的起重机,当桁架式吊臂仰角过大时,吊臂可能放不下来,这时应立即与起重工联系,将吊钩放低,并将挂有重物的吊装钢绳挂在吊钩上,慢慢提起重物或用其他车辆在前面拉吊钩,或者在轮后侧建立一个倾斜面,使起重机后退,如有坡道也可使起重机后退爬坡,使起重臂落下。无论采取哪种方法,都要慎重处置,应绝对避免为"摇晃"吊臂向前后移动起重机。

2. 吊臂伸缩操作要领

(1)基本要领。

①吊臂伸缩机构有基本臂、二节臂、三节臂等,上面布置吊臂滑轮、臂端滑轮,基本臂上装有卷线盒、力矩限制器的角度传感器、吊臂长度传感器、提升高度限位报警开关等,吊臂内有伸缩液压缸、粗细拉索(钢丝绳)、拉索绳排、导向滑轮以及各节臂间上下左右的导向块等。

②起重作业操作室内,吊臂伸缩操作手柄向前推,吊臂外伸;操作手柄处于中位,保持起重臂不动;操作手柄向后拉,吊臂回缩。对于先导式操纵装置,吊臂伸缩操作可由单独吊臂伸缩手柄或踏板控制,手柄前推伸出吊臂,后拉回缩吊臂,手柄处于中位吊臂保持不动。

③如伸缩需要快速运动,可加大节气门开度增快速度。对装有力矩限制器的产品,要严格按显示屏上的吊重额数作业。

(2)注意事项。

①向外伸出吊臂时,应时刻防止吊臂超出安全仰角区。

②外伸吊臂时,应先外伸二节臂到底,如果吊臂长度不够,应按下伸臂转换开关,再使三、四、五节臂同步外伸。如果二节臂没有伸出,先伸三、四、五节臂作业,则很容易造成吊臂弯曲或破坏。

③吊臂伸缩操作按安全要求只能在不吊重时进行,因为吊臂伸缩由液压缸推动二节臂(或三节臂),三、四、五节臂是通过一根拉索(钢丝绳)带动外伸的。带载伸缩吊臂可能导致吊臂内粗细拉索或排绳断裂,造成重大人身或设备事故。回缩吊臂时,必须先收回三节臂到底后,按下换臂开关,再收二节臂。

④在保证整机稳定的基础上,尽量选用较短吊臂工况作业。

⑤吊臂带载伸缩时,应遵守原厂使用说明书带载质量的规定。允许带载质量与机型和作业状态有关。如不属特殊工况,尽量不要带载伸缩,因为带载伸缩会大大缩短臂间滑块的使用寿命。

⑥吊臂伸缩时,应同时操作起升机构,以保持吊钩的安全距离,还应特别注意,在吊臂伸出时,会拉起吊钩接近吊臂头部引起过卷,操作中应随时观察吊钩的运动情况。

⑦同步伸缩的吊臂,若前节臂的行程长于后节臂时,则为不安全状态,应予以修正,如无法修正时,应停机检修。

⑧对于程序伸缩吊臂,必须按规定编好程序号码,吊臂才能开始伸缩。

⑨在吊臂伸出经过一定工作时间后,因液压油的变化,吊臂会有稍微自动回缩现象。例如,吊臂伸出 5m,油温降低 10℃,吊臂约回缩 40mm,除此之外在受到吊臂伸缩长度、主臂仰角以及润滑状态等因素影响下,长度也有可能有所变化。因此,在连续作业时间较长时,应注意油温一般不得超过 75℃,最高不超 80℃。一旦发现油温过高应停止作业,待温度降下来后再重新作业。

⑩副吊臂的收存:一定将支腿伸出,并调平起重机;在安装和收存副吊臂时要确保有足够的空间;严禁在副钩与副臂顶端接触状态下进行降臂操作及拔出位于主臂侧面的副臂固定销

后操纵起重机和起重机行走;在安装和收存副臂时,向前撑出和向后折回副臂的动作不能过快;当安装和收存副臂必须在高处作业时,应使用梯子,以保证安全。

3.起升操作要领

(1)基本要领。

普通轮式起重机操作人员座椅前方最右一个操纵杆和 K 系列起重机右侧(右手)操纵手柄为主提升卷扬操作手柄(杆)。手柄(杆)前推为落钩,手柄向后拉为吊钩起升,手柄位于中位时,重物保持不动。主钩升降作业时,应先将主卷筒离合器操纵手柄放在"起升"位置;副吊钩升降作业时,应先将副卷筒离合器操纵手柄放在"起升"位置。主副离合器不允许同时接合,各机构的同时动作尽量在空载工况下进行。起升操作应平稳,不能过猛,升降变换时,必须将操作手柄先扳回中位,然后再变换操作方向。

(2)注意事项。

①起升操作前,必须认真检查起吊物件的绑扎和挂钩状况,尤其对于质量和体积大、起升高度大的重物更应慎重,应再次检查滑轮组倍率是否合适、配重状态与制动器等;对于改变倍率后的滑轮组,须保持吊钩旋转轴线与地面垂直。

②起吊重物达到额定起重量的90%以上时,不得同时进行两种以上的操作动作,起吊物质量达到额定起重量的50%时应使用低速挡。

③起吊货物时,会因吊臂变形使工作半径增大。所以,当起吊较重物件时,应先将其吊离地面少许,然后查看制动、系物绳、整机稳定性、支腿状况等。发现可疑现象,应放下重物,经认真检查无误后方可进行起升操作。在起升过程中,如果感到起重机接近倾翻状态或有其他危险时,应将重物立即落地,经采取安全措施后才能再次进行起吊作业。

④设计有快慢速卷扬机的起重机,快速只允许空载,严禁快速吊重。

⑤即使起重机上装有防过卷装置,也要注意防止过卷现象发生。操作中,要注意过卷报警声响,一旦报警应立即停止吊钩上升操作,否则会发生断绳、重物坠落事故。

⑥起吊物件质量小、高度大时,可用节气门调速及双泵合流等方法提高效率。

⑦起重机安装构件或设备即将就位时,应使用发动机低速运转、单泵供油(大、中型起重机)、节流调速等方法进行微动操作。

⑧在空钩情况下,可采用重力下,降(无此功能的起重机除外)以提高功效。进行重力下降时,将主或副卷筒离合器操纵手柄放在"下放"位置(脱开位置),操作时一定要谨慎,在扳动起升卷筒离合器手柄之前,要先用踩住相应制动踏板,吊钩则靠重力下降,抬起踏板,吊钩则被制动,操作过程中,脚不应离开制动踏板。带载重力下降时,载荷质量不得超过相应工况额定起重量的20%,并控制好下降速度。当要停止重物下降时,应平稳增加制动力,使重物逐渐减速停止,切不可骤然制动,这样会使吊臂、变幅液压缸及卷扬机构因冲击受损,甚至造成翻车事故。

⑨当下放的物件落点低于地表面时,要注意起升卷筒上至少应留下三圈钢丝绳的余量,以防反卷及掉绳事故。

⑩如果卷扬钢丝绳出现乱卷或不正确地缠绕在滑轮上,切不要用手去挪动,可用金属撬棍或杆件来进行调整。

⑪操作操作人员应确切知道起吊物件的质量及吊钩滑轮组的质量。当起吊物件质量不明,但认为有可能接近于所用幅度下的临界起重质量时,必须先进行试吊,检查起重机的稳定性及支腿情况,只有确认安全后才能将重物吊起。暂时停止作业时,应将所吊物件放回地面。

⑫如果吊起的物件安装就位后需要焊接时,指挥人员应通知操作操作人员关掉起重机电

源,以免焊接电源损坏电子元件。

⑬被起吊物件连同可分吊具和长期固定在起重机上的吊具或属具(包括吊钩、滑轮组、起重钢丝绳等)的质量总和不得超过与幅度相应的额定总起重量。起重机一般根据幅度规定总起重量。

⑭不允许起重机超载和超风力作业,在特殊情况下如需超载,不得超过额定载荷的10%,并由使用部门提出超载使用的可行性分析及超载使用申请报告,报告内容应包括:作业项目、内容;超载作业的吊次和超载值;超载的计算书及超载检查程序;安全措施;作业项目和使用部门负责人签字。设备主管部门和主管技术负责人对上述报告审查后应签署意见并签字。超载使用,必须由有经验的操作人员操作,选择有经验的指挥人员指挥作业。设备主管部门做好记录,并保存三年。

4.回转操作要领

(1)基本要领。

非先导式操纵的起重机驾驶室内通常在操作人员前最左边一个手柄(杆)为回转操作手柄(杆)。手柄前推为向右回转(左置或中置操纵室),后拉为向左回转,按住手柄不动或手柄(杆)置中位停止回转,踩下制动踏板或拨动驻车制动手柄,可以固定上车不动。先导式操纵起重机(K系列)操纵室内操作人员前方左侧(左手)手柄为回转操作手柄。手柄左移,向左回转;手柄右移,向右回转;手柄处于中间位置时,切断回转动力。

(2)注意事项。

①在回转操作前,应注意观察在车架上、转台尾部回转半径内是否有人或障碍物,观察吊臂的运动空间内是否有架空导线或其他障碍物。

②吊重回转时,配置四个支腿的汽车起重机只允许在起重机侧方及后方区域作业,前方区域禁止作业。配有第五支腿的产品,在第五支腿处于工作状态下,可以在前方作业。全路面起重机和轮胎起重机可以在360°范围内作业。

③回转操作时,应首先鸣喇叭提醒人们注意,随后解除回转机构的制动或锁定,平稳扳动操作手柄,回转速度应尽量缓慢,不得粗暴使用加速踏板加速。不得让重物在摆动状态下回转,起吊重物没有完全离开地面不允许进行回转操作。当切断回转动力,上部结构停转后,踩下回转制动踏板,以固定上部结构。在踩下制动踏板的同时,用锁定机构将回转锁定,松开踏板,上部结构保持不动。

④当吊起的物件回转到指定位置前,应掌握好回转惯性,事先慢收回转操作手柄,以使物件缓慢停止回转。避免突然制动,以防物件因惯性产生摇摆,增加作业危险。

⑤在同一个工作循环中,回转动作应在伸臂动作和向下变幅动作之前进行;而缩臂动作和向上变幅动作,则应在回转之后完成。

⑥在起吊较重的物件回转前,应再次逐个检查支腿工况,以防因个别支腿发软或地面不良而造成翻车事故。在起吊较重的物件后,必须缓慢回转,同时在物件两侧系上牵引绳,防止物件摇摆,质量大的物件发生摇摆,会使吊臂受到很大的横向(侧向)弯曲作用,产生很大的横向弯矩,严重时会损坏吊臂,特别是鹅头式吊臂和长吊臂更应注意这种危害性。

⑦起重机在岸边、码头等处作业时,起重机不得快速回转,以防因惯性力作用起重机发生落水。

⑧载荷定位。载荷定位要求精确控制吊臂和回转运动,把载荷放到准确位置,即不摆动也不过头。这要经过长期训练,熟练掌握所操作起重机各机构工作中的特性才能办到。一定要

按操作规程的要求调整吊臂长度,以便精确地放置所吊物件。绝不允许把吊臂伸得过长,以致超出所能承受的额定起重量。要养成经常查看额定起重量表的习惯。

⑨节气门操纵。起重机在起重作业中节气门开度不宜过大,否则容易损坏液压泵,发动机转速不应大于1500r/min。

任务实施

一、识别汽车起重机操作装置

汽车起重机驾驶室操纵装置一般都有合理的布置和清晰的标识,且操作方便。作为使用操作人员,必须明确所有操纵手柄、踏板上或者附近的标志、用途及操作方向,以避免发生误操作。

1. 基本操作手柄

一般情况下,用操纵手柄和脚踏板操纵的汽车起重机操纵装置的布置都有大致规律。如图7-1-14所示,是汽车起重机操纵装置最基本的布置形式,一般可根据需要增减图中的手柄或踏板。

图7-1-14中手柄1、2、3、4分别为回转操纵、吊臂伸缩操纵、变幅操纵、起升操纵手柄。手柄可置于前、中、后三个位置。

手柄1操作:向前(离开操作人员方向)推手柄1,转台向右回转(操纵室左置);对操纵室右置起重机为向左回转;手柄在中间位置时切断回转动力。向后(向着操作人员方向)拉手柄,回转方向相反。

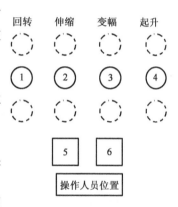

图7-1-14 汽车起重机操纵
装置布局图

手柄2操作:向前推手柄,伸长起重臂;手柄拉回中间位置时,保持起重臂不动;向后拉手柄,起重臂回缩。

踏板5可供选用,代替手柄2。

手柄3操作:向后拉手柄,起升吊臂;手柄在中间位置时,保持吊臂不动;向前推手柄,降落吊臂。

手柄4操作:向后拉手柄,起升载荷;手柄置中间位置时,切断起升动力,并保持载荷不动(如果装有自动制动器);向前推手柄,下降载荷。

制动踏板6为起升制动,踩下制动踏板控制载荷,保持载荷不动。

2. 先导控制操作手柄

现代汽车起重机广泛采用先导方式操纵控制,图7-1-15为常见布置形式图。

图7-1-15中手柄1和踏板5为升起Ⅱ(副卷扬)和回转操纵。向后拉手柄,升起载荷;手柄处于中间位置时,保持载荷不动(如装有自动制动器)或踩下制动踏板5制动载荷;向前推手柄,下降载荷。向左移动手柄1,回转台向左回转;手柄1处于中间位置时,切断回转动力;向右移动手柄1,回转台向右回转。

手柄2和踏板6为升起Ⅰ和变幅控制。向后拉手柄2,升起载荷;手柄2处于中间位置时,保持载荷不动(如装有自动制动器)或踩下制动踏板6制动载荷;向前推手柄,下降载荷。向左移动手柄2,升起吊臂;手柄2处于中位时,保持吊臂不动;向右移动手柄2,降落吊臂。

手柄3为吊臂伸缩控制。向前推手柄3,吊臂伸长;手柄3处于中间位置时,保持吊臂不动;向后拉手柄3,吊臂回缩。一般情况下,手柄3可以是独立的手柄,吊臂的伸缩功能也可以是以手柄1的前后移动来实现。

此外,踏板4(可供选用)可以代替手柄3。向前踩动踏板(脚趾下压),吊臂伸长;踏板处于中间位置时,保持吊臂不动;向后踩动踏板(脚跟下压),吊臂回缩。

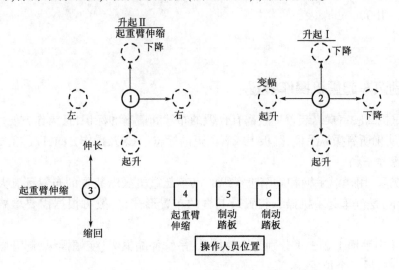

图 7-1-15　汽车起重机先导控制方式操纵装置布局图

二、汽车起重机操作

1.起动运行发动机

1)起动前准备

大、中型轮式起重机多数采用柴油发动机(电动式起重机除外)作为动力。不管是汽油机还是柴油机,起动前的准备工作基本相同。

(1)检查发动机油底壳及喷油泵内的润滑油量是否充足,不足时添加。

起动前,油底壳润滑油平面应在标尺"静满"刻线上,运转时润滑油平面应在"动满"刻度线上,如果在"险"刻度线上,应立即添加润滑油。如发现润滑油过稀或增多,应立即查找原因,予以排除。

(2)检查燃油箱中的柴油是否充足,必要时应添加经过48h沉淀并滤清的柴油,且柴油牌号应与气候条件相适应。

(3)检查燃油管路中是否有空气,必要时应予排除。检查油管、水管等接头,如有松动,予以拧紧。

(4)检查冷却液箱平面,不足时添加。冬季0℃以下的地区,停机后冷却液全部放净,起动前重新加80℃以上的热水或全部换用规定的冷却液。

(5)检查各连接件及附件安装是否牢固可靠。

(6)检查风扇传动带松紧度是否合适,不合适应加以调整。调整方法是:在两传动带间用30~40N力按下,传动带挠度以10~15mm为宜。

(7)检查蓄电池充电电量是否充足,不足时应予充电。

2)起动运行

(1)起动发动机。

①打开电钥匙,将其顺时针转1挡或按起动按钮,起动机的起动齿轮即与柴油机飞轮起动

齿轮相啮合,带动柴油机开始运转。起动机每次连续工作时间不允许超过15s。

②一次起动不成功后,如做第二次起动,两次起动间隔应大于1min,不允许在柴油机和起动机尚未静止前按起动按钮,以免剧烈撞击损坏零件。当柴油机开始运转,应立即松开起动按钮或电钥匙,以免打坏齿轮。

③连续几次不能起动时,应对柴油机燃油系统和起动机等进行检查,排除故障后再做起动。

(2)检查起动后柴油机。

①柴油机起动后应先低速运转,检查各仪表指示值是否正常,倾听有无异响,并进行必要的调整。

②检查有无漏油、漏液、漏气、漏电现象,必要时进行紧固或修理。

③柴油机预热至50℃,各仪表工作正常后起重机才能起步或将液压泵与动力输出轴相接合,待液压油温达到30℃以上后,方能起重作业。

(3)柴油机的运行。

①柴油机起动后,应先低速运转一段时间,使发动机预热,各仪表工作正常后,即应停止继续低速运转,进入工作状态。柴油机低速运转时,润滑油压力应不低于100kPa。

注意:柴油机不宜在低速下长时间运转,因为柴油机曲轴转速低于额定转速时,喷油雾化将变坏,时间一长,就会导致柴油机运转不正常;其次,长时间低速运转将因润滑油黏度大、机油泵运转速度慢,造成泵油不足,导致各轴瓦部位的润滑不良而发生轴瓦合金掉块等事故;同时,转速低,柴油机工作也不平稳,易产生冲击载荷。

②当柴油机冷却液温度升至50℃以上时,柴油机才可以进行正常运转。正常工作时的冷却液温度最好控制在80~90℃,润滑油压力应在300~400kPa之间。

③柴油机运转中,禁止将蓄电池主开关或点火开关关闭,不能有异响或杂声。

3)停机操作发动机

柴油机长时间高速带载工作以后不能立即熄火,如需熄火停机,应先卸去载荷,使柴油机低速空转3~5min之后再熄火。发动机熄火时,应先使用熄火开关将发动机熄火,然后关闭电动机。装有涡轮增压器的柴油机,作业后至少应低速空转5~10min方可熄火停机。这是因为柴油机高速带载工作时,各部件温度较高,如果立即熄火停机,水套内部的冷却液也就停止了循环,于是在高温机件(如缸套等)周围的冷却液的温度便会突然上升,甚至会沸腾起来,机件常因此受到损坏。

装有涡轮增压器的柴油机高载荷运转时,增压器的涡轮壳与涡轮轴的温度高达800℃。如果在这种情况下立即使柴油机熄火,增压器内部及其附近高温部分的热量就会向低温部分传递,其结果是轴承部分也会达到相当高的温度,使润滑轴承的机油因温度过高而老化、焦化,导致下次起动时轴承的润滑性变差。所以,熄火前的低速空转,对柴油机有逐渐均匀散热的作用。此外,熄火时踩几下加速踏板也是一种不正确的操作方法。因为此时柴油机的转速突然增高和降低,使运动零件受变化的载荷作用而极易损坏。同时,踩几下加速踏板后就熄火,未燃的柴油积聚在汽缸内会冲淡润滑油,当柴油机再次起动时,又会使汽缸套、活塞等零件增加磨损,不仅如此,还易造成活塞、气门等零件产生大量积炭,导致柴油机功率下降。

2.操作收放汽车起重机支腿

支腿的功能是提高轮式起重机作业的稳定性。支腿工况是影响起重作业安全的重要因素。起重机进入施工现场,选择好机位后,进行起重作业前的第一项准备工作就是打支腿。掌握其正确的使用操作要领和方法,对延长机件寿命、加强作业安全性和稳定性都十分重要。

1)熟悉支腿操纵台手柄

(1)支腿操纵台手柄布置。汽车起重机支腿操作手柄和旋阀通常放在底架大梁的侧方,有的轮胎起重机支腿操作手柄置于驾驶室内。对使用液压驱动的 H 形和 X 形支腿的起重机,每一支腿有两个液压缸,即一个水平伸缩液压缸和一个垂直伸缩液压缸,大型起重机 H 形支腿有三个液压缸,即两个水平伸缩液压缸和一个垂直伸缩液压缸。各支腿可同时动作,亦可单独动作。

图 7-1-16 所示为 QY16 型汽车起重机 H 形支腿操纵台,位于下车架上。

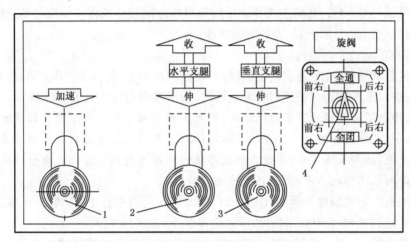

图 7-1-16　汽车起重机支腿操纵装置布局图

手柄 1 为发动机转速调节手柄,对于发动机调速;手柄 2 为水平支腿操纵手柄,用于操纵四个水平支腿液压缸的同时伸出和收回;手柄 3 为垂直支腿操纵手柄,用于操纵四个垂直支腿液压缸的同时收缩或单独动作;旋钮 4 用于控制四个水平或垂直支腿液压缸的同时动作与垂直液压缸的单独动作,以便调整起重机回转平台的水平度。当旋阀的旋钮指向"全通"位置时,通过水平支腿操纵手柄 2 或垂直支腿操纵手柄 3,可使四个水平支腿或垂直支腿同时伸出与收回;当旋阀旋钮单独指向某一方向支腿时,可通过垂直支腿操纵手柄 3 对该支腿垂直液压缸进行伸或收操作。

(2)支腿操纵手柄的功能。支腿操纵手柄前推,前后支腿放出;向后拉,前后支腿收起。

手柄置于中位时液压缸活塞不能移动。此时,支腿处于支撑状态时,在重物和起重机机体作用下,试图将液压缸大腔油排出,但由于液压缸上装有双向液压锁,大腔液压油把止回阀越关越紧。所以,能防止因系统泄漏使支腿在作业时收缩(软腿)或使收起的支腿在车辆运行时落下;同时还可以避免在油管破裂等意外情况下因支腿失去作用造成事故。

2)支腿操作前的准备工作

(1)起动内燃机。先低速运转一段时间,待液温、油温正常后接合液压泵取力器,驱动液压泵工作。检查液压系统无渗漏、油压正常后,起重机方可进行打支腿操作。

(2)作业场地检查。轮式起重机不应停放在渗水井、防空洞上,也不应停放在松软和倾斜地面、挡土墙及高压线附近进行起重作业,如必须在这种场地作业,要采取安全措施。如起重机作业场地不平,应采用合适厚度和尺寸的钢板或枕木填平、垫实,以保证支脚盘下方基础坚固。

(3)伸出支腿前观察有无障碍物。

(4)打支腿前,必须拔出水平支腿固定销。在未打支腿时,起重臂不得转到侧方或后方。

(5)打支腿前,应将下车变速器置于空挡位置,拉上驻车制动器手柄,用稳定器挂上车轴。

3)支腿收放操作的基本方法

(1)蛙式支腿的收放操作方法。蛙式支腿起重机,打开支腿时要先打后支腿,后打前支腿;收起时,先收前支腿,后收后支腿。对于使用液压蛙式支腿的中、小型轮式起重机,支腿操作比较简单,通常有一个操作手柄和一个旋阀,将旋阀的旋钮置于全开位置时,操纵支腿分配阀阀杆(手柄)可放下(收回)四个蛙式支腿。当车身不平时,可利用旋阀单独调整某一支腿高低,即将旋阀旋钮旋至指向某一支腿位置,再操纵支腿分配阀手柄(操纵手柄)进行调整。打好支腿后,旋阀的旋钮必须指向全闭位置。

图7-1-17所示为QY5型汽车起重机蛙式支腿操作控制原理示意图。当按图示箭头方向操纵支腿分配阀2的阀杆(手柄)3时,压力油经ZBD40泵的出口B进入溢流阀C、D口到换向阀E口,并沿虚线箭头方向从Ⅲ口沿管道进入旋阀8。当旋阀指向全通位置时(旋钮尖所对位置),旋阀的前右、前左、后右、后左都和阀体内油道相通,因而压力油直接经旋阀四个管口n、H、W、Y沿箭头方向从管道流至四个支腿液压缸上面的双向液压锁,推开锁内止回阀进入支腿液压缸6的大腔,压力油推动活塞5,使活动支腿绕连接铰点旋转落下,将整机撑起。与此同时,四个支腿液压缸小腔油液经双向液压锁、支腿分配阀、中心旋转接头、再回油箱。如果收支腿,只需将支腿分配阀2手柄沿与箭头相反的方向操纵,改变油流方向,从E口进入阀内的压力油从d口沿与箭头指示相反的方向,经双向液压锁进入四个液压缸小腔,推动活塞向上运动,即可收回支腿。同时大腔油液经双向液压锁、旋阀、支腿分配阀回油箱。

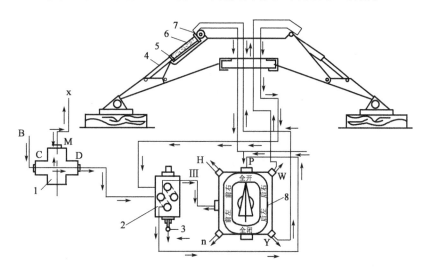

图7-1-17 汽车起重机蛙式支腿工作原理图

1-溢流阀;2-支腿分配阀;3-阀杆;4-活塞杆;5-活塞;6-支腿液压缸;7-双向液压锁;8-旋阀

(2)H形和X形支腿的收放操作方法。H形和X形支腿的收放操作方法基本相同。QY16型、QY16K型起重机为H形支腿,收放操作方法如下。

①操作时,先将四个水平支腿的固定销拔出,底盘为弹性悬架的起重机,放支腿前收紧稳定器,待液压泵空运转 10min 左右,把旋阀的旋钮拧到"全通"位置,按照支腿操作台上指示的伸出方位扳动水平支腿操纵手柄,则四个水平支腿同时外伸(此时发动机转速操纵手柄,可通过对内燃机的调速,控制水平支腿外伸的速度),直至行程终点位置后,迅速将手柄复位(至中位)。接着在四个垂直支脚下放好垫木,将垂直支腿操纵手柄向"伸"的方向扳动,则四个垂直支腿一同伸出。此时应注意观察:当中、后桥轮胎都离地面后立即停止操作。接着仔细检查车架大梁或转台是否水平,回转支承面的倾斜度在无载时不应大于 1/1000(水准泡居中),若斜度过大,可操纵旋阀的旋钮及垂直支腿操纵手柄单独操纵处于低位的垂直支腿液压缸继续举升,直到将整机调平为止。但切不可将高位液压缸调向低位,那样会出现中、后桥轮胎重新落地,而影响整机作业的稳定性。整机调平完毕后,将旋阀旋钮拧向"全闭"位置。装有支腿自动调平装置的起重机,不必手动操纵调平。

起重机作业结束或需要转移工地时,应将起重臂收缩落于支架上,再把旋阀旋钮指向"全通"位置,将垂直支腿操纵手柄 3 推向收的位置,使四个垂直支腿液压缸收回,中、后桥轮胎落地;然后向收的方向推动水平支腿操纵手柄 2,则四个水平支腿同时收拢,最后将四个水平支腿固定销插上,把旋阀旋钮指向"全闭"位置。对于有五个或五个操纵杆(手柄)的支腿操作装置,因为同时设有支腿伸缩操作杆和支腿选择杆,所以,这种操纵装置上不再设旋阀。

②QY16K 型汽车起重机 H 形支腿的操作方法。

a. 收放水平支腿。放水平支腿前的准备工作与 QY16 起重机相同。如图 7-1-18 所示,将 QY16K 型起重机支腿操作杆 2、3、4、5 均置于支腿伸缩液压缸位置(向前拉各杆),然后将操纵杆 1 推到伸出位置(向后压下操纵杆 1),则四个水平支腿同时伸出,待全部伸出后,将所有操作杆均扳回中位,完成水平支腿的伸出。收回水平支腿时,准备工作与前述相同,只需将操作杆 1 拉到回缩位置(向前拉起操纵杆 1)即可。

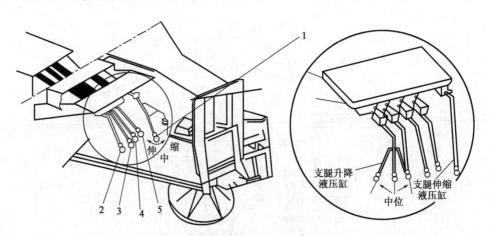

图 7-1-18　QY16K 型起重机支腿控制装置图

1-支腿伸缩和升降液压缸操纵杆;2-右前操作杆;3-左前操作杆;4-右后操作杆;5-左右操作杆

b. 收放垂直支腿。将操纵杆 2、3、4、5 均置于支腿升降液压缸位置(向后压下各杆),然后将操纵杆 1 推到伸出位置,则四个垂直支腿同时伸出,将车身抬起,轮胎全部离地后,将所有操作杆均扳回中位。收回垂直支腿时,准备工作与前述相同,只是需将操作杆 1 拉到回缩位置即可。若伸出支腿升降液压缸(垂直液压缸)后起重机尚没有支平,需通过单独调整支腿升降液压缸将起重机支承回转平面调平,一旦水平仪调平,应将所有选择操作杆扳回中位。

任务二　汽车起重机的作业

任务引入

在工程建设施工过程中,经常会遇到将体积大、质量大、结构复杂的构件由预存位置安放到工程结构中,以便使其发挥工程构件的设计作用的工况。野外施工过程对重物的吊装作业大多采用汽车起重机完成,熟练掌握汽车起重机操作技能,规范使用汽车起重机完成起重作业是工程机械从业人员必备的基本技能。本任务是使用汽车起重机进行施工作业,培养学生规范操作汽车起重机进行作业的基本能力。

任务目标

1. 了解使用汽车起重机进行作业的条件;
2. 明确起重作业前的技术准备内容;
3. 掌握汽车起重机作业操作的分解动作操作要领;
4. 会使用典型汽车起重机完成作业操作。

知识准备

一、场地条件

作业前首先考察确定作业场地,应满足以下基本条件。

(1)要确保作业时不会碰到其他东西,并确保按规定伸出支腿。保持0.5m的安全距离,如果无法全部满足该要求,要锁定危险区域。

(2)按照支车位置的地面承载能力选择使用相应的路基板。

(3)与地下室或相似物保持足够距离。

(4)起重机不能太靠近斜坡或沟渠,且必须根据土壤的类别,对它们保持一定的安全距离注意:安全距离必须从沟底算起。

(5)作业场地条件能保持起重机作业半径最小,避免用到100%。

(6)对越空电缆保持足够的安全距离。

二、操作运行空间

起重机进行吊装作业前,必须估算运行空间,保证起重机有一定的操作运行空间,并留有一定的余地。以保证起重机的起升、降落、回转、变幅及物件运送的净空。

(1)起升净空。汽车起重机性能参数表提供了吊臂顶部高度、每种吊臂长度与允许的工作半径组合的额定起重量等参数。作业中,吊臂所能达到的最大高度要稍低于表中所列数据(因吊重后吊臂变形会使最大高度稍有下降,而工作半径比空载时稍有增加)。从吊臂顶部到吊钩的最小距离,一般均列在起重机技术文件中。当这些数据没有给出时,一般小型起重机规定为1.2~2.4m,大型起重机为1.8~4.6m,取这些数据的上限还是下限,要根据吊臂尺寸、形式的不同以及吊钩滑轮组的起重量的变化而定,并以此计算吊装操作所需的净空。

将所吊物品吊至建筑物顶面上,吊钩所能达到的高度应足以适应房顶高度、物件高度和吊具或其他起升装置的高度。在计算所需高度(净空)时,除验算最后放置物件时的工作半径外,还要验算工作范围内的过渡半径,如需要跨越某一围墙时的工作半径。这时在载荷与障碍之间必须留有一定净空,操作中要靠操作人员自己的判断。当吊臂较长而又无信号员在场就近指挥时,载荷与障碍物间所留净空至少应保证2m;当吊臂较短或有信号员能检查净空时,应保证0.6m。

如果没有保证足够的作业净空,操作人员往往把注意力集中在信号员身上,或集中在载荷提升时可能与障碍物相撞上,这种情况下吊钩就可能超高提升。即使操作人员能够看到吊钩,也难以判断吊具与吊臂顶部的距离。吊具超高提升危险极大,一旦起升钢丝绳被提升卷扬拉断,载荷就会坠落,造成事故。一旦发生超高提升,吊钩动滑轮与臂头定滑轮相撞后,钢丝绳载荷增大,发动机声音会发生变化,操作人员一旦听到这种声音,应立即采取安全措施,停止继续提升。

起重机技术资料中都有一份操作范围图,对于大部分操作,都能根据图上的粗略数据验证施工作业能否完成;为起重机的吊臂长度、副臂长度以及副臂的偏置位置提供净空是否足够的依据。

(2)确定回转净空。当起重机吊臂垂直于建筑物的墙或其他障碍物时,要验证回转净空。大多数情况下,起重机都安置得很靠近墙壁,以致不能回转90°,或者必须将几个载荷放到不同的位置。这需要根据起重机已给的尺寸、臂长、臂宽、吊臂轴销至旋转轴的距离和旋转轴至地面的距离,以及工作半径、吊臂顶部至墙壁的距离、转台旋转中心至墙壁的距离和墙顶到地面的高度,通过几何计算,求出吊臂的回转净空。

回转净空尺寸求得后,是否采用该值还要靠操作人员判断。判断中应考虑以下因素:场地数据的正确性、吊臂长度、操作人员对净空的可见度、风速以及操作人员的经验,由于这些因素中有的还不能用数字表示,而另外一些也不能预先知道。因此,不能借助于数字方法来判断,只能根据经验,对于短吊臂,吊臂纵向构件离墙取0.6m为宜;对于长吊臂,取1.2m为宜。如有信号员在场监控净空,而操作速度和风速又很低,这些数据可减半。之所以要有一定的净空,是因为起重机起吊载荷时,一旦有一个微小的横向摆动,都可能使吊臂碰墙,造成吊臂损坏。起重机放置载荷时,还应考虑载荷相对于吊臂的位置,这也可能是一个决定净空的关键因素。

除了上述要求外,起重机应当在划定的作业安全区内实施作业,作业安全的划分如图7-2-1所示。图7-2-2为QY12型汽车起重机的作业区域。如果作业不在安全区时,其允许起吊的质量必须相应减半。

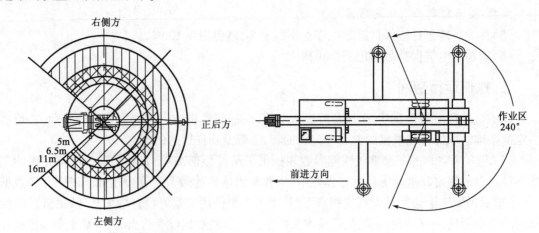

图 7-2-1 汽车起重机作业安全区划分示意图   图 7-2-2 QY12 型汽车起重机作业区划示意图

三、起重作业载荷

确定吊运载荷,要特别注意起重机的额定起重量,包括吊运物件的质量、吊钩、滑轮组以及其他提升附件的质量。

起重操作环境恶劣时,如吊装起升、回转、下降返回频繁,有些情况会对起重机产生冲击载荷时,起重机的额定载荷应降低20%～25%使用。利用起重机拆卸大质量的构件时,为保证大质量构件刚从残余建筑上拆下时就吊住它,操作人员要将钢丝绳挂紧,即卷扬机对钢丝绳预先加载到大致相当要提升的载荷量,这样构件一旦离开原建筑物时,便能自由地悬吊在空中。否则,构件脱离本体时,会突然下坠,使钢丝绳的应变突然加大,致使构件回跳,使吊臂受到冲击,这是十分危险的。

几台起重机共同完成的吊装起重作业,一般每台起重机所分担的质量应在相应额定起重量的80%以下(有观点认为应是75%以下)。因为操作人员很难保证起重机不受动载荷影响,特别是提升和水平移动同时进行时,几台起重机(同型号)不可能均分其吊装的载荷,除非机上装有载荷显示器。

四. 起重机技术状况检查

(1)仰起吊臂,低速空运转各工作机构,如果在冬季应延长空运转时间,应保证液压油温在30℃以上方可开始工作。

(2)对于装有电子力矩限制器或安全负荷指示器起重机,应检查其功能。

(3)对于装有蓄能器的起重机,应检查其压力表指示是否符合规定,同时用离合器操纵杆检查其功能是否正常。

(4)查看配重状态(大、中型起重机上车装有配重)。因为即使装有电子力矩限制器,也无法控制不符合要求的配重状态,对此应特别加以注意。

(5)观察各部仪表、指示灯是否显示正常,各操纵手柄(杆)是否放在作业合适的位置上,如位置不当,应在操作前调整到位。要检查液压起重机的压力表。

(6)平稳操纵卷扬、变幅、吊臂伸缩和回转机构,并试踏制动踏板,如果各部功能正常,方可进行起重作业。

任务实施

一、QY16 汽车起重机作业操作

图 7-2-3 为 QY16 汽车起重机上车操纵装置布局示意图。

上车驾驶室操作人员座椅前方的四个操纵杆 5、6、7、8 分别控制起重机的回转、吊臂伸缩、吊臂起落和吊钩升降,每个操纵杆都有三个操作位置:即向前推、中间位置、向后拉。向后拉各操纵杆,起重机分别为左转、缩二三节臂、起吊臂、升吊钩;向前推各操纵杆,起重机的动作分别为右转、伸二节臂(该机共三节臂)、落吊臂、落吊钩。各操纵杆处于中位时,起重机各动作均停止。起重机各机构的操作,均应从零挡(位)开始。

1. 起重作业操作

主吊钩升降作业时,先将主卷筒离合器操纵杆1放在"起升"位置(见操作标牌);副吊钩升降作业时,先将副主筒离合器操纵杆放在"起升"位置。空负荷时,各机构允许同时动作,吊

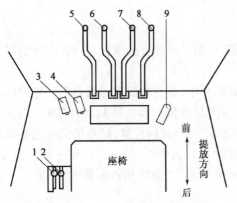

图 7-2-3　QY16 汽车起重机操纵装置图
1-主卷筒离合器操纵杆;2-副卷筒离合器操纵杆;3、4-主
副卷筒制动踏板;5-回转操纵杆;6-吊臂伸缩操纵杆;
7-变幅操纵杆;8-吊钩起升纵杆;9-加速踏板

额定载荷时,严禁同时动作。主、副离合器不允许同时接合,如果一个处于接合位置,另一个必须脱开。

2. 重力下降操作

QY16 起重机主、副吊钩均可以做重力下降操作。进行重力下降操作时,将主或副吊离合器(即卷筒离合器)操纵杆放在"下放"(脱开)位置,踩下相应的制动器踏板,吊钩则靠重力下放。抬起脚踏板,吊钩则被制动,停止下降。主、副吊钩不允许同时进行重力下降。不做重力下降时,严禁脚踏制动踏板。重力下降一般仅用于空钩,在特殊情况下,需做吊重重力下降时,其吊重不应大于该工况额定起重量的 20%,并要小心操作。

3. 起重作业操作顺序

(1)调整吊臂角度。根据载荷和工作条件,把吊臂固定在适当角度位置上,然后参照起重机额定起重量图表修正角度。为此,需操纵吊臂升降(变幅)。

(2)调整吊臂长度。推(拉)吊臂伸缩操纵杆,把吊臂调定在所需长度位置上。这需要查看起重机额定起重量表,查出并调整适合起升载荷的吊臂长度。

(3)起升载荷。从中位前推主起升卷筒或副起升卷筒操纵杆,下放吊钩,当吊钩放到所需位置后,将操纵手柄拉回中位(零位),吊钩停止不动,将绑扎好的载荷挂上吊钩,然后缓慢将主卷筒或副卷筒操纵手柄后拉,起升载荷,当载荷达到所需高度后,将操纵手柄置于中位(零位),载荷便停止不动。

(4)上车回转。把回转操作杆从中位前推,起重机上车向右回转,反之向左回转。按住回转操作杆不动,上车停止不动,然后踩下回转制动踏板或扳动制动手柄,以固定上部结构。在踩下回转制动踏板或扳动制动手柄的同时,用锁定装置将回转锁住,松开脚踏板,上车保持不动。

(5)下降载荷。做与起升载荷相反的操作。

(6)载荷就位。精确控制吊臂和回转的联合运动,把载荷送到准确位置。操作过程中要时刻注意起重机吊臂位置,不能超过相应的额定起重量。

二、QY16K 汽车起重机作业操作

1. 操纵装置布局及功能

QY16K 汽车起重机为采用先导方式操纵的起重机。上车操作室操作人员座椅左右各有一个起重作业工况操纵手柄,驾驶室地板右前部有加速踏板,左前部有副卷筒选择开关踏板(选),室内还有先进的力矩限制器等电气设备。

图 7-2-4 为上车操纵装置及相关设备布局图。其中,力矩限制器的显示器及相关指示灯如图 7-2-5 所示;左操作手柄及相关控制开关如图 7-2-6 所示;右操作手柄及相关控制开关如图 7-2-7 所示。

2. 起重作业操作

(1)起升机构操作。

①主起升操作手柄 2(图 7-2-4 右手柄)将主起升操作手柄 2 向前推,吊钩下落;向后拉,

吊钩上升,起落速度由主起升操作手柄2和节气门来调节;手柄置于中位,吊钩停止不动。手柄操作前,要先打开系统压力开关S16。

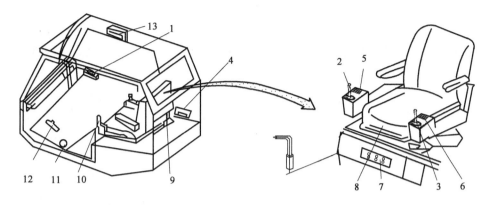

图7-2-4 QY16K起重机上车驾驶室操纵装置

1-力矩限制器显示器;2-主起升操作手柄;3-副起升操作手柄;4-力矩限制器主机;5-右控制器(作业工况控制);6-左控制器(安全工况控制);7-熔断器盒;8-座椅;9-控制板(逻辑控制单元);10-加速踏板;11-副卷筒工作选择开关;12-自由下降制动器踏板;13-顶灯

②副起升操作手柄3(图7-2-4左手柄)将副起升操作手柄3向前推,副钩下落;向后拉,吊钩上升;起落速度由副起升操纵手柄3和节气门控制;手柄置于中位,副吊钩停止不动。手柄操作前,打开系统压力开关S14和S15。

为了防止起吊重物时有侧载,在操作主起升手柄起升的同时,按住手柄上的自由回转瞬时开关S17(图7-2-4),使上车具有自由滑转功能,吊臂自由滑转对正重物重心,重物离地后再松开开关S17。

③起升作业注意事项。不要急剧扳动操作手柄;起重作业时,先将载荷吊离地面10～20cm,保持10min,检查制动器,确认正常后再起吊;在起吊载荷尚未离地前,不得用起臂和伸臂操作将其吊离地面,只能进行起钩操作;根据吊臂长度,选用合适的钢丝绳倍率;因钢丝绳打卷而吊钩旋转时,要把钢丝绳完全解开后方能起吊;严禁带载重力下降;不得急剧操作起升机构制动器。

(2)主臂变幅操作。

①主起升操作手柄2(图7-2-4右手柄)按下主起升操作手柄2上的S18开关,将主起升操作手柄2右扳,落臂;左扳,起臂;手柄置于中位,吊臂停止不动。其变幅速度由主起升操纵手柄2和节气门控制。

②主臂仰角与总起重量、工作半径之间的关系。降臂时工作半径加大,而额定总起重量则减小;起臂时工作半径减小,而额定总起重量则增加。

③变幅操作注意事项。只能垂直起吊载荷,不许拖拽尚未离地的载荷,要避免侧载;应遵守主臂仰角极限(使用范周);开始和停止变幅操作时,要慢慢扳动操作手柄。

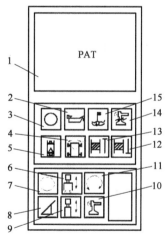

图7-2-5 力矩限制器显示器

1-力限器显示器;2-机油压力过低指示灯;3-电源指示灯;4-前方区域指示灯;5-液压油阻塞指示灯;6-四五节臂伸缩指示灯;7-系统压力指示灯;8-变幅指示灯;9-伸缩指示灯;10-使用第五支腿指示灯;11-自由回转指示灯;12-过放报警指示灯;13-过卷报警指示灯;14-前支腿过载指示灯;15-冷却液体温度过高指示

（3）主起重臂伸缩操作。主臂伸缩操作使用主起升操作手柄2。按下控制器上S19开关，将主起升操纵手柄2左扳，吊臂回缩，向右扳则吊臂伸出，伸缩速度由主起升操作手柄2和节气门来调节。

伸缩操作注意事项：在伸缩吊臂时，吊钩会随之升降。因此在进行吊臂伸缩操作的同时要操作手柄调节吊钩高度，伸臂前要充分下放吊钩；使主臂完全缩回，根据全自动力矩限制器的主臂长度显示值，确认一下主臂长度确实在规定范围内，然后开始伸臂动作；吊臂发生自然回缩时，应适当进行伸缩操作来恢复所需长度；不允许带载伸缩，伸缩动作只能在无外载状态下进行。

（4）回转机构操作。回转操作使用副起升操作手柄3进行。在执行回转动作之前，应先松开机械锁，打开系统压力开关S14、S15，并按住开关S11，副起升操作手柄3向右扳，转台向右转；副起升操作手柄3向左扳，转台向左转。

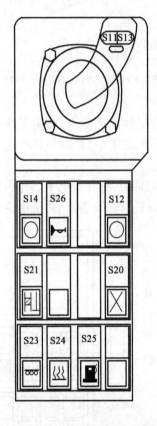

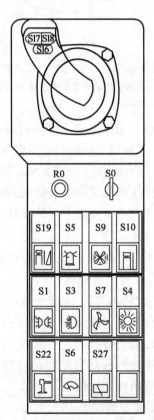

图7-2-6　左操作手柄及控制器

S11-回转制动解除开关；S14-系统压力开关；S13-自由滑转开关；S12-回转制动解除开关；S21-过放解除开关；S20-过载解除开关；S23-预热开关（暖风选装）；S24-点火开关（暖风选装）；S25-供油开关（暖风选装）；S26-喇叭开关

图7-2-7　右操作手柄及控制器

S17-自由滑转开关；S16-系统压力开关；S18、S19-伸缩变幅切换开关；S5-警示灯开关（选）；S9-冷却风扇开关（选）；S6-雨刮开关；S1-示高灯开关；S3-工作灯开关；S7-风扇开关；S4-仪表（开关）照明开关；R0-点烟器；S0-起动锁；S22-使用第五支腿开关（选）；S27-顶窗刮水器开关

回转操作注意事项：在开始回转操作前，应检查支腿的横向跨距是否符合规定，检查回转机构自由滑转锁紧转换开关的预置位置，不得在回转操作中拨动该转换开关；进行回转操作时，回转区域内不得有任何障碍物；回转机构呈自由滑转状态时，应注意地面的坡度、风载荷、惯性等对自由滑转的影响；不得急剧扳动回转操作手柄，开始和停止回转操作时，要慢慢扳动

操作手柄;不进行回转操作时,应使回转制动器处于制动状态。

(5)副臂的安装调整。

①支腿必须处于全伸状态。

②转动副臂时,要用副起升钢丝绳或类似的工具将其拉住,慢慢转动。

③副臂安装(收存)后,将副臂高度限位器插头接到(拔离)主臂侧的插座。

④拔出副臂固定销后,严禁操作起重机行走,否则副臂会脱落下来。

⑤收存副臂时,不要过分绕起副起升绳。

⑥不得在刚把副臂仰角调成30°或0°之后就立即进行降臂操作;在进行副臂倾角的变换操作以及副臂的伸出操作之前,应预先起臂,以确保充分的离地高度。

任务三 汽车起重机的维护

任务引入

汽车起重机在日常使用的过程中,必然会发生不同程度磨损损伤,如不能及时进行维护,会导致汽车起重机性能的逐步恶化,其动力性、经济性、可靠性必然随之下降,甚至会引发故障。这就要求汽车起重机驾驶操作人员对汽车起重机进行及时有效的维护,并在行驶作业中采用看、听、摸等简易可行的直观诊断手段进行状态分析,迅速地判断汽车起重机的性能状态和故障原因,有效地采取必要的措施,使其保持良好技术状态、提高运用效率以及使用安全性,延长其使用寿命。

任务目标

1.了解汽车起重机维护的技术要求;

2.了解汽车起重机维护的内容;

3.掌握汽车起重机维护的方法;

4.了解汽车起重机安全事故的种类、原因及预防措施。

知识准备

一、汽车起重机使用维护要求

1.总体要求

汽车起重机使用维护的总体要求是采取具体有效的措施,严格落实汽车起重机的各种维护规程,如日常维护规程、定期维护规程、换季维护规程、新机执行试运转等维护规程,以护促用,视情进行必要的修理。除平时需加强维护外,繁忙施工中也需要处理好技术维护与施工进度的关系,使用兼顾维护并以及时有效的维护来促进使用效率的提高。

2.严寒条件下的维护要求

(1)严寒条件下面临的问题。寒冷条件下使用汽车起重机时,由于气温过低,将影响燃油的蒸发,并使发动机热量损失增加,传动机构和行走装置的润滑油和润滑脂黏度增大,轮胎与地面的附着情况不良,蓄电池工作能力降低等,其结果导致发动机起动困难、机件磨损剧增、燃油消耗增大、安全性能降低等。

（2）严寒条件下汽车起重机使用维护要求。

①保持发动机的正常温度。

②换用冬季润滑油与润滑脂。

③提高发电机充电电流，调整蓄电池电解液密度。

④加强液压系统的使用与维护。

⑤冬季施工要防止冷却系冻坏。要对发动机冷却系及时放水或加注防冻液。

⑥冬季可适当升高浮子室油面高度，使混合气适应低温工作需要。为便于低温起动，应适当增加电器触点闭合角度，调整触点间隙，以增强火花强度。

⑦发动机在起动前必须进行预热，预热可以减少曲轴转动阻力，改善燃油在冷发动机起动时的雾化和蒸发，形成良好的混合气，保持蓄电池有足够的容量与端电压，以便于起动。

⑧柴油机在冬季使用时，应使用凝固点低于季节最低温度 3~5℃ 的柴油，以保证在最低温度时，不致凝固而影响使用。

3. 炎热条件下汽车起重机使用维护要求

（1）炎热条件下汽车起重机使用面临的问题。炎热高温下使用汽车起重机的特点是：气温高、空气潮湿（特别是南方地区）、辐射性强，这些都会给汽车起重机的使用带来很多困难。如发动机因冷却系统散热不良，机温容易过高，影响发动机充气系数，使功率下降。润滑油因受高温影响，会引起黏度降低、润滑性能变差。汽车起重机离合器与制动装置的摩擦部分因高温而磨损增加。液压系统因工作液黏度变稀而引起外部渗漏和内部泄漏，使传动效率降低。尤其是发动机在高温条件下运转时，由于发动机工作温度与周围大气温度差变小，会导致冷却系统散热困难，发动机容易过热。当发动机温度过高，燃料在燃烧过程中生成过氧化物，而高温下过氧化物活性增强又容易发生爆燃，使发动机功率降低。

（2）炎热条件下汽车起重机使用维护的要求。

①加强冷却系统的维护。应经常检查和调整风扇传动带的张紧度，使之松紧适度。定期更换冷却液，清洗散热器和水套内的水垢和沉积物。检查节温器和冷却液温度表的工作情况。

②及时更换夏季润滑油及润滑脂。发动机换用黏度大的润滑油。变速器、主减速器和转向器等换用黏度大的齿轮油。轮毂轴承换用滴点较高的润滑脂。

③加强对发动机燃料系统的维护。柴油机在高温下工作时，一方面汽缸的充气系数下降，另一方面夏季空气干燥时含尘量增加，因此，必须加强对进气系统及燃料供给系统的维护，特别是空气滤清器、油箱和燃油滤清器的维护，否则，会加速机件的磨损。

④加强对蓄电池的检查维护。检查和调整蓄电池电解液密度和液面高度，电解液密度比冬季使用时要小些，由于外界气温高，需经常加注蒸馏水，并保持通气孔畅通。

⑤加强对轮胎的维护。夏季施工，外界气温高，由于汽车起重机轮胎上的负荷和运行速度变化大，容易引起轮胎负荷的骤增和骤减，因此，在施工中要特别注意轮胎的气压和温度，应经常检查和保持轮胎的标准气压。

4. 高原条件下汽车起重机使用维护的要求

（1）高原条件下汽车起重机使用面临的问题。高原施工特点是：地势高、空气密度低、温度变化大和坡道多。这些自然条件使汽车起重机的工作能力下降，发动机过热，易于产生积炭和胶化，燃料消耗增加，轮胎气压相对增高等不良影响，给汽车起重机施工带来了一定的困难。

（2）高原条件下汽车起重机使用维护的要求。

①在海拔 2500m 以上地区作业的汽车起重机，应适当增大发动机点火（喷油）提前角。在

可能的条件下,发动机应加装空气增压器。

②为了使混合气成分正常,可以适当地调稀混合气,虽然会使火焰传播速度有所降低,发动机功率有所下降,但燃烧比较完全,热效率高,燃油消耗可以降低。

③加强冷却液的密封性,可以提高水的沸点,不致过早沸腾而溢出,减少水耗。

④蓄电池的电解液蒸发快应及时补加蒸馏水。

⑤汽车起重机传动系统和控制操作系统要勤于检查和调整,以保证汽车起重机的安全使用。

⑥高原地区大气压力低,轮胎充气不可太足,一般只能充到标定气压的40%~45%。

二、汽车起重机定检维护与等级维护

1. 定检维护

(1)定期检查。除作业前例行检查外,每月须进行一次检查。尤其对于长期存放的汽车起重机,必须有下列的检查项目,见表7-3-1。

汽车起重机使用中定期检查内容   表7-3-1

检查项目	检查方法	判断标准	处理方法
外表不正常现象	肉眼观察	有无伤痕、破损、生锈,漆层及镀层有无脱落	如有碍正常工作应立即修理,否则可留等维护时处理
漏油、沾污	肉眼观察	有无漏油、严重污染	如染污严重,应立即加以清除
油箱油量渍污情况	肉眼观察	油位是否正常,滤油器有无堵塞	如油量不足,应立即补充,查明污染物质,加以更换
振动、噪声异常声响	用手、眼耳检查	是否正常	如比正常声音大时,应查明原因
温度是否正常	手摸或用温度计测量	是否正常	温度不正常时,应查明原因加以修理
压力是否正常	观察压力表	压力值是否正常	压力不正常时,应进行修理与调整

①液压泵装置固定螺栓、支架固定螺栓、传动轴连接螺栓是否松动,绞盘离合机构是否发热,卷筒支架固定螺栓是否松动。

②起升机构钢丝绳有下列情况之一者应予更换:一股中的钢丝绳破损数超过10%;直径减少超过名义直径的7%;出现扭结;明显的松脱或严重锈蚀。

③回转机构转动是否灵活,紧固螺钉是否松动。

④变幅和伸缩臂液压缸两端销轴连接是否可靠,转动是否灵活。

⑤水平支腿软管是否有挤伤或破裂,垂直液压缸、水平液压缸连接是否正常。

⑥液压系统是否漏油、接头是否松动、钢管是否有裂纹、阀锁是否漏油、过滤器是否堵塞等。

⑦回转支承连接螺栓是否达到规定的预紧力矩值。

⑧每半年检查一次起重臂的滑块磨损情况,必要时应调整更换。

⑨汽车起重机底盘的行驶磨合期,按《汽车产品质量检验规程》的规定执行。

⑩汽车起重机作业达250h后,应进行如下检查维护:检查起升、回转等各箱体内齿轮啮合情况,更换润滑油、清洁箱体、放出液压油、清洗油箱、更换滤芯、过滤或更换液压油;清洗整机各处灰尘和油污,检查各总成有无漏油、漏液、漏气、漏电现象并进行调整修理;调整、紧固各部分连接螺栓;调整、检查各安全装置的灵敏性、可靠性。

（2）定期维护。

①日常维护内容。日常维护由操作人员在每个作业班前、中和后进行。维护部件、作业项目和技术要求参见具体机型的要求和说明。

②月度维护内容。月度维护以专业维修人员进行为主，操作人员配合。维护部件、作业项目及技术要求参见具体机型的要求和说明。

③年度维护内容。因为机型不同，表中部分数据可能会有所差异，具体数据可查阅使用说明书。维护应注意以下事项：维护要在天气情况好、周围环境安全、地面坚实平整的条件下进行；检查维护液压元件时，应尽可能在室内清洁的地方进行；检查维护时，一定要无载荷并将发动机熄火。

2. 等级维护

（1）每班维护。

①检查操纵机构各部连接和固定情况。

②检查吊臂、吊钩、滑轮及前后支腿等部件的连接情况。检查钢绳的端头固定情况，缠绕应无打结或反扭。

③检查绞盘制动器、回转制动器的工作情况。

④检查稳定器和支腿的工作情况。

⑤清除外部积尘，液压元件外部要经常保持整洁。

⑥按照润滑图表进行润滑。

（2）一级维护

①完成每班维护。

②检查调整吊臂起升限制器的各部连接和工作情况。不当时应进行调整，保证吊臂达到最大幅度时其连动离合器应及时分离离合器以切断动力。

③检查液压系统各软管的情况，发现损伤要及时更换。

（3）二级维护

①完成一级维护。

②检查调整绞盘制动器、回转制动器的工作情况。

③检查调整离合器的工作情况。

④整机检查紧定和修整。

⑤按规定牌号更换变质或脏污的液压油，保持油液清洁。

⑥按照润滑图表进行整机润滑。

（4）钢丝绳的维护。

除应符合《起重机械安全规程　第1部分：总则》（GB 6067.1—2010）的规定外，钢丝绳还应按下列规定进行维护：钢丝绳在使用时每月至少润滑两次；润滑前应用布擦净钢丝绳，然后涂润滑油或润滑脂；涂刷的润滑油、润滑脂的品种应符合钢丝绳厂的出厂使用说明书注明的要求。

任务实施

一、汽车起重机安全检查与润滑

1. 汽车起重机的安全检查

安全检查的基本方法分为静态检查和动态检查两种。在实际检查中，往往需要两种方法相互接合,在不同的方面,针对不同的检查项目共同发挥作用。

(1)静态检查。顾名思义,静态检查是在汽车起重机不工作状态下进行,检查者主要以自身感观、简易工具仪器为手段进行检查,适合针对金属结构件检查、机构零部件检查以及液压系统等一般技术状况的检查。如对起重机金属结构件进行静态检查时,可检查底架、行走架、主(副)吊臂、"超起"配重支承短吊臂、转台、A型架、支腿等结构及焊缝有无裂纹、开裂及塑性变形;可检查各处连接螺栓和销轴的连接是否有松动和损伤;可检查和确认吊臂在全长范围的表面平直度(上下面和侧面)等。对钢丝绳等传力件检查时,可通过目测检查钢丝绳磨损程度、断丝数量以及绳端固定松紧状况、安全余量等;可通过用卡尺等工具检查钢丝绳的磨损量等;对液压系统静态检查时,可检查液压系统有无压力异常与堵塞、油液质量与数量、管路连接有无松动与渗漏等。

(2)动态检查。动态检查是在汽车起重机的某些运动工况下进行的,通常都是在静态检查项目完成之后进行。动态检查主要是进行起重机的空载检查和额定载荷检查。对于新安装或大修后的汽车起重机,往往要针对某些项目进行动态检查和载荷检查,一方面用来检查检验机构工作的安全可靠性;另一方面可以用来检查机构的技术性能。

2.汽车起重机整机安全状况检查

汽车起重机运行过程中,应经常检查下列情况,以确认运行状况是否安全可靠。

(1)制动器的使用与检查。

①每班工作前,必须检查制动器运转是否正常、有无卡滞现象,然后将重物吊起离地面15~20cm,保持10min,检查制动器,并确认其正常后再起吊。

②在制动器检查中发现零件有下列情况之一者应予报废:

a.裂纹。

b.制动块摩擦衬垫磨损量达原衬垫厚度的50%。

c.制动轮表面磨损量达1.5~2mm(300mm以上轮径的取大值,否则取小值)。

d.弹簧出现塑性变形。

e.电磁铁杠杆系统空行程超过其额定行程的10%。

f.电磁铁芯的起始行程超过额定行程一半。

g.制动块摩擦衬垫与制动轮的接触面积小于其理论接触面积的70%。

h.制动片损坏失效。

i.制动片上摩擦衬垫的磨损量太大而使片式制动器失效。

③起升制动状况检验。起升机构制动后,货物在空中不得出现下滑现象。否则,应调整检修制动器。

④制动器应装有防雨的保护装置并工作可靠。

(2)运行平稳状况检查。起升、回转、变幅、伸缩机构运行时应动作平稳,无明显的冲击和抖动现象。

(3)垂直支腿液压缸、变幅液压缸锁止状况检查。垂直支腿液压缸、变幅液压缸的回缩量不得大于6mm。检测工况为:基本臂长,起吊最大额定起重量,相应的工作幅度,吊重旋转至一个支腿的上方,重物停稳后发动机熄火,测量停留15min后的液压缸回缩量。经反复检查,不符合要求的应停机检修。

(4)整机行驶与制动性能检查和检验。

①在混凝土或沥青路面上,当起重机最高行驶速度超过30km/h时,以30km/h速度进行

制动;起重机最高行驶速度低于30km/h时,按起重机最高行驶速度进行制动。其制动距离不应超过本产品设计的规定值。

②起重机的驻车制动器必须能使起重机可靠地停靠在规定的最大坡度上。

3.主要结构部件状况检查

(1)结构件连接紧固状况的检查。采用高强度螺栓连接的结构,连接表面不得有灰尘、油迹、油漆。必须采用力矩扳手按技术要求拧紧。平时应经常检查有无松动松脱。

(2)结构件性能状况的检查。结构件出现下列情况之一者应予报废换新:

①主要受力结构件由于失稳而破坏的,不应修复,应报废换新。如臂架失稳破坏节。

②主要受力结构,由于腐蚀,使结构承载能力降低,经检查和测量,构件承载能力降低到原设计值的87%时,如不能加强应报废换新。

③主要受力构件,产生较大的永久变形或焊缝开裂并使机构不能正常、安全工作时,如不能修复,应予报废。

(3)起重机吊钩的检查与检验。

①新购置的吊钩,应检查其有无制造厂的质量合格证明,若没有,不可投入使用。此外,吊钩滑轮组上应标有额定起重量。表面应光洁、无剥落锐角、毛刺等缺陷。

②吊钩滑轮组的紧固件不得松动及脱落,经润滑应转动灵活。

③吊钩出现裂纹应报废,禁止补焊后使用。

④用20倍放大镜观察表面,若有裂纹及破口应予报废。

⑤经检查,若发现吊钩危险断面磨损量达原尺寸的10%或挂绳处断面磨损量超过原来的5%、开口度比原尺寸增加15%、扭转变形超过10°或危险断面或吊钩颈部产生塑性变形等,应报废换新。

(4)起重机钢丝绳的检查。

①新购钢丝绳应符合《重要用途钢丝绳》(GB 8918—2006)的规定,并具有产品合格证。钢丝绳型号、规格必须与厂家设计要求一致。如有变更,应经强度计算并满足安全系数要求。

②起升机构的钢丝绳至少每周检查一次,其余有运转的钢丝绳至少每月检查一次,并要详细填写钢丝绳状况报告,注上日期并签字,装入设备档案备查。

③起重机停置或储藏而使所有钢丝绳闲置一个月或一个月以上时,在重新使用以前,应进行一次彻底检查。

④起升机构宜采用多股不旋转钢丝绳。工作过程中,应有防止钢丝绳打扭的装置或措施。不准使用编结接长的钢丝绳。

⑤钢丝绳在卷筒上排列应整齐,无跳槽、乱卷现象,尾端固定牢靠,并保证吊钩处于最低位置时,卷筒上有不少于两圈的安全圈。

⑥用绳卡连接时,应满足相关要求,并保证连接强度不小于钢丝绳破断拉力的85%。绳卡间距不应小于钢丝绳直径的6倍,绳卡压板置于钢丝绳长边一侧,把钢丝绳压偏三分之一,禁止正反交错安装。钢丝绳短边伸出量不应少于150mm,并用细铅丝缠绕固定。

⑦为了保证安全,当钢丝绳一个捻距内外层钢丝折断数目达到钢丝数的一定比例时,钢丝绳应报废。钢丝绳报废标准是:交绕钢丝绳断丝数达总丝数10%时,钢丝绳应报废。计算时每根粗钢丝按1.7根计算。当有一股折断时,应予报废。外层钢丝直径磨损达40%或绳径磨损减小达15%时,应予报废。

⑧钢丝绳端部的安装固定状况检查与检验。检查过程中,依据以下标准确认钢丝绳端部

的固定状况是否符合相关技术要求：

a. 钢丝绳夹固接时，应符合《钢丝绳夹》(GB/T 5976—2006)的规定，固接强度不应小于钢丝绳破断拉力的85%。

b. 用编插固接时，编插长度不应小于钢丝绳直径的20倍，且不小于30cm，固接强度不应小于钢丝绳破断拉力的75%。

c. 用楔与楔套固接时，楔与楔套应符合《钢丝绳用楔形接头》(GB/T 5973—2006)的规定，固接强度不应小于钢丝绳破断拉力的75%。

d. 用锥形套浇铸法固接时，固接强度应达到钢丝绳的破断拉力。

e. 用铝合金套、钢套压制法固接时，应以可靠的工艺方法使铝合金套、钢套与钢丝绳紧密牢固地贴合，固接强度应达到钢丝绳的破断拉力的90%。

f. 用压板固接时，压板应符合《钢丝绳用压板》(GB/T 5975—2006)的规定，固接强度应达到钢丝绳的破断拉力。

4. 安全装置技术状况检查

汽车起重机在出厂前按规定要求装设安全装置。作为使用操作人员，在使用中需要及时检查、维护安全装置，以保持安全装置的正常状态和性能。

(1)力矩限制器的检查与检验。16t及16t以上的汽车起重机，应装设起重力矩限制器，对力矩限制器进行下列检查与检验：

①力矩限制器应保持完好无损、工作可靠，校准参数符合厂家要求。

②力矩限制器的系统装机综合误差不低于8%。发生超载报警信号时的实际起重力矩不应大于对应工况下的额定起重力矩的108%。

③能平稳起吊的起重机最大额定起重量。

④力矩限制器同时指示起重量和幅度的，应按(2)、(3)项和(2)、(4)项的规定检测。

(2)起重量指示器的检查与检验。16t以下的汽车起重机和轮胎起重机如没有装力矩限制器，应装有起重量指示装置。对起重量指示装置应进行下列检查：

①起重量指示器应保持完好、工作可靠。

②起重量指示器的读数应清楚可见，指示精度不低于5%。

(3)幅度指示器的检查与检验。汽车起重机和轮胎起重机应装有幅度指示装置。对幅度指示装置应进行下列检查：

①幅度指示器应工作可靠。

②幅度指示器的读数应清楚可见、指示精度：当幅度小于或等于5m时，幅度偏差不大于100mm；当幅度大于5m时，幅度偏差不大于2%。

(4)高度限位器的检查与检验。汽车起重机和轮胎起重机应装有高度限位器。对高度限位器应进行如下检查与检验：

①吊重达到最大起升高度时，高度限位器应发出声响警报或自动切断起升方向的动力源。

②高度限位器的限位开关，应工作可靠，并能防雨、防潮。

③导线的拉线盒应保持一定的张紧力。拉线不得有卡紧和松脱现象。

(5)幅度限位装置的检查与检验。对于采用钢丝绳变幅的臂架，应装设最小幅度限位装置和防止臂架后倾的装置。幅度限位装置在幅度达到最小位置时，必须切断动力源，自动停止变幅机构工作。但允许机构向大幅度方向变幅。

（6）水平仪的检查与检验。汽车起重机底盘应装设水平仪。水平仪精度能够保证起重机工作时，调整车架上平面的倾斜度不大于0.15%。

（7）倒退报警装置的检查与检验。起重机向倒退方向运行时，应发出清晰的音响和灯光报警信号。

（8）消防装置的检查与检验。干粉灭火器是汽车起重机必须配备的重要消防装置，工作中应检查有无缺失，以及技术状况是否良好，否则要及时配齐或更换。

此外，检查中应确认所有外露的、在正常工作情况下可能发生危险的运动零件的防护装置（防护罩或防护栏杆）完好无缺、工作正常。

5. 汽车起重机使用操作前的安全检查

（1）使用操作前的整机技术状况检查。操作起重机前，应首先确认整机是否具备担负起重作业的安全技术条件，确认无误后方能操作。检查项目如下：

①燃油、润滑油、液压油是否充足，质量、油品是否符合该机使用说明书规定。

②机件、元件（液压、气动、电器）是否完好无损。

③螺栓、焊接、销轴、卡板等连接件是否可靠、牢固。

④金属结构件有无不允许的变形，特别是永久性变形或其他异常。

⑤安全装置有无损坏、失灵。

⑥轮胎气压是否充足，履带、支重轮、托带轮、导向轮、驱动轮是否完好，履带下垂量是否符合要求，有无啃轨现象。

⑦驾驶室安全保护装置是否良好，操纵装置、仪表及信号装置等是否灵活可靠。

（2）现场作业环境检查的主要项目。

①场地是否整洁，地面是否坚实平整。

②最大工作风力，对于轮式起重机不超过6级，对于履带起重机不超过5级；最大非工作风力，履带起重机装主臂时不大于9级，装副臂时不大于7级。

③环境温度在起重机允许温度范围内。

④起重机回转范围内无高压线等障碍物，如有，其相隔距离应符合安全距离规定。

6. QY8汽车起重机的润滑维护

QY8型汽车起重机，其润滑部位及周期如图7-3-1所示。润滑维护的具体要求为：

（1）各轴承、铰点、支承、滑动面和操纵杆座需经常润滑。润滑油使用钙基脂3号油。

（2）钢丝绳及回转大、小齿轮每工作100h，应加石墨润滑脂油。

（3）减速器、取力器冬季用HL-20油，-15℃以下用18号双曲面齿轮油；夏季用HL-30齿轮油；液压系统冬季用10号航空液压油；夏季用30号机械油。

二、汽车起重机的主要部件维护检查

1. 液压系统及其液压泵驱动装置的检查

（1）液压系统防止过载的安全装置应工作正常。安全溢流阀的调定压力不得大于系统额定工作压力的110%，同时不得大于液压泵的额定压力。液压油箱内最高工作油温不得超过80℃。有相对运动的部位采用软管连接时，应尽可能缩短软管长度，并避免相互摩擦碰撞。易受到损坏的外露软管应加保护套。定期检查系统中各个连接环节。

（2）液压系统的过滤器应使用可靠。必须定期检查油箱内油液的黏度、酸值、含水率和固体颗粒污染度等品质，如不符合要求应及时进行更换。按使用季节更换相应黏度的液压油，严禁使用混合油。

（3）系统中采用蓄能器时,必须在蓄能器上或靠近蓄能器的明显处标示出安全警示标志。蓄能器的充气量与安装必须符合制造厂的规定。

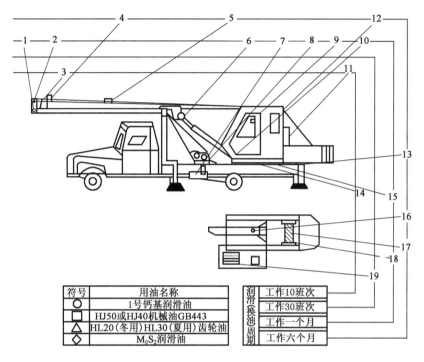

图 7-3-1　QY8 型汽车起重机润滑图
（图注之间的连线表示对应润滑周期）

1-起重臂轮组销轴;2-起重臂导向滑轮组销轴;3-起重臂滑块;4、5-起重臂托辊;6-变幅液压缸;7-取力器传动轴;8-吊钩销轴;9-副吊钩;10-变幅液压缸下铰点;11-吊钩后铰点销轴;12-吊钩托架;13-回转机构小齿轮与齿圈;14-回转支承滚道;15-固定支腿与活动支腿之间;16-回转机构;17-起升机构;18-起升机构轴承;19-上车操纵杆销轴

（4）液压系统的主要检查项目有:液压油箱有无松动和损坏;有无裂缝和漏油;油量是否达到规定要求,液压油是否被污染,黏度是否改变。液压泵有无松动和损坏,有无异常噪声、振动和发热,有无泄漏,吸油状态是否正常,是否吸入空气;输出压力是否符合要求;连接管路、接头有无松动,是否漏油。操纵阀操作时,动作情况是否灵敏有效,有无漏油;紧固螺栓有无松动。止回阀功能是否良好有效,有无漏油。溢流阀压力调定值是否正确。液压管路各部连接有无松动,有无漏油;管夹有无松动、损坏;软管有无老化、扭曲和损坏等。

（5）液压系统液压泵驱动装置的主要检查项目有:操纵杆操作状态是否良好;取力装置有无松动和漏油,有无异常噪声和发热;传动轴法兰盘和连接件有无松动,有无振动、划伤和磨损。

2.汽车起重机回转机构的检查

（1）转台有无裂纹和变形。

（2）减速器润滑油的数量和质量;减速器箱体有无裂纹、变形和漏油;减速器及回转轴承有无异响、振动和松动。

（3）液压马达的工作压力是否正常,管路和接头有无漏油。

（4）旋转接头有无漏油;回转工作时有无异常噪声、振动和发热;炭刷和滑环的接触导电性能是否良好。

3. 汽车起重机主臂伸缩机构的检查

(1)检查方法与要求。一般情况,可以采用静态检查方法对汽车起重机主臂伸缩机构进行检查。用手扳动轮式起重机吊臂头部不应出现较大摆动量,并且用塞尺测量伸缩吊臂侧滑块的总间隙,一般机型其值应≤5mm;在吊臂侧方目测全长范围内应无下垂、无变形。

(2)主要维护检查项目。主臂有无裂纹、变形和损坏;主臂轴销挡板螺栓是否拧紧;滑动表面有无划痕;支点轴套有无磨损和损坏;滑动面的润滑是否良好;主臂支架有无裂纹和变形;伸缩臂油缸动作是否正常,有无脉动和噪声,顺序是否正确;管接头是否松动,有无漏油;软管有无老化、扭曲和损坏;平衡阀的功能是否良好。副臂有无裂纹和变形;钢丝绳直径是否磨损减小、有断丝情况;是否有扭结、变形、锈蚀;润滑是否良好;张紧状态是否合适。

4. 汽车起重机起升机构的检查

汽车起重机起升系统必须能顺利起吊并持久地支持住额定重物。主要维护检查项目有:液压马达有无松动和裂纹,有无漏油;壳体有无变形和裂纹;工作时有无噪声和振动;管接头是否松动和漏油;减速器安装螺栓有无松动;工作时有无噪声;箱体有无裂纹和变形;轴承是否磨损松旷;润滑油数量、质量,有无泄漏;离合器工作时是否打滑;旋转接头有无松动、漏油和噪声;液压油管接头有无松动;蓄能器内氮气压力是否符合规定;制动器制动性能和衬套磨损情况;锁紧位置是否正确;管接头有无松动漏油;平衡阀阀体有无漏油,工作时有无脉动;油管及接头是否连接可靠;卷筒有无裂缝、严重变形、有无乱绳情况;吊钩有无变形;横梁摆动是否灵活;横梁与吊钩的连接情况;绳挡有无弯曲;滑轮是否转动自如,有无噪声、异响;滑轮有无裂纹和磨损;滑轮支架和护罩是否弯曲、损坏;滑轮润滑是否良好;钢丝绳直径是否磨损减小、有断丝情况;是否扭结、变形、锈蚀;绳套、楔子的位置是否正确;钢丝绳和绳套的连接情况;绳套和轴销与衬套有无磨损和裂纹;钢丝绳穿过滑轮是否正确;吊钩防脱绳装置与吊钩间的距离,有无变形和损坏。

5. 汽车起重机变幅机构的检查

变幅机构应能可靠地支撑起重臂,并能在操作人员控制下使起重臂平稳地降落到规定的幅度。起重臂的起落必须能够依靠动力系统来顺利完成。用钢丝绳起落起重臂的机构中,配备的常闭式制动器必须工作正常、可靠。用液压缸起落起重臂的机构时,变幅油路中与其流量相适应的平衡阀必须工作正常、可靠。一般的检查项目主要有:变幅液压缸轴销有无严重磨损和损伤;销轴挡板螺栓是否拧紧;液压缸有无漏油;工作时有无振动和噪声;带载变幅液压缸有无爬行现象;软管有无变形、扭曲、老化现象。平衡阀阀体有无漏油,工作时有无脉动;油管及接头是否连接可靠等。

6. 汽车起重机操纵、仪表、安全装置的检查

操纵手柄及踏板在不采用刚性保持装置时,应能自动复位,且操作轻便、灵活自如,操作力及操作行程应按规定进行;表明操纵手柄、踏板用途和操纵方向的标志应清楚无损;仪表电气线路连接应接触良好,导线、线束应固定可靠无松脱现象。行驶照明、信号装置及安全保护装置应工作正常。一般维护检查项目主要有:操纵杆和踏板功能是否齐全有效,有无游隙;作业灯能否正常点亮,安装是否合格;风窗刮水器能否正常动作,刷片有无磨损或损坏。室内照明灯能否正常点亮;蜂鸣器功能是否齐全有效;过卷警报器报警功能是否可靠,重锤的吊索有无损坏;力矩限制器功能是否可靠,精度是否符合规定;载荷指示器功能是否可靠,精度是否符合规定。操纵室各紧固螺栓、螺母有无松动,窗门锁开关功能等是否有效。起动开关功能是否有效可靠,安装是否牢固。

7.汽车起重机支腿机构的检查

支腿机构要求坚固可靠、伸缩方便,行车时快速收回,工作时外伸撑地,将整个起重机平稳架起不歪斜,也不自行下落。主要维护检查项目有:升降液压缸起重作业时的自然缩回情况;行驶中的自然下沉情况;管接头有无松动,各部有无漏油;有无噪声或振动;液压锁的功能是否良好;支腿盘有无变形或损坏。支腿箱、活动支腿、支腿伸缩液压缸各部有无变形、裂纹或损坏;活动支腿的固定销和销套有无损伤;有无噪声、振动;油管与软管连接部位有无松动,软管有无老化现象;有无漏油。液压锁功能是否良好有效;管接头有无松动,有无漏油。水平仪外观有无划伤和变形;安装是否牢靠;观察气泡状态。

三、汽车起重机的性能检查

新购置或大修过以及关键部件重新装配过的汽车起重机,为确保其使用安全,在完成100h 的走合期后,应参照相关国家标准的规定,进行空载检查、额定载荷检查、超载检查、连续作业检查和行驶检查等,以测定整机的技术性能和使用的安全可靠性。若经检查确认某些性能指标不符合技术或安全要求,应及时进行调整直至恢复。

1.汽车起重机的性能检查准备

(1)检查前汽车起重机的准备。

①规定装设的各种安全保护装置及指示器、声、光等信号应齐全有效。

②各总成、零部件、配重以及工作装置等,必须齐备完整、安装牢固;各工作装置分别试运转时间不少于3min,发动机和(液压)马达的转速必须按设计要求调定到工作转速,其误差不大于1%。

③起重机各机构传动平稳无异响,离合器、制动器等灵活可靠;各润滑点润滑良好;各操纵系统自由行程是否符合原厂的标准规定,动作复位是否灵活可靠;履带式起重机的履带、链条下垂度应符合要求。

④起重臂、吊钩、支腿、上下车架等金属结构应无裂纹和不允许的变形,滑轮、销轴、钢丝绳等安全可靠;轮式起重机轮胎工作压力应符合起重机制造厂规定的气压,其允差为 ±3%,起重机作业时所有轮胎均应摆正。

⑤检查内燃机或发电机、电动机技术性能检查记录表。

⑥各部管路无漏油、漏液、漏气现象,电气线路导电和绝缘良好;各种油料应与说明书规定相符,数量达到规定标准。液压系统应按设计要求进行检查,调整控制阀的压力;溢流阀的控制压力不大于系统额定工作压力的110%,系统工作压力不得超过泵的额定压力。

(2)检查场地准备及天气环境要求。

①检查场地坚实平整,地面坡度不大于0.5%,使用支腿作业的起重机,要求车架上回转支承平面水平,其倾斜度不大于0.5%。

②天气最好能晴好无雨,风速不超过8.3m/s。结构应力检查时,风速应不大于4m/s,行驶可靠性检查时风速不受上述限制,周围无障碍物,环境温度15～35℃。

(3)其他准备和要求。

①检查时,如说明书无特殊注明,均按打支腿(轮式起重机)工况检查。

②每一工况下检查次数不得少于两次。

③检查载荷(如吊重块)应标定准确,其允差对垂直载荷为 ±1%,对于水平载荷为 ±3%。

④认真做检查记录并写出检查报告存档或作为设备购置、维修的依据;有特殊要求的起重机,按用户合同要求的条件检查。

2.汽车起重机发动机最低稳定转速的调试

(1)调试工况要求。基本吊臂、发动机标定转速、额定幅度吊运最大额定起重量。

(2)检查方法。操纵发动机加速踏板,即控制运动速度的机构,使起升、下降、左右回转动作达到尽可能低的稳定速度。测定匀速通过一段确定距离或弧度所需的时间。升降运动距离不得小于1m,回转运动转角不得小于180°,分别计算起升、下降、回转时的最低稳定速度,并与起重机设计要求数据相比较。

(3)调试要求。

①起重机额定单绳速度、额定回转速度、空转回转速度不低于设计值。

②起重机以最大额定起重量作业时,起升、下降和回转的最低稳定速度不得高于设计值。

3.汽车起重机的空载检查

(1)主要检查内容。经过检查前的准备,确认各项工作就绪后便可进行起重机的空载检查。在起重机空载状态下,将基本臂和中长主臂分别起升到最大高度状态,做吊钩在全程范围内的升、降以及吊臂变幅、回转和伸缩等动作;检查各工作机构、操纵系统、控制开关、接触器、断电器等动作的灵活性和可靠性以及吊钩重力下降性能,起重机行驶、制动和爬坡性能。检查限位开关等安全装置是否灵敏可靠,油压及电流是否正常;发动机工作是否正常;油、气、电、液压、线路有无故障及泄漏现象。在空载检查动作中,也可用秒表测量各机构最低稳定速度和最高运转速度是否符合规定。起重机各机构分别以低速和高速在最大工作幅度范围及作业范围内进行空载运转2~3次,观察支腿收放、吊臂仰起和下放动作是否正常,四个支腿收放应同步,变幅机构可在任一角度停止,定位可靠;吊臂伸缩动作应平稳可靠。

起升机构和钢丝绳滑轮系统运动应正常;对于有重力下降机构的起重机,还应进行重力下降检查,检查前,起重机的制动器和离合器调整到可以起升的最大额定载荷,并能可靠制动的状态。空钩应能在钢丝绳最大倍率、任意幅度松开制动器时从吊臂顶端(最大起升高度)自由下降到地面。对起升和回转进行复合运动检查,观察其动作是否正常。

(2)检验标准。

①起重机各机构无相对运动部位应无漏油、漏液、漏气、漏电,有相对运动部位的渗漏不应超过有关标准(说明书)规定。

②起升、回转、变幅机构的点动性能应良好,不产生爬行、振动冲击和驱动功率异常增大等现象。

③起升吊钩或抓斗至少空中停止2min后继续慢速起升或吊臂仰起,不允许有瞬时下滑现象。

④钢丝绳在卷筒上不准乱绳,起升绳不应有打结和扭绕现象。

4.汽车起重机的额定载荷检查

汽车起重机经过空载检查并确认工作正常后,方可进行额定载荷检查。额定载荷检查的目的是验证起重机各机构及安全装置在正常工作载荷下的性能。如果各部件能完成其性能检查,未发现机构或结构件有损坏、连接处没有松动,则应认为这项检查结果是良好的。起重机也可在工作现场选择相当于额定起重量的重物来代替载荷检查用的试块,按下述检查工况进行额定载荷检查。

(1)工况设定及检查内容。

①基本臂工况。

a.工况条件设置:最大额定起重量、相应的工作幅度、吊臂在正侧方。

b.一次循环检查内容:重物由地面起升到最大高度(中间制动一次)→下降到某一高度→在作业区范围内全程左右回转(制动1~2次)→重物下降到地面(中间制动一次)。

②中长臂工况。

a.工况条件设置:中长臂的最大额定起重量的1/3、相应的工作幅度、吊臂在正侧方。

b.一次循环检查内容:重物起升到离地面20cm左右→起臂到最小工作幅度再落臂到原位→在作业区范围内全程左右回转→起升到最大高度→下降到地面。

③最长主臂工况。

a.工况条件设置:最长主臂下最大额定起重量、相应的工作幅度、吊臂在正侧方。

b.一次循环检查内容:重物起升到离地面20cm左右→在作业区范围内全程左右回转→起升到最大高度→下降到地面(中间制动一次)。

④最长主臂+最大额定载荷伸缩工况。

a.工况条件设置:最长主臂+最大额定载荷伸缩、相应的工作幅度、基本臂全缩状态位于正侧方。

b.一次循环检查内容:重物起升到离地面20cm左右→全伸主臂→全缩主臂→重物下降到地面。

⑤最长臂+副臂工况。

a.工况条件设置:副臂的最大额定起重量、相应的工作幅度、吊臂在正侧方。

b.一次循环检查内容:重物由地面起升到最大高度(中间制动一次)→下降到地面(中间制动一次)。

(2)检验要求。

①检查应在保证安全、操作平稳的前提下,各工况分别以最低速度和最高速度各进行两次。

②按上述工况检查时,测定各机构分别工作过程中液压系统的压力或电流(电动式起重机)。

③最大额定载荷检查时,任何活动支腿不得离地、不得松动,要求能使回转机构可靠地控制滑转。

④吊臂伸缩机构具有相应的载荷伸缩能力,各节吊臂伸缩程序正常而不错乱;对有重力下降机构的起重机,还应做规定载荷的重力下放检查。

⑤检查结果记入相应表格存档。

(3)检验标准。

①操作手柄应灵活可靠。

②吊臂和幅度液压缸连接销轴无相对转动。

③机构和系统工作时无异常振动和噪声。

④安全指示装置动作灵敏、准确可靠。

⑤制动器松闸彻底,制动可靠。

⑥支腿液压系统无泄漏,支腿收放灵活。

⑦幅度指示器精度应符合要求。采用钢尺测量回转中心到吊钩中心垂线的距离,对照幅度指示器读数,反复测量三次,然后计算幅度指示器误差。

⑧检查变幅液压缸和支腿液压缸回缩量,按工况与循环内容,用钢尺测量出变幅液压缸活塞杆和支腿液压缸活塞杆上某一点距缸盖边缘距离,同时测量重物底面与地面的距离,待重物支持15min后,测量活塞杆回缩量,一般机型该值应小于6mm,重物下降应小于15mm。

⑨检查液压系统安全阀,首先接通液压泵的取力装置,将支腿操纵手柄推到"回缩"位置,支腿收回后,继续推动该手柄,同时仔细观察系统压力表。如果指针所指读数未超过额定值,说明溢流阀正常可靠,能起到安全保护作用;如果随着手柄的推动,表头指针不停地偏转,说明溢流阀功能不正常,应及时进行调整或修复。

5. 汽车起重机的连续作业检查

(1)汽车起重机,必要时,可以按下述工况做连续循环作业30次检查。如果中途停机,应重新计算循环次数。检查中检测液压系统的压力、油温;电气系统的电流与电压,以及各机构与系统动作是否正常,有无异常现象。

(2)检查工况与方法。

对于基本臂,当检查载荷为最大额定载荷的70%及相应工作幅度的情况下,吊臂于正后方或侧方快速起吊载荷至最大高度,吊臂升到最大仰角后落到原位,下降载荷至一定高度,向左(右)回转180°后转回原位,载荷下降到地面。完成上述动作为一次循环。

6. 汽车起重机作业的点动检查

起重作业点动性能检查主要是针对起重机作业过程中起升、回转、变幅机构的动作灵敏性和准确性进行调试。

1)起升机构与回转机构

(1)调试工况:基本臂、最小工作幅度起吊最大额定起重量,提升到1m左右停止。

(2)调试方法:分别扳动操纵手柄到起升、下降、左转、右转的工作位置,当重物或起重机旋转部分稍有运动就立即制动,连续起落臂架10次,测量重物累计起升、下降距离或回转弧长,并计算平均每次动作时重物的升、降位移量及回转角度。它们不应超过规定值,否则应调整制动器的灵敏度和可靠性。

2)变幅机构

(1)调试工况:基本臂、吊臂仰角50°,起吊该工作幅度下的额定起重量到1m高度后停止。

(2)调试方法:扳动操纵手柄到吊臂起(落)位置,当重物稍有运动就立即制动。连续起落吊臂10次,测量重物水平移动累积距离,并分别计算臂架起落平均每次动作位移量。其值应符合规定值,否则应调整制动器制动的可靠性和灵敏度(钢丝绳变幅机构)或液压回路中液压平衡阀和次级安全阀的调定压力(液压缸变幅)。

(3)调试要求:保证相关机构起重作业时工作平稳、动作准确无误、不产生爬行、振动、冲击及驱动功率异常增大等现象;起升、回转和变幅机构的点动性能良好。

7. 汽车起重机吊重支承能力检查

吊重支承能力检查主要是检测液压轮式起重机各液压缸(支腿液压缸、变幅液压缸、伸缩液压缸等)的吊重支承性能和工作可靠性。

(1)检查工况。对于基本臂和最长臂,吊臂处于某一后支腿支承中心上方,检查载荷为该吊臂长度时最大额定起重量的125%,并保证相应的幅度。

(2)检查内容及方法。起吊检查载荷在空中停稳后,发动机熄火停机,测量各液压缸活塞杆初始伸出量,停机1h后,再测量各液压缸活塞杆终了伸出量。计算各液压缸活塞杆回缩量。用以评价各液压缸支承能力的好坏。

8.汽车起重机的行驶检查

汽车起重机行驶检查时,应安装和携带全部机件和附件,整机行驶前应将伸缩臂全部收回,收存好副臂。对于桁架臂,应将中间插入节拆除,只保留最短基本臂。将伸缩式吊臂放在支架上,锁定回转机构,吊钩紧固,支腿呈收回状态并锁紧,解除动力分动箱与油泵的结合。车辆以中速行驶,路面为沥青路或土路行驶里程不得小于100km。对于轮胎起重机行驶里程不得小于50km。检查时全面检查发动机等各总成的工作情况,转向、制动、变速等灵活性和可靠性及零部件固定情况、支腿活动情况等。

思考练习题

1.汽车起重机有哪些不同类别?我国汽车起重机型号编制方法是如何规定的?

2.汽车起重机由哪些基本结构部件组成?主要作用是什么?

3.汽车起重机支腿结构有哪些主要类型?操纵收放支腿应注意哪些操作规范?

4.描述汽车起重机性能的主要参数有哪些?起重机的工作速度参数的控制有何意义?

5.汽车起重机操作人员为什么必须具备良好的职业道德和良好的职业素养?

6.查阅资料,了解目前国际工程机械行业中关于汽车起重机最新的相关知识。

7.简述先导控制式汽车起重机常用操作手柄的名称及不同操作位置下的意义。

8.使用起重机作业前要对作业环境和作业条件有充分的论证,简述主要论证因素和论证依据。

9.QY16与QY16K两种起重机的作业操纵的操作方式有什么主要区别?出现差异的原因是什么?

10.汽车起重机在常规作业生产中通常采用哪些维护制度作为其设备维护管理的依据?

11.汽车起重机定检维护的内容是什么?等级维护的内容有哪些?

12.汽车起重机一般性维护检查的主要内容是什么?做好维护检查对作业生产有何意义?

参 考 文 献

[1] 祁贵珍.现代公路施工机械[M].北京:人民交通出版社,2011.

[2] 高忠民.工程机械使用与维修[M].北京:金盾出版社,2002.

[3] 鲁东林.工程机械使用与维护[M].北京:国防工业出版社,2008.

[4] 高为群.公路工程机械驾驶与故障排除[M].北京:人民交通出版社,2006.

[5] 高为群.筑路机械驾驶与故障排除[M].北京:人民交通出版社,2000.

[6] 何挺继,展朝勇.现代公路施工机械[M].北京:人民交通出版社,1999.

[7] 交通专业人员资格评价中心.平地机操作工[M].北京:人民交通出版社,2010.

[8] 陈国平,田留宗.压实机械日常使用与维护[M].北京:机械工业出版社,2010.

[9] 刘厚菊.压路机运用与维护[M].北京:北京大学出版社,2011.

[10] 王凤喜,王苏光.压路机结构原理与维修[M].北京:机械工业出版社,2012.

[11] 邓小刚.公路养护机械使用与维护[M].北京:人民交通出版社,2009.

[12] 李国忠.移动式工程起重机操作与维修[M].北京:化学工业出版社,2008.

[13] 谭延平.汽车起重机日常使用与维护[M].北京:机械工业出版社,2010.

[14] 许国杰.挖掘机械日常使用与维护[M].北京:机械工业出版社,2010.

[15] 王文兴.装载机械日常使用与维护[M].北京:机械工业出版社,2010.

[16] 张炳根.推土机运用与维护[M].北京:北京大学出版社,2010.

[17] 郝杰忠.推土机日常使用与维护[M].北京:机械工业出版社,2010.

[18] 何挺继,朱文天,邓世新.筑路机械手册[M].北京:人民交通出版社,1998.

[19] 王进.施工机械概论[M].北京:人民交通出版社,2002.

[20] 戴强民.公路施工机械[M].北京:人民交通出版社,2002.

[21] 段书国,杨路帆.现代桥隧机械[M].北京:人民交通出版社,2004.

[22] 中国公路学会筑路机械学会.沥青路面施工机械与机械化施工[M].北京:人民交通出版社,1999.

[23] 田流.现代高等级公路养护机械[M].北京:人民交通出版社,2003.

[24] 杨士敏,吴国进.高等级公路养护机械[M].北京:机械工业出版社,2003.

[25] 张荣滚.公路养护机械[M].北京:人民交通出版社,2000.

[26] 王定祥,郭远辉.工程机械与施工用电[M].北京:人民交通出版社,2007.

[27] 吴幼松,余清河.公路机械化施工与管理[M].北京:清华大学出版社,北京交通大学出版社,2007.